TURING

图灵教育

站在巨人的肩上

Standing on the Shoulders of Giants

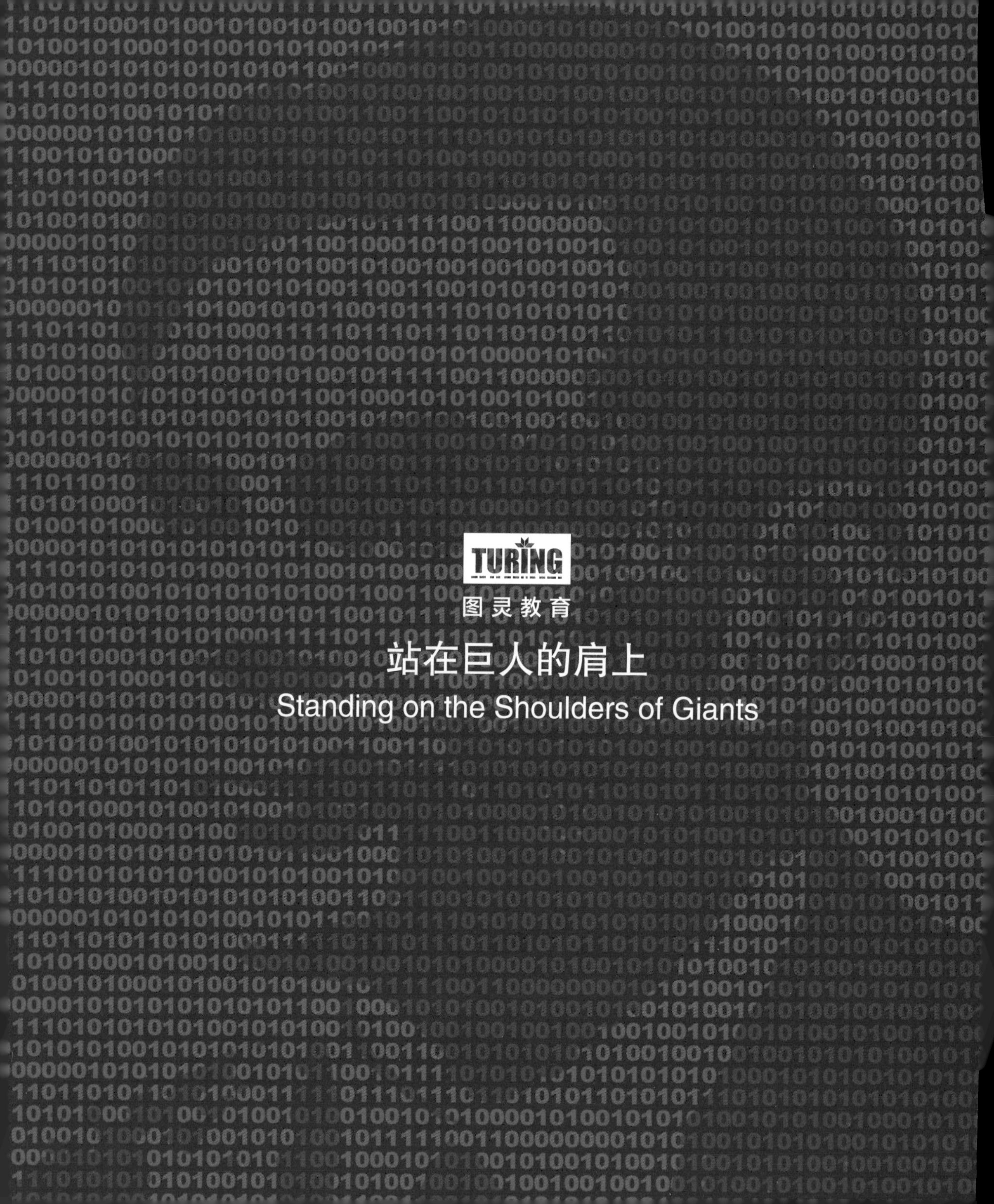

TURING
图灵教育
站在巨人的肩上
Standing on the Shoulders of Giants

三步学 Python

[日] 山田祥宽 山田奈美 著　　王俊 译

人民邮电出版社
北京

图书在版编目（CIP）数据

三步学Python /（日）山田祥宽，（日）山田奈美著；
王俊译. -- 北京：人民邮电出版社，2021.12
ISBN 978-7-115-57652-1

Ⅰ. ①三… Ⅱ. ①山… ②山… ③王… Ⅲ. ①软件工
具－程序设计 Ⅳ. ①TP311.561

中国版本图书馆CIP数据核字(2021)第206054号

内 容 提 要

本书以类似课堂学习的方式，通过预习、体验、理解三个步骤讲解 Python 的基础知识。在“预习”环节概述该节内容，在“体验”环节实际带领大家创建 Python 程序并运行，在“理解”环节结合插图详细讲解该节的重点知识和代码内容。从运行环境的搭建开始，本书循序渐进地介绍了命令和文件的执行方法、变量与运算、数据结构、条件测试、循环、基本库等基础知识，以及用户自定义函数、类等实践性的内容。各章末尾设有练习题，可以帮助读者检验学习效果。

本书适合想要学习 Python 的青少年，以及无编程基础的成年人阅读。

◆ 著　　　[日] 山田祥宽　山田奈美
译　　　王　俊
责任编辑　杜晓静
责任印制　周昇亮

◆ 人民邮电出版社出版发行　　北京市丰台区成寿寺路11号
邮编　100164　　电子邮件　315@ptpress.com.cn
网址　https://www.ptpress.com.cn
天津市豪迈印务有限公司印刷

◆ 开本：880×1230　1/24
印张：12.5　　　2021年12月第1版
字数：380千字　　　2021年12月天津第1次印刷

著作权合同登记号　图字：01-2021-0125号

定价：99.80元

读者服务热线：(010)84084456-6009　印装质量热线：(010)81055316

反盗版热线：(010)81055315

广告经营许可证：京东市监广登字20170147号

前 言

本书是讲解 Python 这门编程语言的入门书。

Python 虽然是一门简单的编程语言，但是也可以开发出正式的 APP，所以很受欢迎。除了大家所熟知的 Google 和 YouTube 之外，Dropbox、Instagram 和 Evernote 等企业也都在它们的服务中使用 Python。此外，最近 Python 在机器学习与深度学习等人工智能领域也备受瞩目。

本书的目标就是让大家能够愉快地学习 Python。

本书将通过“预习”“体验”“理解”三个步骤来讲解 Python 的基础知识。此外，每章末尾设置有练习题，以帮助大家确认自己的理解程度。本书从“什么是程序”开始讲起，然后介绍学习环境的搭建方法、命令与文件的执行方法、变量与运算，以及数据结构的相关知识。从第 6 章开始，将讲解条件测试、循环处理和基本库等，以帮助大家打下扎实的基础。最后将讲解用户自定义函数和类等内容，向大家介绍更具实践性的编程知识。

在大家与 Python 打交道的美好回忆中，希望有本书的一席之地，衷心地希望本书对大家有所助益。

此外，本书的官方主页如下所示。读者可在该页面下载本书示例程序、查看或提交勘误、发表评论等。

ituring.cn/book/2886

最后，衷心感谢在出版时间紧张的情况下仍为我的无理要求做出调整的各位编辑，以及对我偷工减料做出的辅食也能吃得很开心的儿子。

山田奈美

2018 年 4 月吉日

本书的使用方法

本书将带你学习如何使用 Python 编写程序。
各节的内容由以下 3 个步骤构成。
请在理解本书的这一特点的基础上高效地学习。

第 1 步

概述该节内容。

第 2 步

实际使用 Python 进行编程。

第 3 步

结合插图通俗易懂地讲解关键知识点与代码内容。

练习题

各章末尾设有练习题，以帮助读者确认自己是否理解了所学内容。练习题的答案请参考本书末尾的“练习题答案”。

目　录

◉ 注意事项

本书内容以提供信息为目的，请读者基于个人的判断使用本书。对于因运用本书信息而产生的一切后果，出版方和作译者概不负责。
另外，本书内容基于 2018 年 4 月时的信息[①]，在使用本书时，实际信息可能已经发生改变，与书中不同。

本书示例程序可从以下网址下载。

ituring.cn/book/2886[②]

本书内容和示例程序适用于以下环境。

- OS：Windows 10 / macOS High Sierra
- Python：Python 3.9.0
- Visual Studio Code：Visual Studio Code 1.51.0

※ 请在了解以上注意事项的基础上使用本书。
※ 正文中的公司名、商品名、产品名等，一般是各公司的商标或注册商标。书中省略了 ™、®、© 标识。

① 这是指原书的情况，中文版根据新的软件版本进行了汉化。——编者注
② 请至“随书下载”处下载本书示例程序。——编者注

Python 基础知识

1.1 理解程序的概念

1.2 理解 Python 的概要

1.3 理解面向对象编程语言的思想

第 1 章 练习题

第1章 Python基础知识

1.1 理解程序的概念

示例程序 | 无

预习 Python是编程语言

Python 是由吉多 · 范罗苏姆（Guido van Rossum）创造的编程语言。对于刚刚拿到本书的读者来说，突然听到“编程语言”，可能会感到不解。因此，我们先从“什么是程序”这个一般概念开始讲解。

技术类入门书往往一开始就会出现各种各样的术语，相信很多人有因术语难以理解而受挫的经历。因此，这里我们先对入门书中经常出现的术语进行整理。

理解 与程序相关的术语

什么是编程语言

虽然计算机可以帮我们方便地处理各种事情，但是它自己并不会思考并采取行动。一般来说，计算机只会在得到指示后进行行动。

但是，如果你只是口头上对计算机说“帮我做一下 ××”，计算机是听不懂的，就算把这句话写出来，也一样得不到回应。必须用计算机能理解的语言写出指令才行。

计算机能理解的语言就是编程语言。我们用编程语言写给计算机的指令称为程序。

写程序的人叫作程序员，写程序这件事叫作编程。请先记住这些。

COLUMN 应用程序

有一个与“程序”非常类似的术语，叫作“应用程序”（简称“应用”）。比如大家在计算机上使用的 Word、Excel 和游戏等，都是应用。虽然从让计算机做某事的意义上来说，应用和程序几乎是一样的，但是程序仅代表指令本身，而应用不仅包括指令（程序），还涵盖了与之相关的数据（图像等）和配置文件等，可以说比程序所指的范围更大。

什么是程序

接下来，我们来看一下写给计算机的指令——程序。说到程序，大家可能会联想到运动会的项目单或音乐会的节目单。没错，我们可以将它们看作同一种东西。

运动会的项目单记录了运动会将以什么流程进行，计算机的程序则记录了计算机将如何完成工作。

××小学趣味运动会

开幕式

1. 团体操表演
2. 两人三足
3. 立定跳远

⋮

20. 接力赛

闭幕式

```
import math

def getcircle(radius = 1):
    return radius * radius * math.pi

if__name__ == "__main__":
    print(getcircle(10), 'cm^2')
    print(getcircle(7), 'cm^2')
```

COLUMN 编程的特殊性

在运动会的项目单上写上“团体操表演”，老师就会组织学生去完成这个项目，但是对于计算机来说，这样是行不通的。必须事先写清楚“哪些人在何时何地集合”“经由哪条路线入场”“按照什么规则比赛”等。如果说编程有什么难点，大概就是我们能否像这样将计划分解开来。大家在学习编程的过程中，不能只记住编程语言的语法，也要时常留意日常行为的“分解”，要试着思考如何给计算机下指令。这样可以更快地掌握编程思维。

高级语言和机器语言

在计算机的对话中通常只会用到 0 和 1。也就是说，在给计算机下指令时，指令必须使用 0 和 1 的排列来表示。像这样用 0 和 1 表示的语言称为机器语言。

但是，人类很难仅使用 0 和 1 来写指令（当然读起来也很难），所以现在一般使用与英语类似的比较容易理解的高级语言。

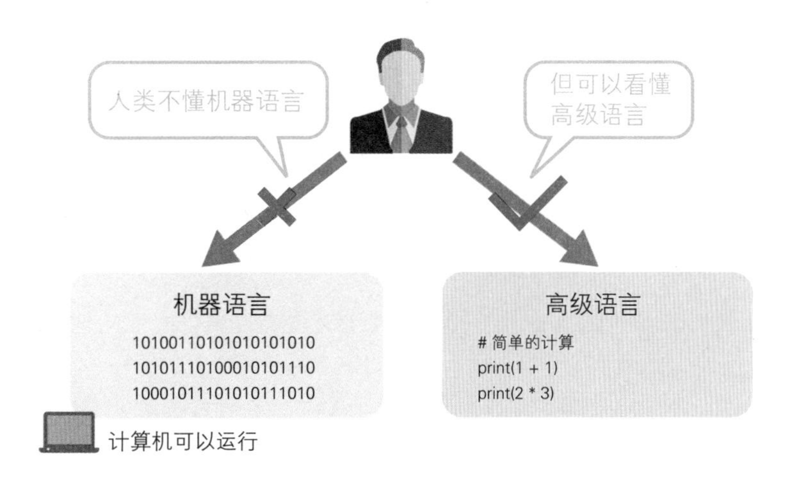

编程语言大体上可以分为机器语言和高级语言。最近，说到编程语言，通常就是指高级语言。本书的主题 Python 也是一种高级语言。当然，即便是高级语言，如果不加以处理，计算机也不能理解。那么，如何把它传达给计算机呢？关于这个问题，我们将在下一节讲解。

小　结

◎ 给计算机的指令叫作程序，书写程序的语言叫作编程语言。

◎ 编程语言可以分为机器语言和高级语言。Python 等现在经常使用的编程语言是高级语言。

第1章 Python基础知识

1.2 理解 Python 的概要

示例程序 | 无

预习 什么是Python

本书的主题 Python 是编程语言的一种。世界上有很多种编程语言，我们为什么选择学习 Python 呢？

本节将从以下几个方面来介绍 Python 的特点，以及在编程时需要了解的术语。

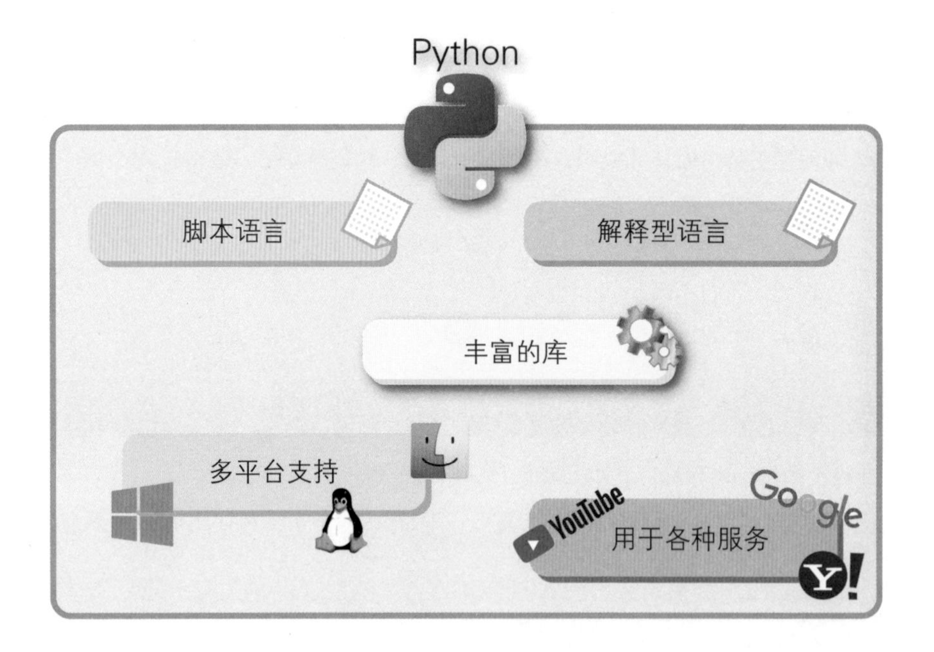

理解 Python 的特点

Python 很简单

说到 Python 的特点，首先就是语法简单、易于学习。编程语言分为很多种，其中有适合大规模开发的语言，这样的语言往往有着较大的代码量。从严格意义上来说，这样的语言虽然能很容易地写出工整的代码，但是在遇到简单的任务时，也必须“拐弯抹角”地写上很多东西。所谓拐弯抹角，意思是在踏出第一步之前，需要学习很多知识，做很多准备。下图是为了输出“Hello, World!”而分别用 Python 和 Java 写出的程序，大家可以对比一下。

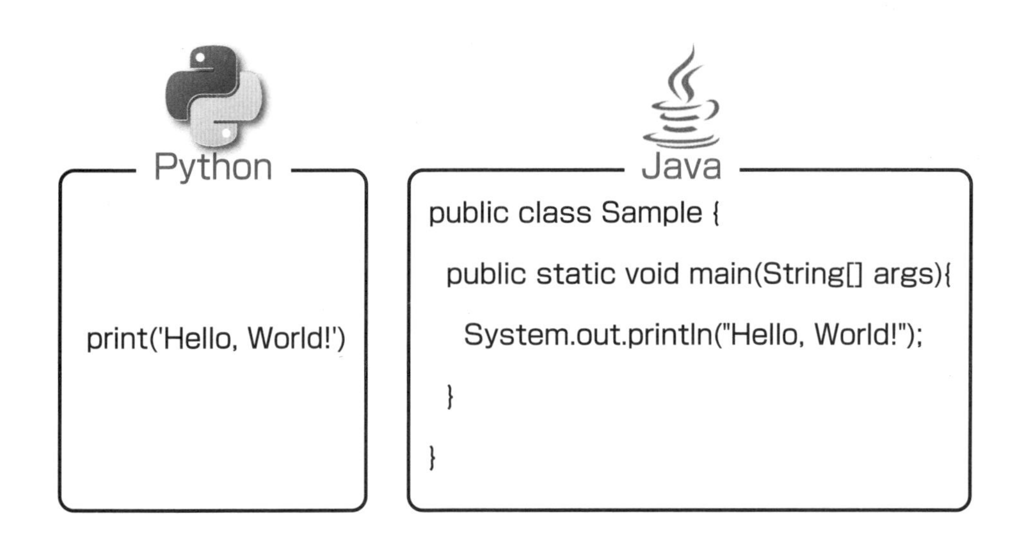

虽然不能一概而论，但是可以看出 Python 更加简洁。顺便说一下，像 Python 一样注重简洁的语言，在编程语言中也称为脚本语言（使用脚本语言写的程序也叫作脚本）

脚本（script）在英语中有“剧本”的意思，脚本语言是指能够像剧本一样简单地描述希望计算机做什么的语言。

Python 是解释型语言

前面我们提到计算机只能理解 0 和 1，而高级语言通常使用与英语类似的形式来编写程序。像这样的程序，计算机当然不能直接理解。

要想运行用高级语言写的程序，需要进行编译（批量翻译）操作，把像英语那样的指令改写成计算机可以理解的 0 和 1（改写后会得到可执行文件）。

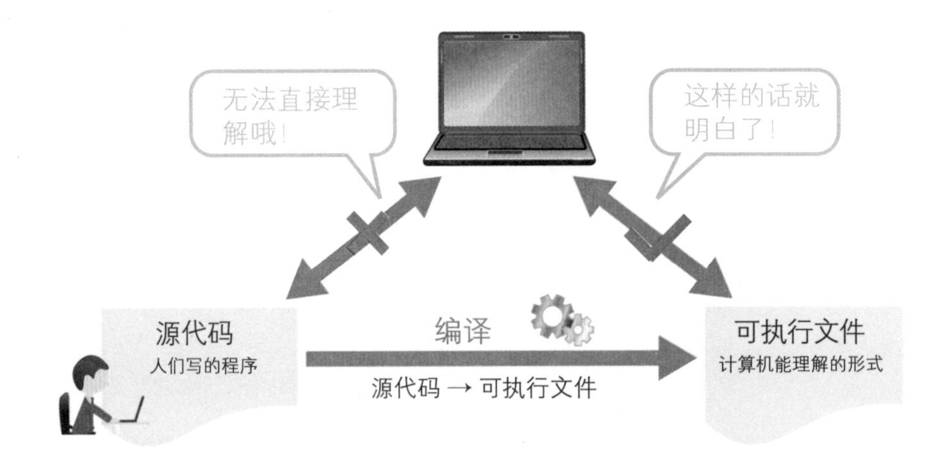

源代码

相对于可执行文件，我们将人们刚写好的程序叫作源代码，有时也直接称为代码。

像 Java 这样的语言会先对人们所写的程序进行编译，再运行编译得到的可执行文件，所以称为编译型语言。

Python 在运行程序时也需要“翻译”，这一点与 Java 相同，但是我们并不需要在意这一处理。在运行脚本时，程序会实时进行翻译并运行。像这样的语言称为解释型语言。

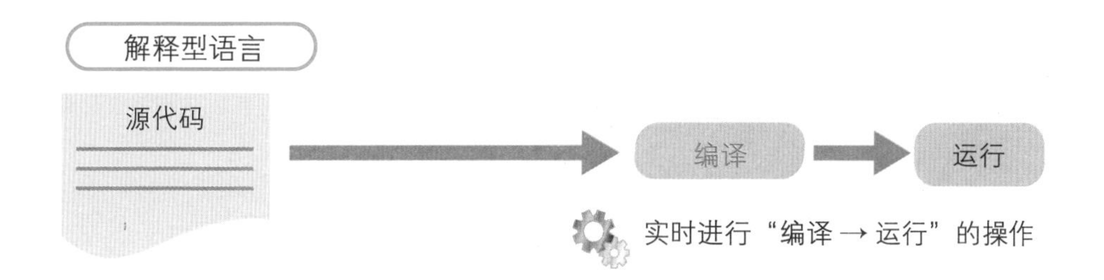

即使改写了脚本，解释型语言也能直接运行，而不用重新编译，因此可以更加方便地重新尝试。这也是 Python 简单的原因。

Python 是多平台的语言

要想运行 Python，只需要 Python 的运行引擎就足够了。只要有了合适的运行引擎，那么在 Windows、macOS 和 Linux 等现在主流的平台上，Python 都能进行相同的操作。

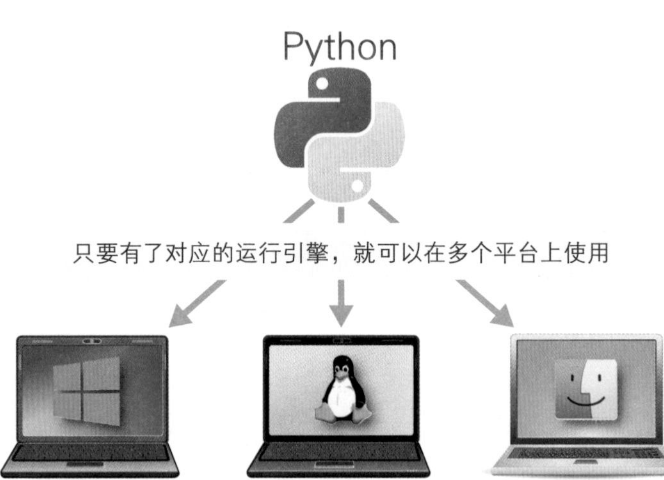

>>> Python 拥有丰富的库

一般来说，编程语言还会一并提供用于编写程序的便利工具。我们将这样的工具称为库。

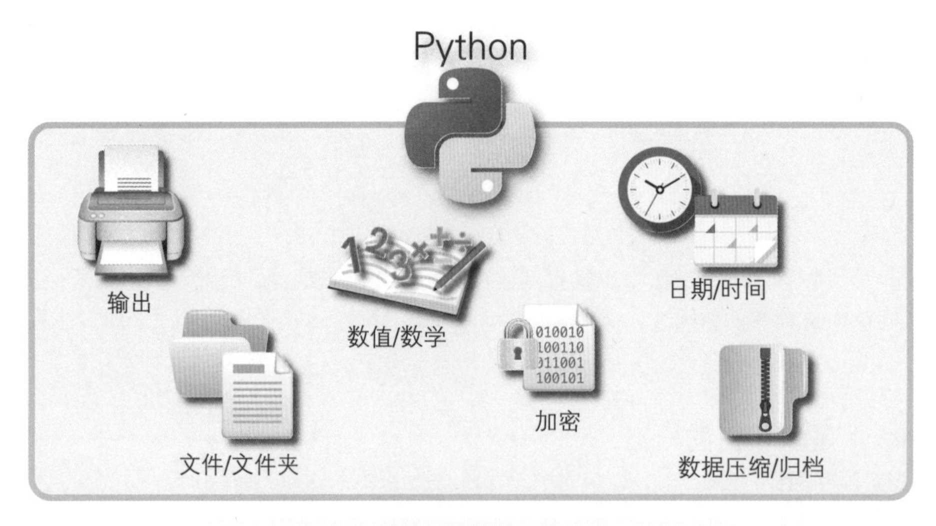

提供了各种各样的工具（库）

Python 为我们准备了丰富的标准库，只要安装了 Python，就可以进行许多操作。不仅如此，与绘图、机器学习和数值计算相关的外部库也十分丰富。得益于这些库，在当下流行的人工智能和深度学习等领域中，越来越多的人倾向于使用 Python。

COLUMN 许多服务正在使用 Python

因为 Python 具有丰富的功能，所以被用于各种各样的企业与服务中，比较有名的有 Google、Yahoo! 和 YouTube。此外，Dropbox、Instagram 和 Evernote 等企业也都在它们的服务中使用了 Python。

小 结

- ◎ 我们将注重简洁的编程语言称为脚本语言。
- ◎ 先将程序翻译成可执行文件再运行的语言称为编译型语言。
- ◎ 一边按顺序翻译程序一边运行的语言称为解释型语言。Python 也是解释型语言的一种。

第1章 Python基础知识

1.3 理解面向对象编程语言的思想

示例程序 | 无

预习 Python是多范式编程语言

从程序的写法上来看，Python 也称为多范式编程语言。多范式就是支持多种编程范式的意思。具体来说，有如下几种编程范式。

- **按顺序执行给计算机的指令的过程式编程**

过程式编程

- **将函数（具有固定功能的结构）组合起来的函数式编程**

函数式编程

- **将程序要处理的内容视为一个对象（object）来处理的**面向对象编程

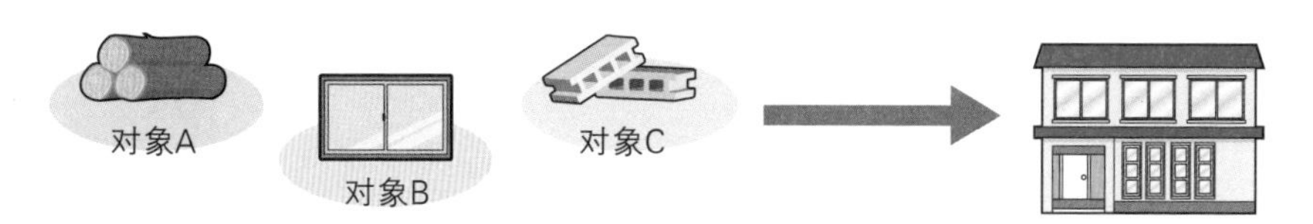

面向对象编程

使用 Python 可以灵活地组合（或者按需使用）这些编程范式来编写程序，这也是 Python 的特征之一。

在这些编程范式中，现在主流的是面向对象编程。本节将介绍一下面向对象的基本概念。

COLUMN Python 一名的由来

Python 这个名字来源于其开发者吉多·范罗苏姆喜爱的英国喜剧节目《蒙提·派森的飞行马戏团》（*Monty Python's Flying Circus*）。

顺便说一下，Python 在英语中是“蟒蛇”的意思，因此编程语言 Python 使用了“两条交错的蛇”作为图标。

理解 面向对象的思想

什么是面向对象

面向对象是一种将程序要处理的内容当作对象，并通过组合对象来创建应用的方法。假设有如下应用，输入搜索关键词，然后就可以从网络获取相应的数据。

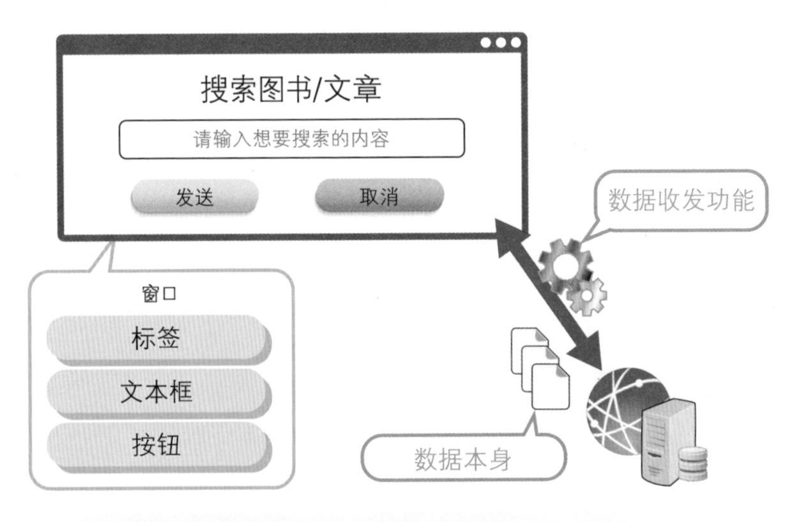

应用的各个构成要素都是对象

这样的应用一般包含显示画面的窗口、输入字符串的文本框和类似“发送”的按钮，这些全都是对象。不仅如此，应用中处理的字符串本身、提供网络连接功能的部分，以及应用收发的数据也都是对象。这就是通过组合对象来创建应用的例子。

对象是数据和功能的集合

现在我们已经了解了在面向对象的世界中，程序（应用）就是对象的集合。下面让我们来看一下到底什么是对象。

简单地说，对象就是“数据”和“功能”的集合。

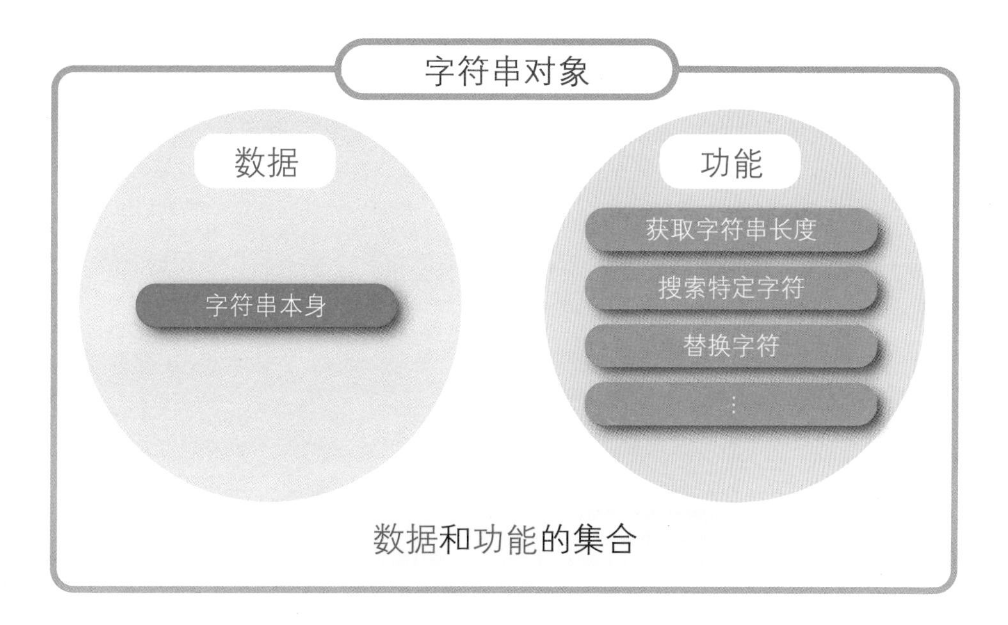

对于一个字符串对象，它的“数据”是字符串本身，它的“功能”是对对象中的数据进行的各种操作，比如“获取字符串长度”“搜索特定字符”“替换字符”等。

小　结

◎ Python 是支持多种编程范式的多范式编程语言。

◎ 面向对象是现在主流的编程范式，Python 也支持面向对象的语法形式。

◎ 在面向对象中，应用是由对象组合而成的。

◎ 对象由数据和功能构成。

第 1 章 练习题

练习题 1

以下是有关 Python 的说明。请在空格处填入适当的词语，完成段落。

编程语言 Python 因为注重简洁而被称为 ① 语言。此外，它还因为不需要提前编译就可以直接运行而被分类为 ② 语言。
在根据编程范式分类时，Python 因为能灵活组合多种范式（概念）而被称为 ③ 语言。在这些范式中，我们将以对象为中心创建应用的方法称为面向 ④ 。 ④ 是由 ⑤ 和 ⑥ 构成的。

练习题 2

以下是对 Python 的一些描述。请在正确的描述前填√，在错误的描述前填 ×。

（　　）Python 是机器语言的一种。
（　　）Python 这种注重简洁的编程语言称为脚本语言。
（　　）Python 是为面向对象而专门设计的编程语言。
（　　）所谓面向对象，就是指将程序处理的内容视为对象（object），并通过组合对象来创建应用的方法。
（　　）对象是不具备功能的数据的集合。

编程前的准备

2.1 安装 Python

2.2 安装 Visual Studio Code

2.3 学习的准备

第 2 章 练习题

第 2 章 编程前的准备

2.1 安装 Python

示例程序 | 无

预习 Python 的运行环境

在开始学习 Python 之前，我们需要安装 Python 的运行环境（也称为运行引擎）。Python 有官方提供的安装包，也有许多其他的安装包，本书将先使用官方的标准安装包进行安装。

除了运行引擎，标准安装包还包含说明文档、简易开发环境、管理库的环境等。

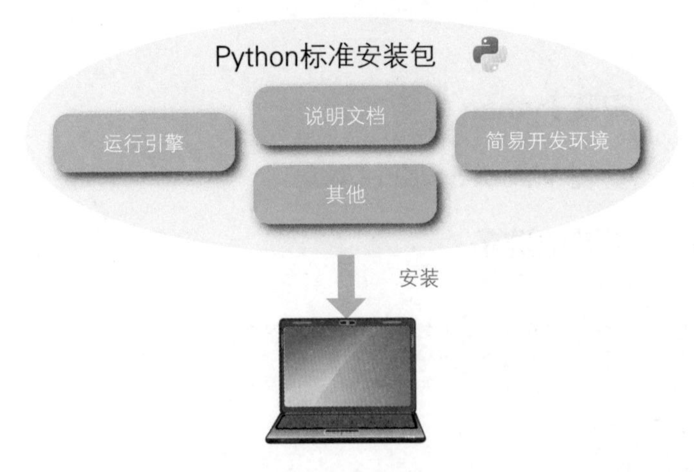

需要注意的是，本书的说明基于 64 位的 Windows 10 操作系统。不同版本的操作系统可能会显示不同的内容，请根据自身的环境选择合适的选项。关于 macOS High Sierra 环境下的安装，请参考本节后文。

体验 在 Windows 环境下安装

1 进入下载页面

在浏览器中打开 Python 官方网站，进入 Downloads 页面。本书将使用 64 位版的 Python 安装包，我们需要根据页面下方的版本号找到最新的版本（本书使用的是 Python 3.9.0），并单击 Download 按钮1，进入下载页面。

2 下载安装包

在下载页面下方的 Files 中找到 Windows x86-64 executable installer 并单击1，浏览器会自动开始下载。

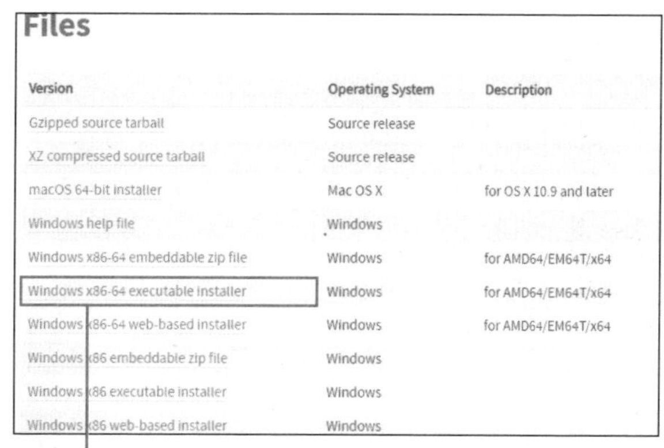

>>> **Tips**
>
> 由于 Python 的版本一直在更新，所以大家在下载时看到的版本可能会有所变化。推荐选择 3.*x* 系列的安装包进行安装。

3 启动安装包

在下载完成后，双击“下载”文件夹中的 python-3.9.0-amd64.exe 1，启动安装包。

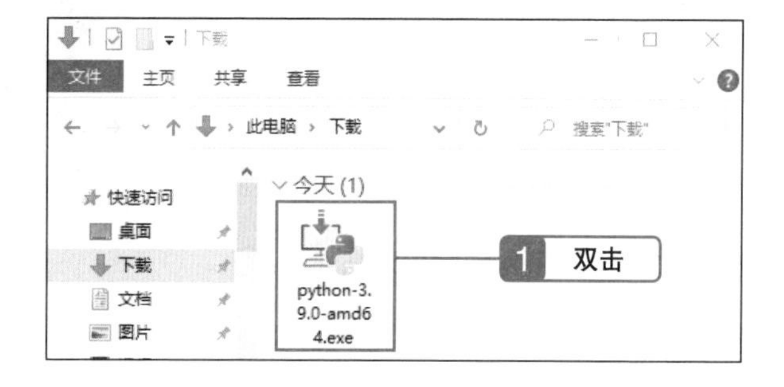

4 运行安装包

如果出现安全警告界面，则单击“运行”继续安装。

当界面上显示 Install Python 3.9.0 (64-bit) 时，先勾选下方的 Install launcher for all users (recommended) 和 Add Python 3.9 to PATH 1，然后单击 Install Now 2，开始安装。

>>> Tips

单击 Customize installation，可以自定义安装内容和安装路径。因为默认设置足以应对本书中的内容，所以这里选择 Install Now 即可。

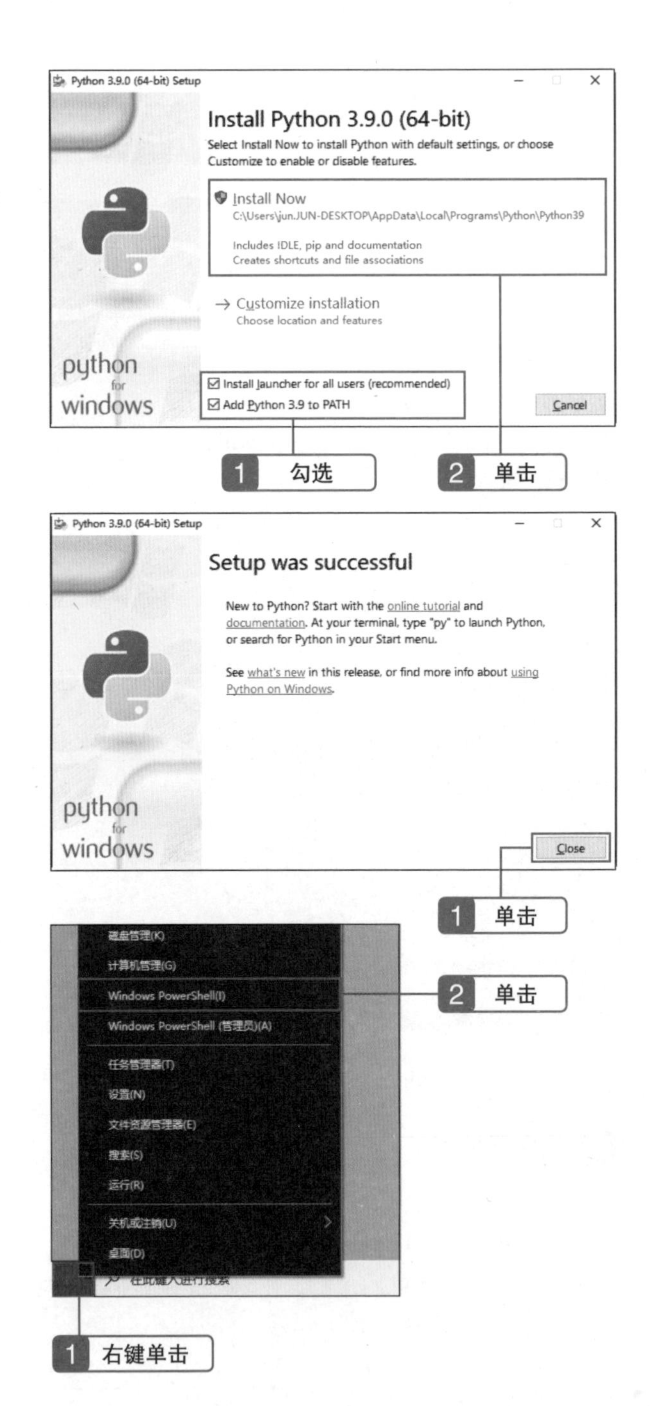

5 结束安装

当界面上显示 Setup was successful 时，表示安装已经结束。我们可以单击 Close 1，结束安装。

6 运行 PowerShell

然后确认 Python 是否安装成功。右键单击“开始”按钮 1，从显示的菜单中选择 Windows PowerShell(I) 2。

>>> Tips

虽然菜单中有 Windows PowerShell(I) 和 Windows PowerShell（管理员）(A) 两个不同的选项，但是本书只使用 Windows PowerShell(I) 进行演示。因为管理员选项仅在需要管理员权限时才使用（本书将不使用带有管理员权限的 Windows PowerShell）。

7 确认版本号

在 PowerShell 开始运行后，在光标提示处输入“python”并按下回车键 1 。如果 Python 交互模式启动，并且界面上显示了 Python 的版本，则代表 Python 已经安装成功。

Windows PowerShell

```
版权所有 (C) Microsoft Corporation。保留所有权利。

尝试新的跨平台 PowerShell https://aka.ms/pscore6

PS C:\Users\jun.JUN-DESKTOP> python
Python 3.9.0 (tags/v3.9.0:9cf6752, Oct  5 2020, 15:34:40) [MSC v.1927 64 bit (AMD64)] on win32
Type "help", "copyright", "credits" or "license" for more information.
>>>
```

1 输入后按下回车键

```
PS C:\Users\jun.JUN-DESKTOP> python
Python 3.9.0 (tags/v3.9.0:9cf6752, Oct 5 2020, 15:34:40) [MSC v.1927 64
bit(AMD64)] on win32
Type "help", "copyright", "credits" or "license" for more information.
```

8 退出 Python 交互模式

在 >>> 后面先按下 Ctrl + Z 键，再按下回车键 1 ，即可退出 Python 交互模式。同时，提示符也重新回到 `PS C:\Users\jun.JUN-DESKTOP>`。

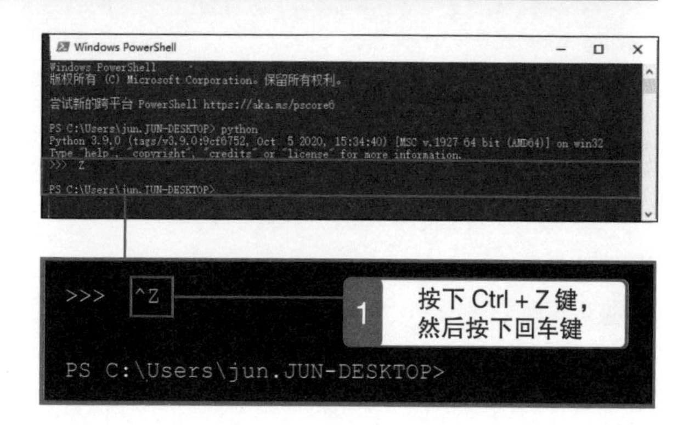

>>> **Tips**

关于 Python 交互模式，我们将在第 3 章进行说明。

COLUMN 关于 PowerShell 的注意事项

PowerShell 是一种叫作 CLI（Command Line Interface，命令行界面）shell 的软件，它通过输入代码，也就是命令来操控计算机。当命令输入完成时，按下回车键，即可执行命令。PowerShell 有时也叫作控制台。

需要注意的是，命令必须使用半角字符输入。

此外，`PS C:\Users\jun.JUN-DESKTOP >` 中的 `jun.JUN-DESKTOP` 部分因用户名不同而不同，这一点请注意。

从 Windows 10 Creators Update 开始，PowerShell 将替代 Command Prompt 而成为默认的命令行工具。大家可以右键单击“开始”按钮，在弹出的菜单中打开 PowerShell。

在 macOS 环境下安装

1 进入下载页面

在浏览器中打开 Python 官方网站，进入 Downloads 页面。单击 Download Python 3.9.0 1，开始下载。

>>> **Tips**
>
> 由于 Python 的版本一直在更新，所以大家在下载时看到的版本可能会有所变化。推荐选择 3.*x* 系列的安装包进行安装。

2 启动安装包

打开访达（Finder）中的“下载”文件夹，双击 python-3.9.0-macosx10.9.pkg 1，启动安装包。

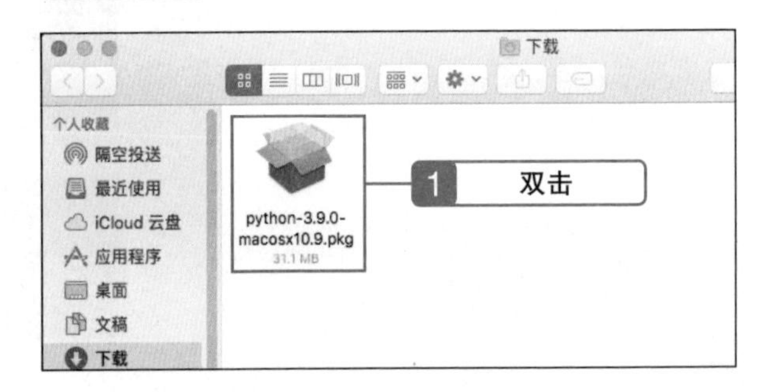

3 运行安装包

当界面上显示“安装‘Python’”时，单击“继续”1，进入下一步。然后阅读界面上显示的重要信息，单击“继续”，进入下一步。

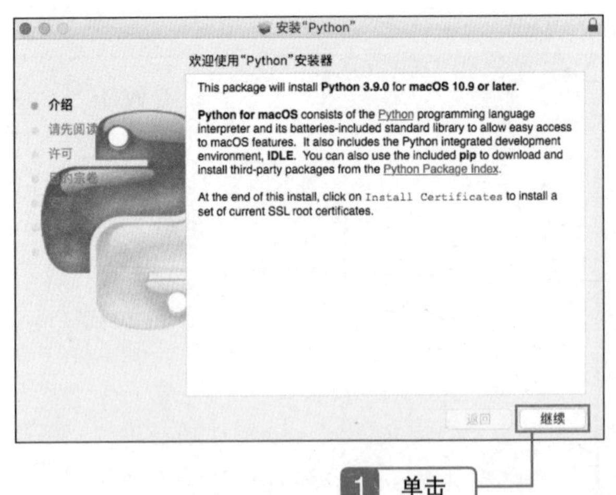

4 选择安装路径

在软件许可协议界面单击“继续”按钮，并在弹出的对话框中选择“同意”以继续安装。

进入选择目的卷宗的界面后，先单击目的卷宗（这里是 Macintosh HD）1，然后单击“继续”按钮2，进入下一步。

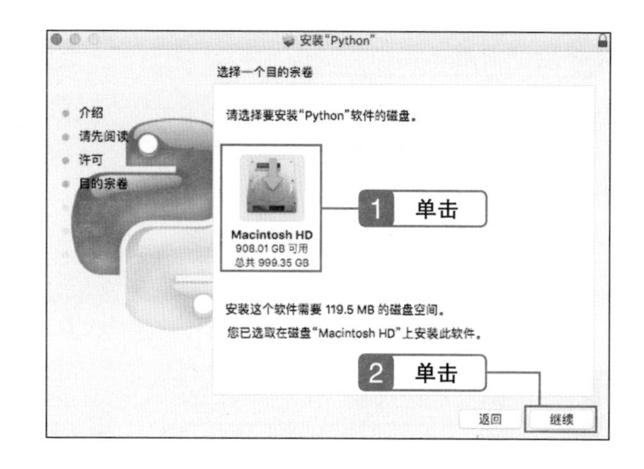

5 安装

单击“安装”按钮1。如果界面上显示“输入密码以允许此次操作”，则输入密码并单击“安装软件”。

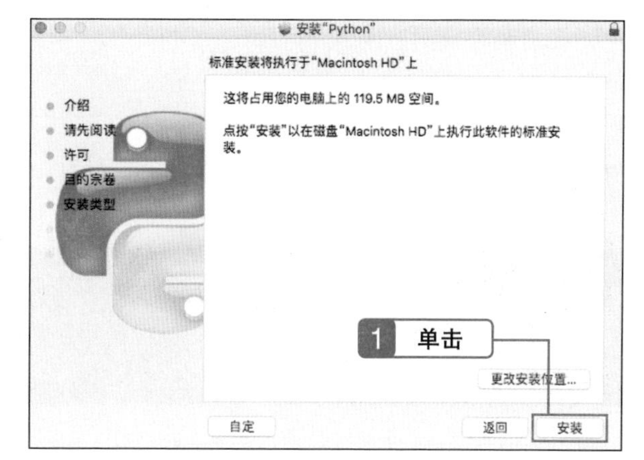

6 结束安装

当界面上显示“安装成功”时，单击“关闭”按钮1，结束安装。

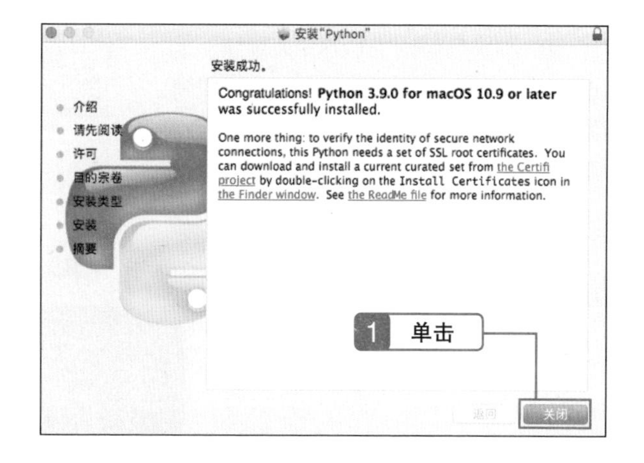

7 启动终端

接下来让我们确认一下 Python 是否安装成功。打开“应用程序”中的“实用工具”文件夹，双击其中的“终端”❶。

8 确认版本号

在启动终端后，输入“python3”并按下回车键❶。如果界面上显示了 Python 的版本，则代表 Python 已经安装成功。

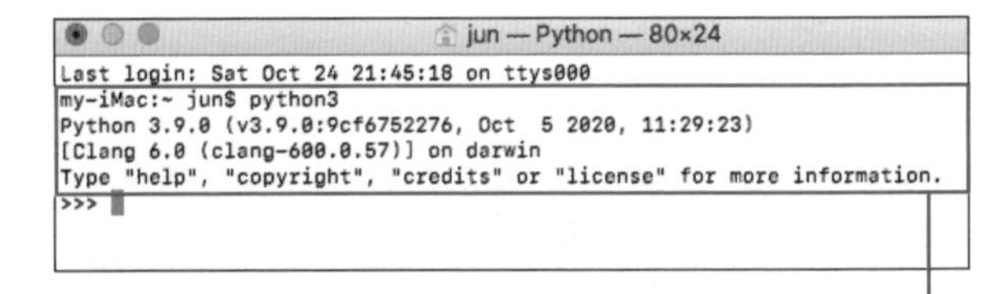

1 输入后按下回车键

```
[my-iMac:~ jun$ python3
Python 3.9.0 (v3.9.0:9cf6752276, Oct 5 2020, 11:29:23)
[Clang 6.0(clang-600.0.57)] on darwin
Type "help", "copyright", "credits" or "license" for more information.
```

9 退出 Python 交互模式

在 >>> 后面按下 Ctrl + Z 键❶，退出 Python 交互模式。此时，提示符回到原来的样子。

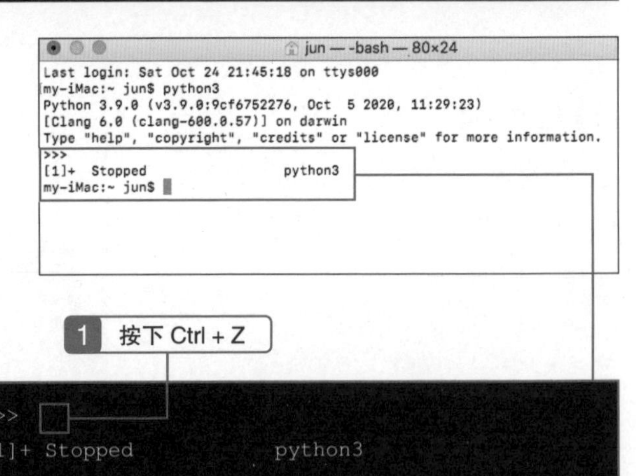

Python 中的软件包

>>> Python 发行版

除了官方提供的标准安装包，Python 还有第三方提供的适用于特定领域的安装包。

Anaconda

- 包含科技、数学、数据分析模块以及软件包管理系统conda
- 也可用于商业用途

WinPython

- Windows专用
- 附带科学计算需要的模块
- 可以放入U盘中携带

ActivePython

- 可以在Windows、macOS和Linux等多个平台上安装
- 附带各类说明文档

Enthought Canopy

- 面向数据科学家的科学计算软件包
- 可以免费使用

我们将这样的安装包称为 Python 发行版。上面这些都是比较有名的 Python 发行版。在学习完本书后，大家在实际开发中也可以考虑使用这些发行版。

小　结

◎ 运行 Python 程序需要提前安装 Python 运行环境。

◎ 除了官方的安装包，Python 还有面向特定领域的安装包，我们将这样的安装包称为 Python 发行版。

编程前的准备

2.2 安装 Visual Studio Code

示例程序 | 无

预习 Python 的编程环境

在开始使用 Python 编写程序之前，我们还需要准备文本编辑器（专门用来写代码的编辑器有时也称为代码编辑器）。所谓文本编辑器，就是用来编辑文本的工具。虽然 Windows 自带了“记事本”，macOS 也有“文本编辑”，但它们只提供了最基本的功能，并不足以支持我们进行编程。

为此，本书选择了最近在程序员中广受欢迎的 Visual Studio Code（简称 VSCode）。它适用于多种操作系统（如 Windows、Linux 和 macOS），在添加扩展应用后，也可以作为多种编程语言的编辑器。

需要注意的是，本书的说明基于 64 位的 Windows 10 操作系统下的 Visual Studio Code 1.51.0。不同版本的系统和软件的操作可能不同，请根据实际情况选择合适的选项。关于 macOS High Sierra 环境下的安装，请参考本节下文。

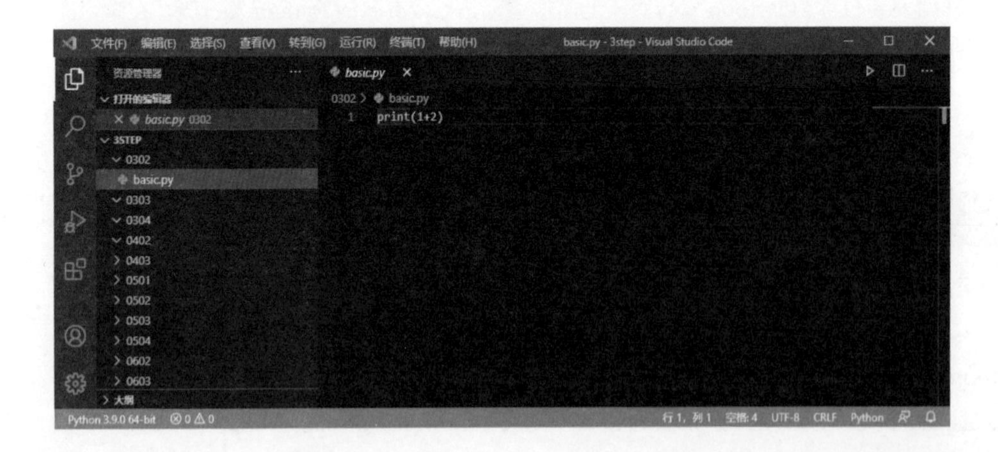

体验 在 Windows 环境下安装

1 下载安装包

在浏览器中打开 Visual Studio Code 官方网站，进入 Download 页面。单击页面左侧的 Windows 按钮 1，下载 VSCodeUserSetup-x64-1.51.0.exe 安装包。

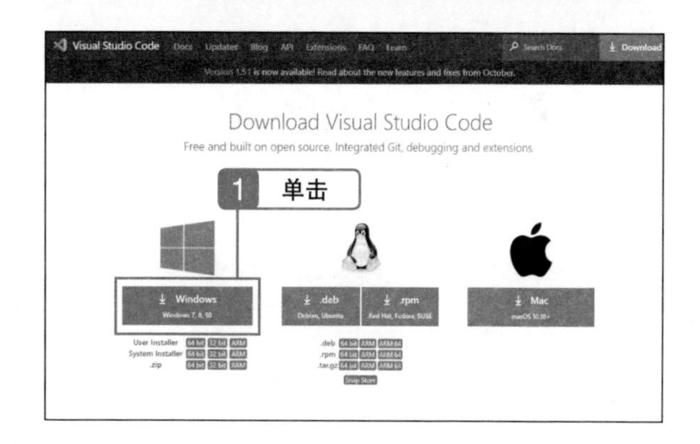

>>> **Tips**
>
> 由于 Visual Studio Code 的版本一直在更新，所以大家在下载时看到的版本可能有所变化，这一点请注意。

2 启动安装包

然后双击“下载”文件夹中的 VSCodeUserSetup-x64-1.51.0.exe 1，启动安装包。如果出现安全警告界面，则单击“运行”继续安装。

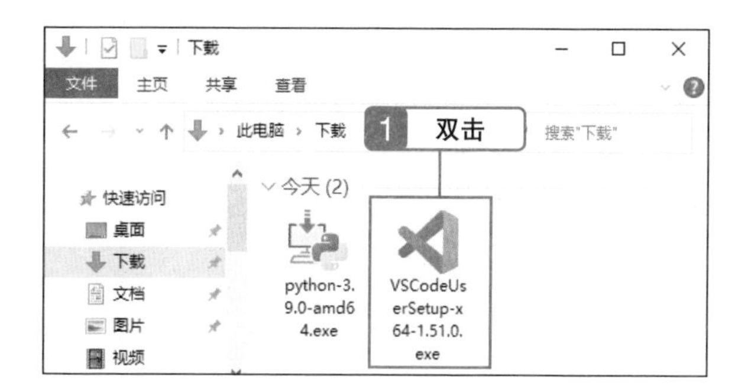

3 同意许可协议

当界面上显示“许可协议”时，阅读协议内容，选择“我同意此协议” 1，然后单击“下一步” 2。

4 选择安装位置

当界面上显示“选择目标位置”时，用户可以选择一个安装位置。本书使用默认路径 C:\Users\jun.JUN-DESKTOP\AppData\Local\Programs\Microsoft VS Code，单击“下一步”❶，继续安装。

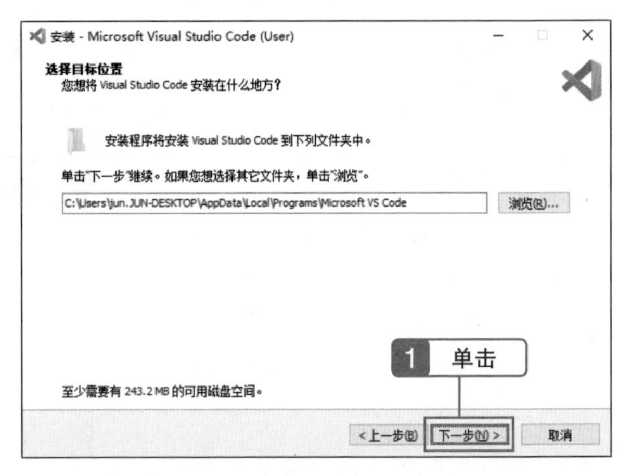

>>> Tips

接下来的几个步骤将维持默认设置，所以请单击“继续”按钮，直到进入“准备安装”界面。

5 开始安装

当界面上显示“准备安装”时，单击“安装”按钮❶，开始安装。此时界面上会显示进度条。这个过程大概会持续几分钟。

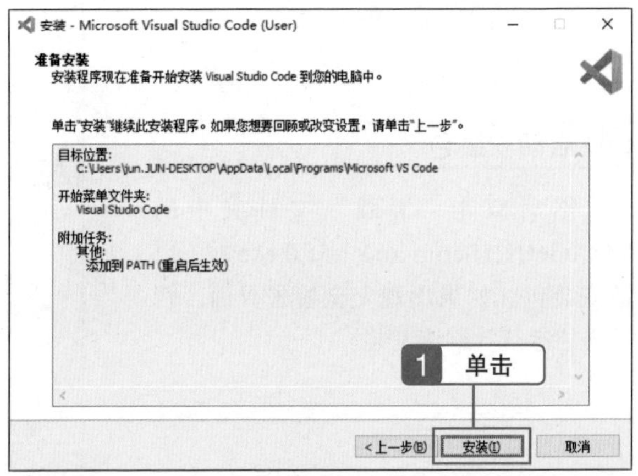

6 结束安装

当界面上显示“Visual Studio Code 安装完成”时，勾选“运行 Visual Studio Code”❶，并单击“完成”按钮❷，结束安装。

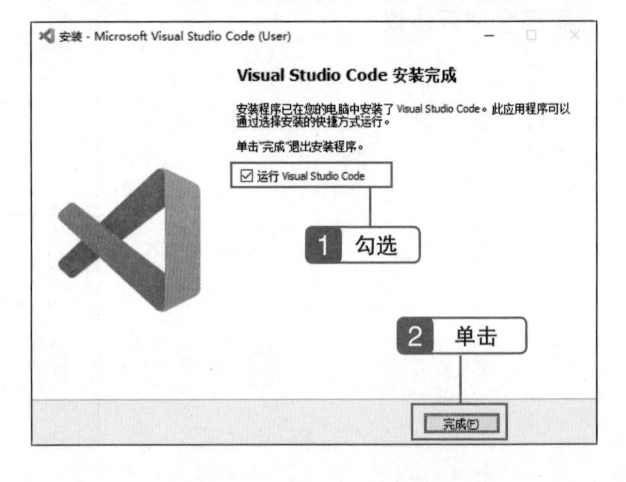

7 打开命令面板

在安装结束后，VSCode 会自动启动。此时 VSCode 的默认显示语言为英语。接下来我们将显示语言更改成中文。首先在上方菜单栏中找到 View，并选择“Command Palette...” 1，打开命令面板。

8 打开显示语言设置界面

此时，在输入框中已经存在字符 > 了。在其后输入“language” 1，并依次选择“Configure Display Language” 2、“Install additional languages...” 3，来添加新的显示语言。

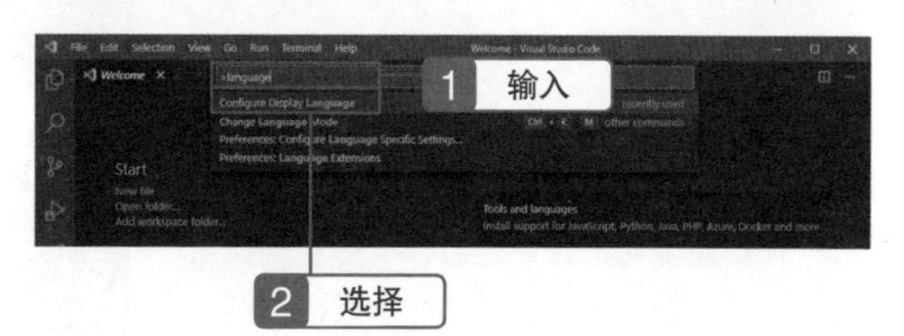

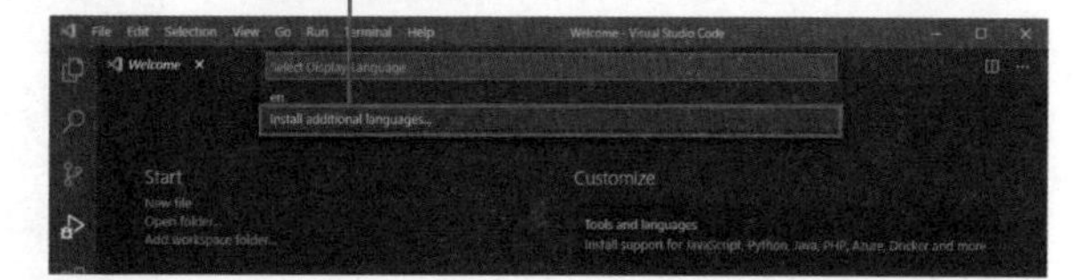

9 安装中文语言包

此时，界面左侧会弹出一系列的语言包。单击“中文（简体）”右下方的 Install 按钮 1，程序会自动开始安装中文语言包。这个过程可能会持续几分钟。

10 完成语言包安装

在安装完成后，界面右下角会弹出对话框，询问是否需要重新启动 VSCode。单击 Restart Now 按钮1，VSCode 就会自动重启。在重启后，如果 VSCode 的显示语言变成中文，则代表中文语言包安装成功。

11 安装 Python 扩展应用

在安装中文语言包之后，单击左侧控制面板中的按钮（扩展功能）1，在扩展面板上方的搜索框中输入“Python”2，程序就会自动显示与 Python 有关的扩展应用。我们单击 Python 右下角的“安装”按钮3，开始安装。这个过程大概会持续几分钟。

> **Tips**
>
> 如果程序弹出与 Git（版本管理软件）有关的提示，请单击“不再显示”。本书不使用 Git。

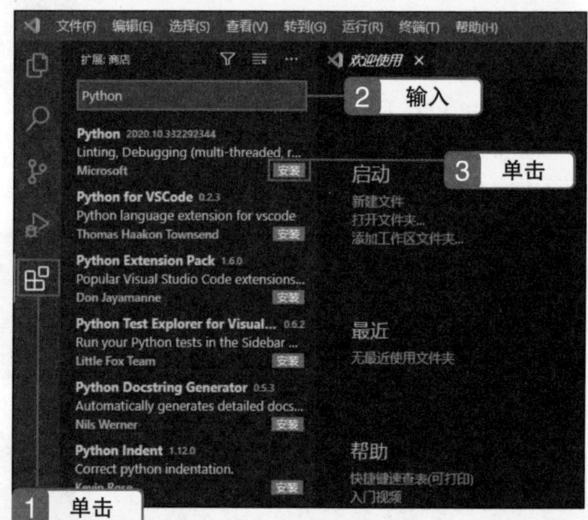

12 完成扩展应用安装

在安装完成后，如果界面上显示“此扩展已全局启用”，则代表已成功安装 Python 扩展应用。

> **Tips**
>
> 如果显示“需要重新加载”按钮，则单击该按钮，让 Python 扩展全局启用。

体验 在 macOS 环境下安装

1 下载安装包

在 Safari 等浏览器中打开 Visual Studio Code 官方网站，进入 Download 页面。单击页面右侧的 Mac 按钮❶，下载安装包。

2 启动安装包

在访达的“下载”文件夹中找到下载好的 Visual Studio Code 并双击❶。

>>> Tips

下载的文件名也可能是 VSCode-darwin-stable.zip 等。

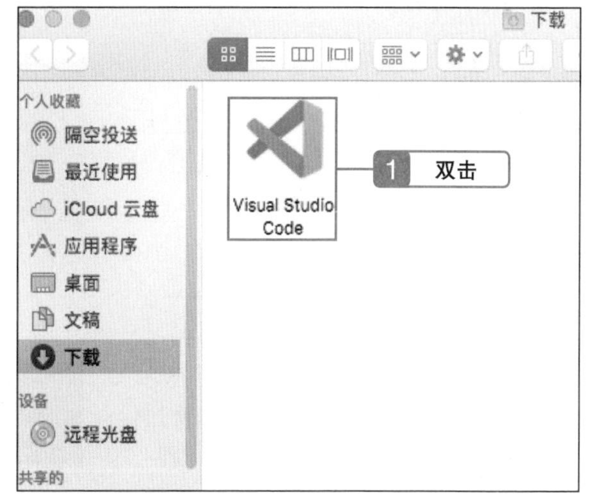

3 运行安装包

当界面上显示“‘Visual Studio Code’是从互联网下载的应用程序。您确定要打开它吗?”的询问时，单击“打开”按钮❶，打开安装包。

4 确认运行

在安装结束后，如果 Visual Studio Code 像右图这样启动，则代表安装成功。

> **>>> Tips**
>
> 如果应用没有启动，那么请将解压好的文件移动到“应用程序”中，双击 Visual Studio Code 启动。

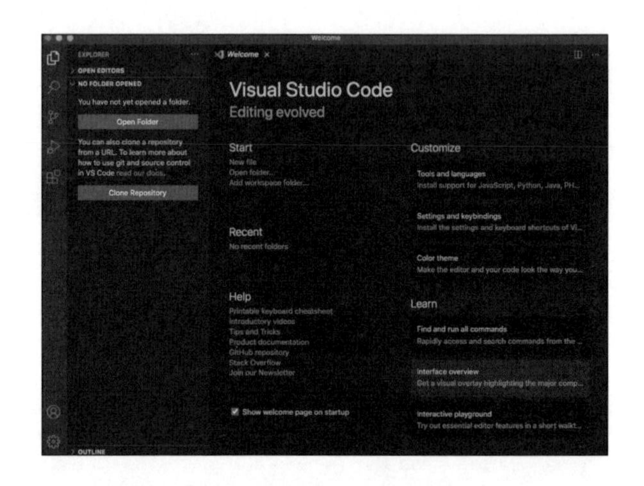

5 打开命令面板

在安装结束后，VSCode 会自动启动。此时 VSCode 的默认显示语言为英语，接下来我们将显示语言更改为中文。首先在上方菜单栏中找到 View，并选择“Command Palette...” 1，打开命令面板。

6 打开显示语言设置界面

此时，在输入框中已经存在字符 > 了。在其后输入“display” 1，并依次选择“Configure Display Language” 2、“Install additional languages...” 3，来更改显示语言。

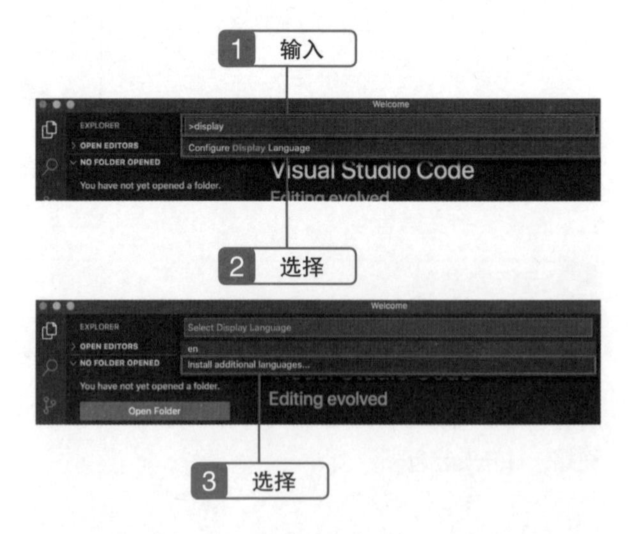

7 安装中文语言包

此时，界面左侧会弹出一系列的语言包。单击“中文（简体）”右下方的 Install 按钮1，程序会自动开始安装中文语言包。这个过程可能会持续几分钟。

8 完成语言包安装

在安装完成后，界面右下角会弹出对话框，询问是否需要重新启动 VSCode。单击 Restart Now 按钮1，VSCode 就会自动重启。在重启后，如果 VSCode 的显示语言变成中文，则代表中文语言包安装成功。

9 打开扩展面板

在安装中文语言包之后，单击左侧控制面板中的按钮（扩展功能）1，打开扩展面板。

10 安装 Python 扩展应用

在扩展面板上方的搜索框中输入“python” 1，程序就会自动显示与 Python 有关的扩展应用。我们单击 Python 右下角的“安装”按钮 2，开始安装。

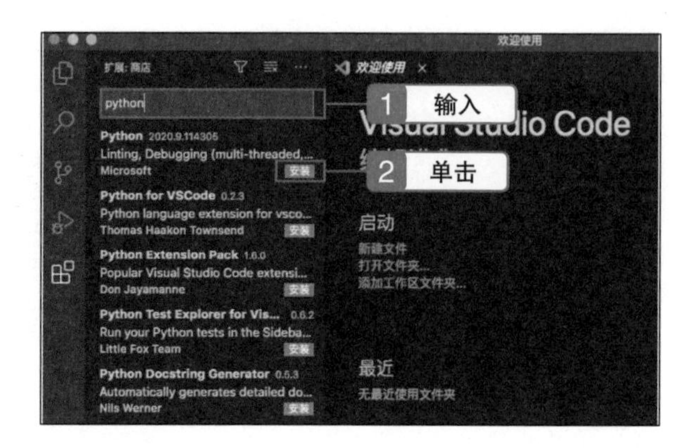

11 检查设置

在上方的菜单栏中依次选择“Code”“首选项”“设置” 1，打开设置页面。

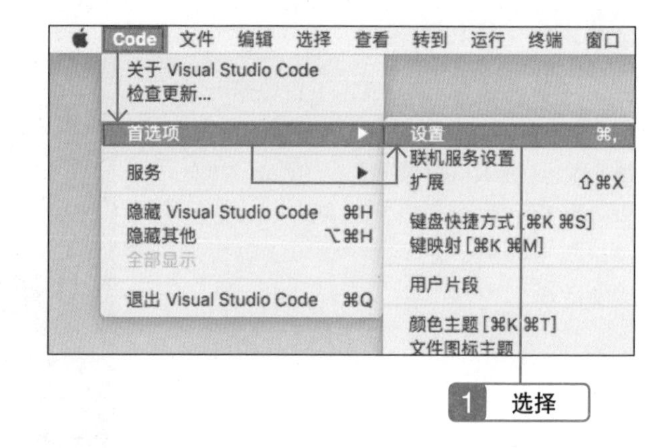

12 修改 Python Path

在设置页面上方的搜索框中输入“python.pythonpath” 1，将“Python: Python Path”下方的输入框中的“python”改成“python3” 2。

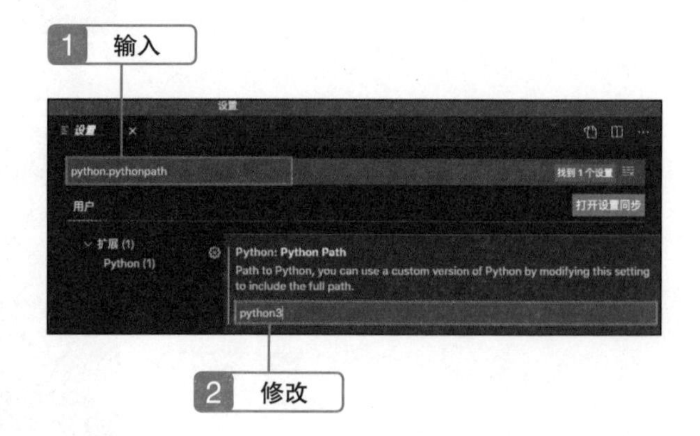

>>> Tips

在终端中执行“which python3”可以确认当前 Python 的安装位置。另外，我们还可以将返回的结果“/Library/Frameworks/Python.framework/Versions/3.9/bin/python3”代替“python3”填进输入框中。

理解 Python 的开发环境

多种多样的 Python 开发环境

本书为大家介绍的 Python 开发环境是 Visual Studio Code。当然 VSCode 并不是唯一的选择，下面列举了几种常用的开发环境。

① IDLE

作为 Python 的标准安装包中自带的开发环境，IDLE 提供了代码编辑器和简易的调试环境，推荐想立即上手的 Python 初学者使用。

② Sublime Text、Atom、Brackets

它们和 VSCode 一样都是通用的代码编辑器，不仅能进行 Python 开发，还可以用于其他目的。如果能找到一款适合自己的编辑器，它便可以在未来很长一段时间里辅助你开发。

③ Eclipse + PyDev

这是 Java 开发环境中有名的 Eclipse 及其插件 PyDev 的组合。这个组合已经超越了代码编辑器，具备项目管理系统、调试环境和其他工具，我们将这样的软件称为集成开发环境（Integrated Development Environment，IDE）。在应对高难度的开发时，使用 IDE 或许是一个不错的选择。

小　结

◎ 要想使用 Python 编写程序，需要使用代码编辑器。

◎ Visual Studio Code（VSCode）是一款能在 Windows、macOS 和 Linux 等环境中使用的代码编辑器。

◎ 在 VSCode 中添加扩展应用，可以搭建 Python 的开发环境。

第2章 编程前的准备

2.3 学习的准备

示例程序 | 无

预习 准备学习环境

从下一章开始，我们将在准备好的开发和运行环境下使用 Python 进行编程。在此之前，我们先按本节的步骤下载示例程序文件，并看一下里面都有什么。

本节我们会新建一些文件夹，用来存放在后面章节中编写的程序。假如自己编写的程序不能顺利运行，大家可以将自己的程序与我们准备的示例程序进行对比，从而更加顺利地学习。

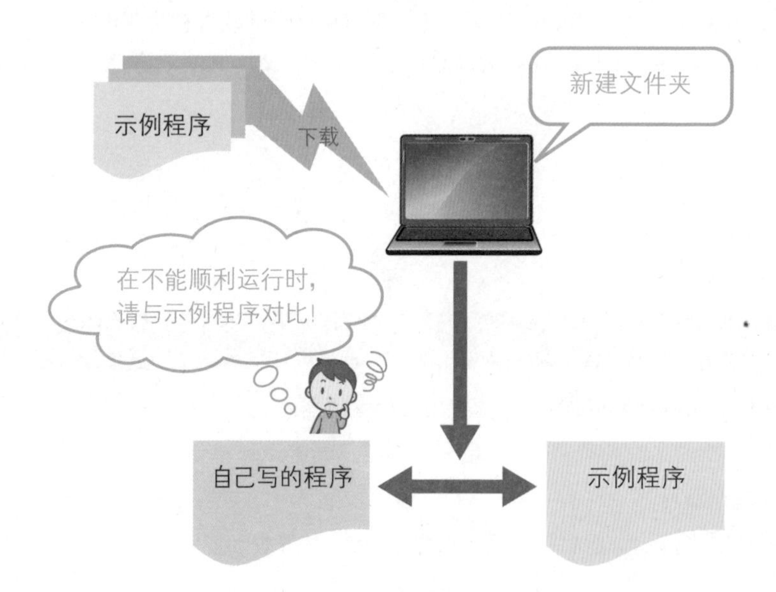

体验 准备示例程序文件

1 下载示例程序

在浏览器中打开本书的支持页面（ituring.cn/book/2886），单击页面右侧的“随书下载”1，选择其中的 samples.zip 压缩包，浏览器就会自动开始下载。在下载完成后，将它解压到任意位置。

2 复制到工作目录中

将解压出来的 3step 文件夹拖放到 C 盘中1。

>>> Tips

在 Mac 中，则是移动到用户根目录中。

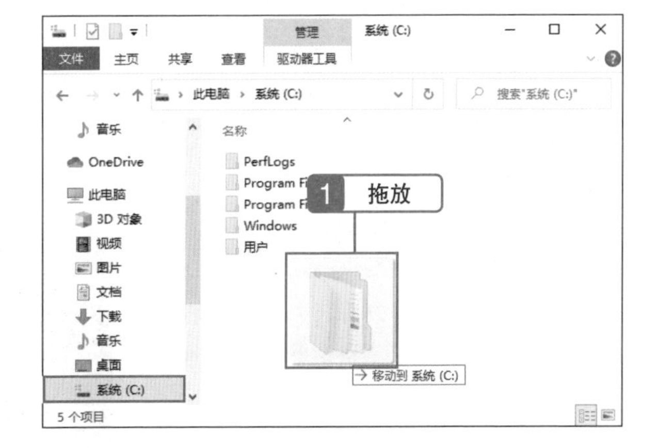

3 运行 VSCode

打开“开始”菜单，下拉菜单后依次单击 Visual Studio Code 文件夹、Visual Studio Code 图标1，打开 VSCode。

>>> Tips

在 Mac 中，则是双击应用程序中的 Visual Studio Code 来启动 VSCode。

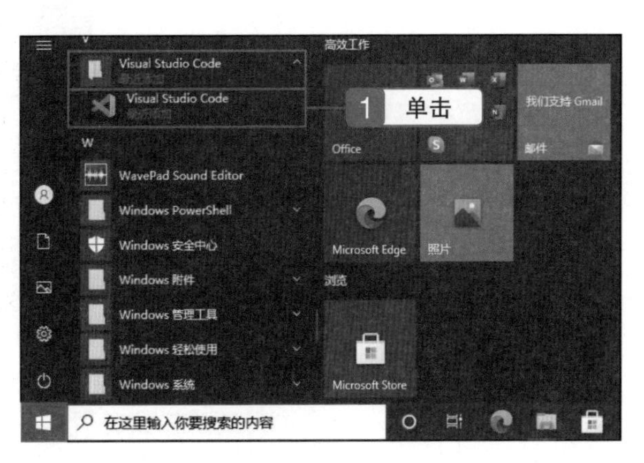

4 打开工作目录

在菜单栏中依次选择“文件”“打开文件夹 ...”1。

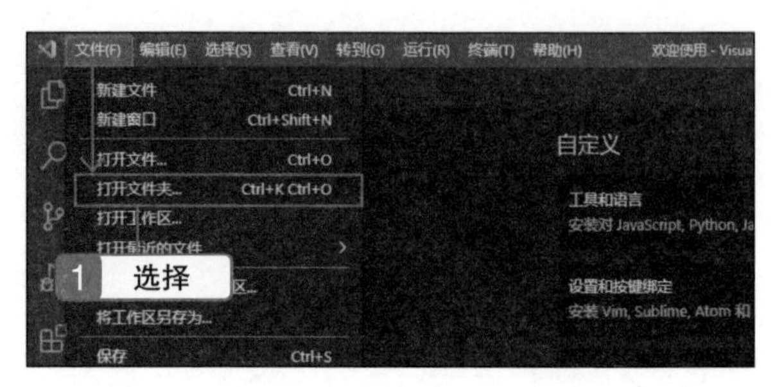

5 选择文件夹

选择 C:\3step 文件夹1，单击“选择文件夹”按钮2。

>>> Tips

在 Mac 中，则是选择用户根目录下的 3step 文件夹。

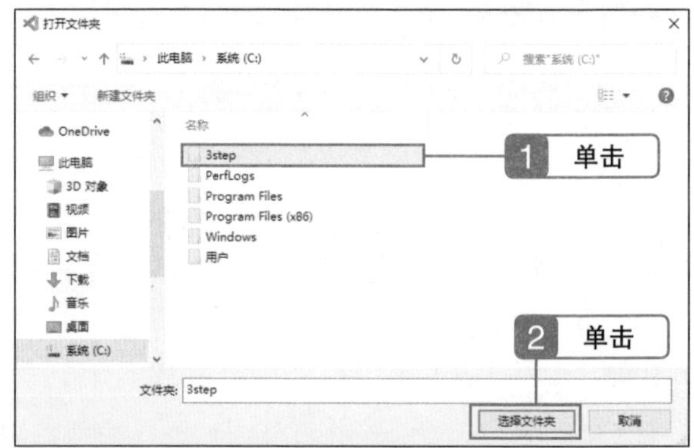

6 确认打开的目录

如右图所示，可以看到 3step[①]文件夹中的内容显示在了“资源管理器”面板中1。然后，单击 VSCode 窗口右上角的“×”，关闭程序。

>>> Tips

如果在打开文件夹的状态下关闭 VSCode，则程序会在下次启动时维持打开文件夹的状态。

>>> Tips

通过任务栏启动经常使用的程序是很方便的。我们可以在任务栏中右键单击对应的图标（这里就是 VSCode 图标），在显示的菜单中选择“固定到任务栏”，这样下次就能直接从任务栏启动 VSCode 了。

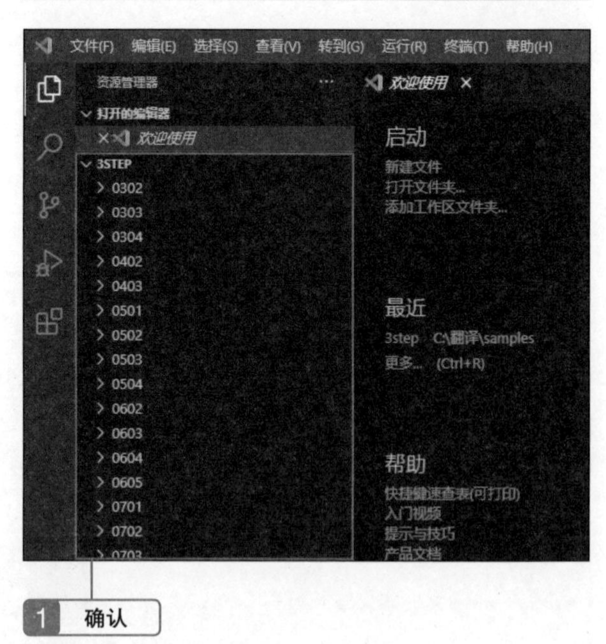

① 在 VSCode 中，文件夹名称“3step”会自动显示为全部大写的“3STEP”。——译者注

理解 示例程序文件的结构

示例文件夹的结构

在对下载好的文件进行解压后，可以看到在samples文件夹中有3step文件夹和complete文件夹。

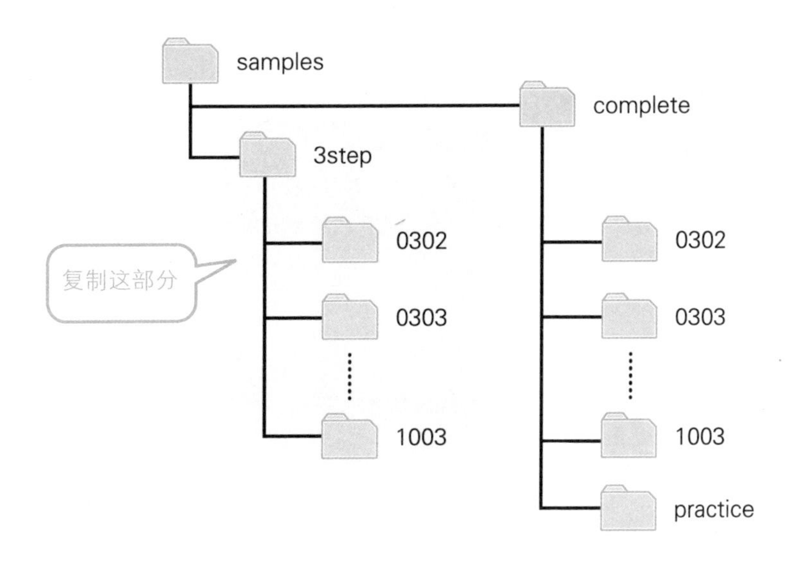

我们将在学习时使用3step文件夹。在这个文件夹中，子文件夹按章节排列，大家可以将在每节的体验部分编写的程序放到对应的文件夹中（比如3.2节的程序就保存到0302文件夹中）。

complete文件夹中存放的是写好的示例程序。在自己编写的程序不能顺利运行时，可以与这些文件进行对比，这样能够更加容易地找到出错的地方。complete文件夹的结构和3step文件夹是一样的。

小 结

◎ 将跟着本书编写的代码保存到3step文件夹中。

◎ 写好的示例程序存放在complete文件夹中，在自己写的程序不能顺利运行时，可以与它对比一下。

第2章 练习题

练习题 1

以下是对 Python 运行和开发环境的一些描述。请在正确的描述前填√，在错误的描述前填×。

(　　) 为了使用 Python，我们必须安装 Python 官方提供的标准安装包。
(　　) 必须使用专门的开发环境编写 Python 程序。
(　　) Visual Studio Code 是一款只能在 Windows 中使用的代码编辑器。
(　　) Python 的标准安装包中提供了叫作 IDLE 的简易开发环境。

练习题 2

请在命令行或终端中查看现在使用的 Python 版本。

开始学习 Python

第3章 开始学习Python

3.1 与 Python 对话

示例程序 | 无

预习 在命令行中运行Python代码

如果想让 Python 立即运行简单的代码，可以使用 Python 交互模式。Python 交互模式是在 PowerShell 等终端中运行的命令行工具，能立刻运行所输入的代码并返回结果。这就如同人类和 Python 在对话一样，因此 Python 交互模式也被称为对话型工具。

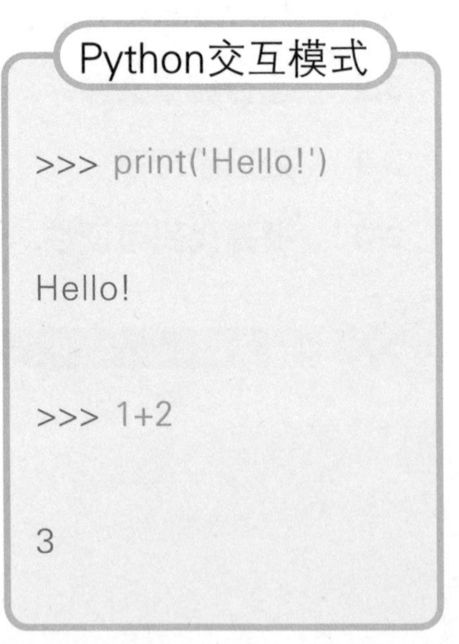

体验 在 Python 交互模式中输入代码

1 运行 PowerShell

右键单击“开始”按钮1，从弹出的菜单中选择 Windows PowerShell(I) 2。

>>> Tips
>
> 在 Mac 中，则是打开“应用程序”中的“实用工具”文件夹，双击其中的“终端”。

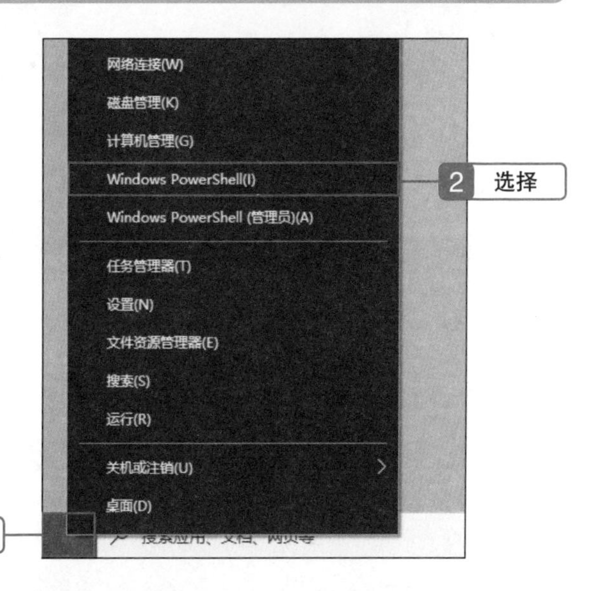

2 启动 Python 交互模式

在启动 PowerShell 后，在光标提示处输入“python”并按下回车键（在 Mac 中，则是输入“python3”）1。这时，屏幕上会显示 Python 的版本信息，并且光标提示符会变成 >>>，这代表 Python 交互模式已经正常启动。

>>> Tips
>
> 在接下来的步骤中，Mac 用户都需要输入“python3”，而不是“python”。

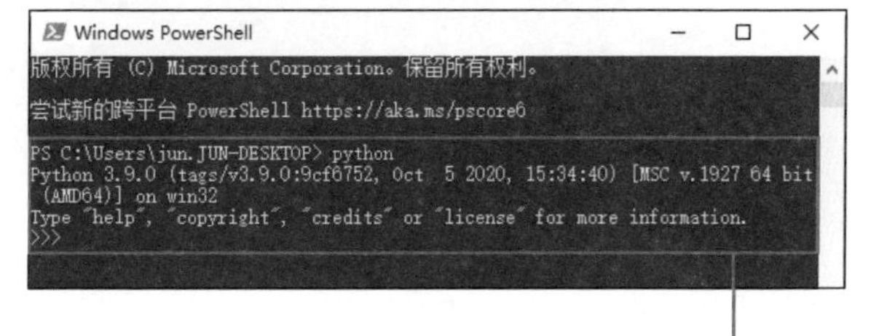


```
PS C:\Users\jun.JUN-DESKTOP> python
Python 3.9.0 (tags/v3.9.0:9cf6752, Oct 5 2020, 15:34:40) [MSC v.1927 64 bit
(AMD64)] on win32
Type "help", "copyright", "credits" or "license" for more information.
>>>
```

3 进行简单的计算

在 Python 交互模式中，在 >>> 的后面输入 Python 代码。这里我们输入 1+2 并按下回车键❶，屏幕上就会显示结果 3。

>>> **Tips**
>
> 需要注意的是，必须使用半角字符输入代码（全角字符仅在中文表述时使用）。

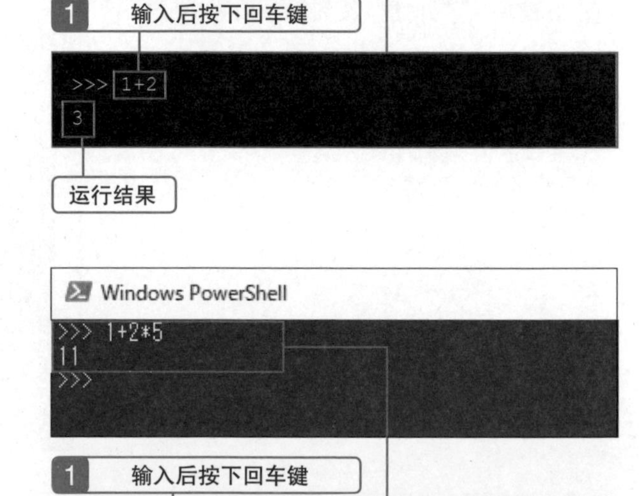

4 打印计算结果

与本节体验❸一样，我们在 >>> 的后面输入 1+2*5 并按下回车键❶。

显示的结果是 11。

Windows PowerShell
>>> 1+2*5
11
>>>
1 输入后按下回车键
运行结果

5 退出 Python 交互模式

先在 >>> 后面按下 Ctrl + Z 键，再按下回车键（在 Mac 中，则不需要按下回车键）❶，即可退出 Python 交互模式。提示符也重新回到 PS C:\Users\jun.JUN-DESKTOP> 处。

>>> **Tips**
>
> 也可以通过在 >>> 处输入 exit() 并按下回车键来退出 Python 交互模式，不过要注意，此时不能省略 ()。

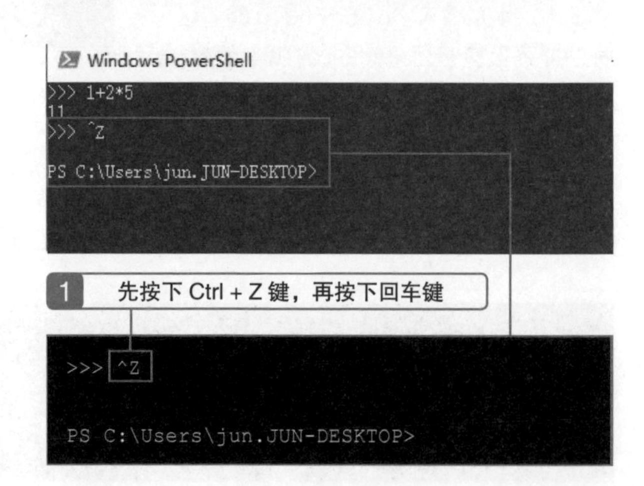

理解 命令行中代码的运行顺序

Python 代码的运行方法

运行 Python 代码的方法大致有两种：①在 Python 交互模式中运行；②运行保存了代码的“.py”文件。

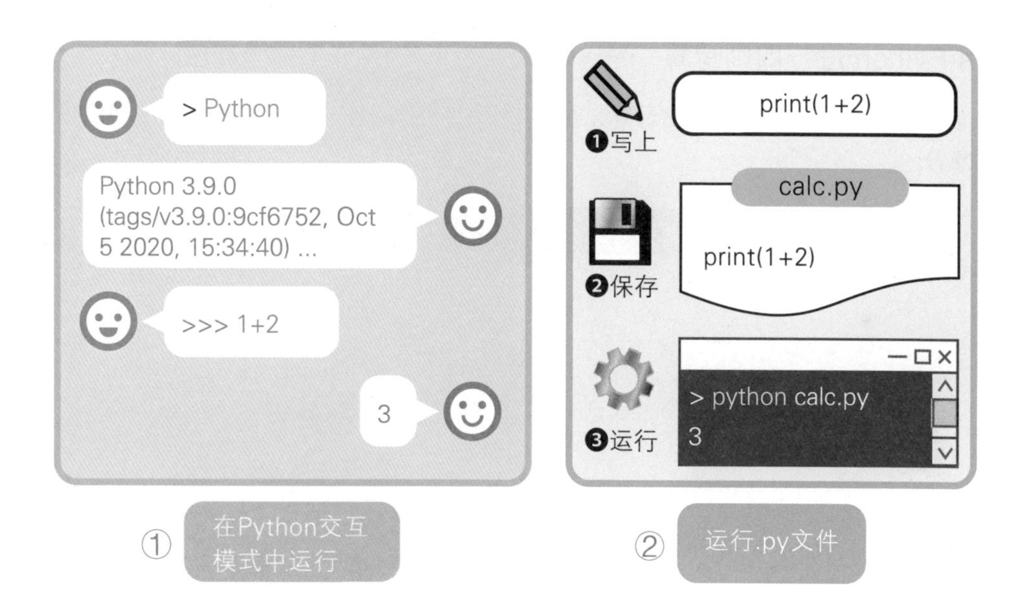

在本节体验部分，我们了解了 Python 交互模式。Python 交互模式会在收到代码后立刻运行并返回结果，因此对于简单的代码，我们可以很方便地确认运行结果。但是，因为每次运行都需要重新输入代码，所以 Python 交互模式并不适合用来运行复杂的代码或者需要多次运行的代码。

鉴于这种情况，本书推荐将代码保存到文件中，用方法②运行。具体操作请参考下一节的说明。

一般情况下，Python 代码是用方法②运行的，但在学习过程中也会经常使用方法①，所以大家也要记住方法①。

COLUMN REPL

有时也将 Python 交互模式这样的工具（环境）称为 REPL（Read Eval Print Loop），因为它同时具备了对代码进行读取（Read）、求值（Eval）和输出（Print）结果的功能，并且可以重复（Loop）执行这一过程。

用 Python 进行四则运算

我们可以使用 Python 进行数值计算，在计算时使用的符号称为运算符。下表中列出了几种常见的运算符。

运算符	说明
+	加法运算
–	减法运算
*	乘法运算
/	除法运算
%	求余运算

需要注意的是，加号（+）和减号（-）与我们平时使用的符号一样，但是乘号为 *，除号为 /，使用了与平时不一样的符号。

运算符不仅可以用来计算，还具有许多其他功能。比如，有的运算符可以用来拼接字符串，或者进行逻辑运算（6.5 节）等。本书会在必要时为大家介绍这些运算符。

运算符的优先级

下面是一道简单的计算题。请问结果是多少呢？

```
5 + 3×4
```

应该没有人回答 32 吧？正确结果是 17。根据运算法则，乘法运算优先于加法运算。因此，5 + 3 × 4 等于 5 + 12，结果是 17。

同样，Python 的运算符也有先后顺序。我们回顾一下本节体验❹就可以发现，在计算 `1+2*5` 时，Python 先进行乘法运算，得到了 `1+10`，然后才将两数相加，得到结果 `11`。

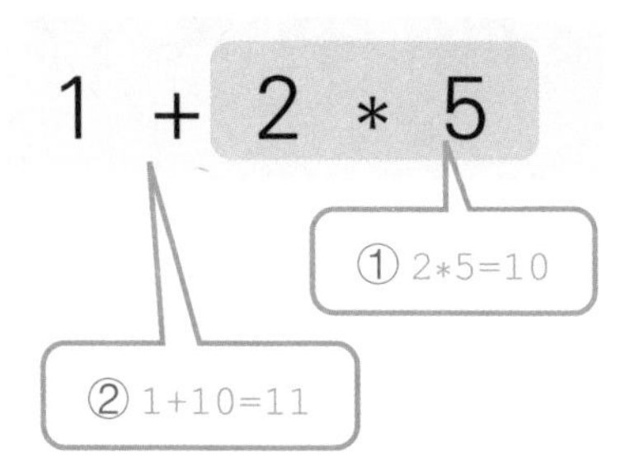

只要是与四则运算有关的运算符，优先级就与四则运算时一样。当然，如果对运算符的优先级不是很确定，也可以使用小括号来明确一下。

```
1+2*5 ⇔ 1+(2*5)
```

小括号内的部分将优先进行计算，所以上面两个式子本质上是相同的。

小 结

◎ 在想要立即运行简单的代码时，可以使用 Python 交互模式。

◎ 与数值计算和处理有关的符号称为运算符。

◎ 程序将根据运算符的优先级依次进行处理。

第3章 开始学习Python

3.2 运行脚本文件

示例程序 | [0302] → [basic.py]

预习 将Python代码存入文件

上一节我们知道了 Python 交互模式适合想要立即运行的简单代码，如果是更复杂的代码，那么运行保存了代码的文件会更加方便。此外，将代码保存为文件也便于多次调用代码文件来执行相同的指令。

Python 交互模式就像是对 Python 的口头指示，而代码文件则像是提前准备好的操作指南。

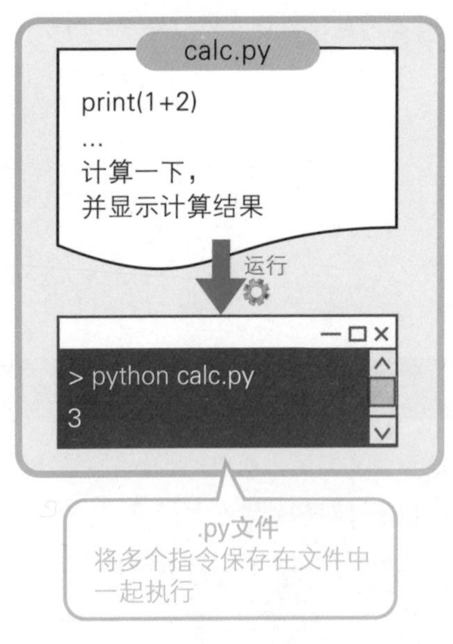

体验 新建并运行 Python 文件

1 打开学习用的文件夹

参考 2.3 节体验⑤的操作，在 VSCode 中打开 C:\3step 文件夹1。

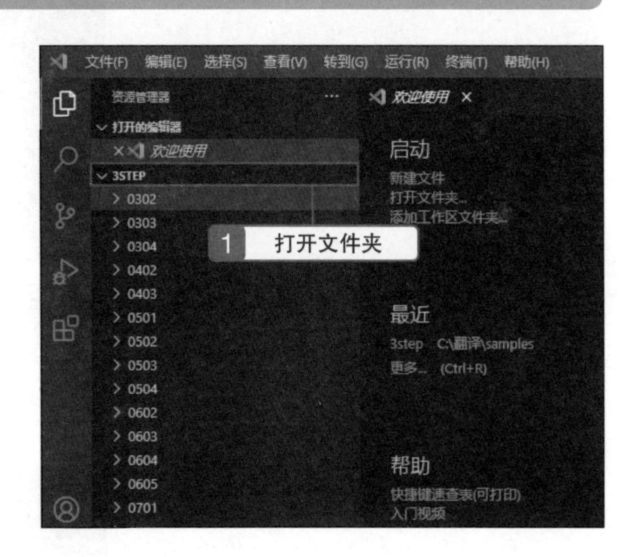

>>> Tips

在 2.3 节体验部分中，如果在关闭 VSCode 时 3step 文件夹是打开的，那么在重新启动 VSCode 时，3step 文件夹会自动打开。

>>> Tips

初次打开 VSCode 时的“欢迎使用”可以通过单击标签右侧的☒关闭。

2 新建文件

在“资源管理器”面板中选择 0302 文件夹1，并单击🗋（新建文件）按钮2。此时，系统会要求输入文件名，我们输入 basic.py，并按下回车键3。

>>> Tips

.py 是文件扩展名的一种。例如，Excel 文件的扩展名是 .xlsx，音频文件的扩展名是 .mp3，Python 代码文件的扩展名是 .py。

>>> Tips

如果 VSCode 的右下角显示“Linter pylint is not installed.”，请单击“Do not show again”按钮。本书中不使用 pylint（代码检查工具）。

3 输入代码

在新建 basic.py 文件后，VSCode 会在右侧打开它。我们在里面输入如右图所示的代码1。

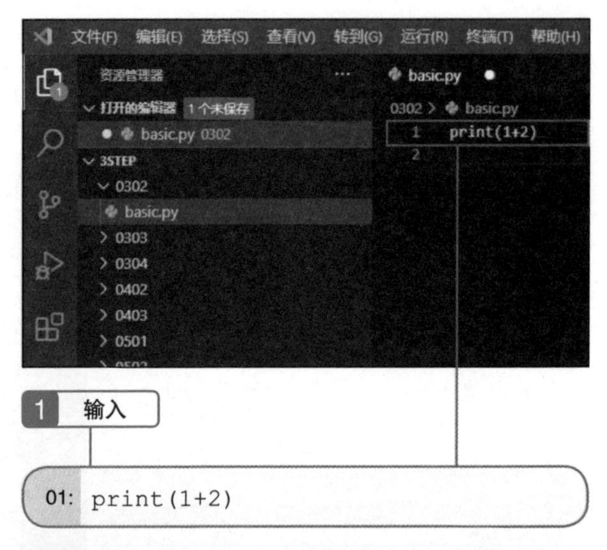

4 确认文件格式与字符编码

请确认 VSCode 右下方的蓝色信息栏中的信息1，其中的 UTF-8 表示这个文件使用 UTF-8 编码。

5 保存文件

单击“资源管理器”面板上显示的◙（全部保存）按钮1，保存所有正在编辑的文件。

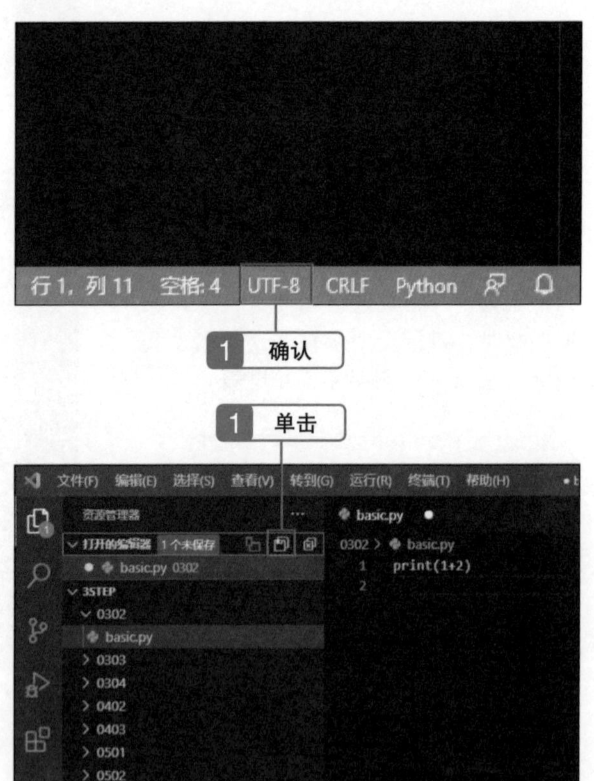

>>> **Tips**

如果文件还未保存，那么 VSCode 的右侧会显示●符号。在运行代码文件前，我们要确认●是否已消失（= 文件是否已保存）。

6 打开终端

从上方菜单栏中找到“查看”，选择“终端”1。

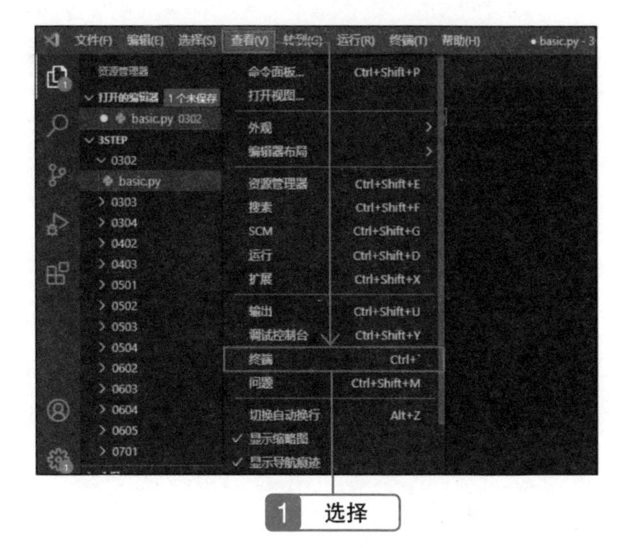

7 运行代码

此时，VSCode 下方的“终端”将打开。输入如右图所示的命令并按下回车键1，则将显示结果 3。

>>> **Tips**

“终端”会根据当前操作系统打开不同的控制台。比如，在 Windows 10 中会打开 PowerShell，在 macOS 中则会打开终端。要注意，Mac 用户需要输入 python3 0302/basic.py。

>>> **Tips**

单击终端右侧的☒（关闭面板）按钮，即可关闭终端。如果想要同时清除终端内显示的内容，请单击🗑（终止终端）按钮。

>>> **Tips**

单击标签页的☒按钮，即可关闭文件。

理解 Python 文件的运行方法

运行 Python 文件

使用 python 命令（Mac 用户则使用 python3 命令）来运行 Python 文件。

[语法]

```
python 文件名
```

以本节体验⑦为例，0302/basic.py 表示“运行 0302 文件夹中的 basic.py 文件”。如果省略文件名，仅输入 python，则只会启动 Python 交互模式（3.1 节）。

COLUMN 当前文件夹

命令中指定的文件路径通常以当前文件夹（现在的文件夹）为起点。当前文件夹会显示在光标提示符前。

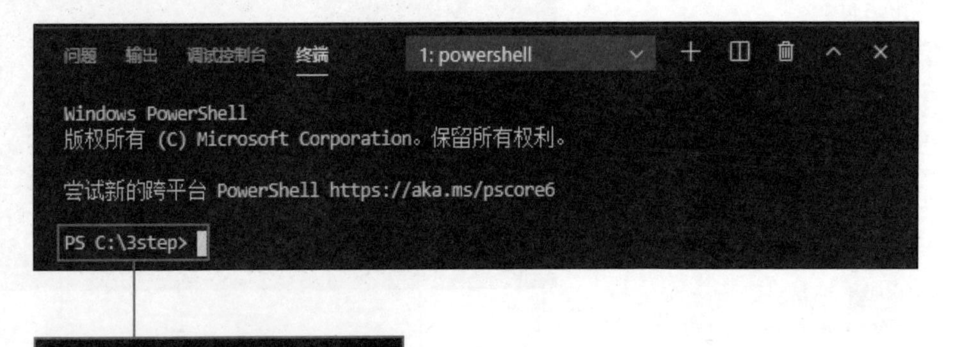

在本节体验部分的示例中，C:\3step 就是当前文件夹，因此 Python 将以此为起点，运行 0302 文件夹中的 basic.py 文件。在 Mac 中，通常以用户文件夹为起点，所以最终运行的文件的位置就是“/Users/ 用户名 /3step/0302/basic.py”。

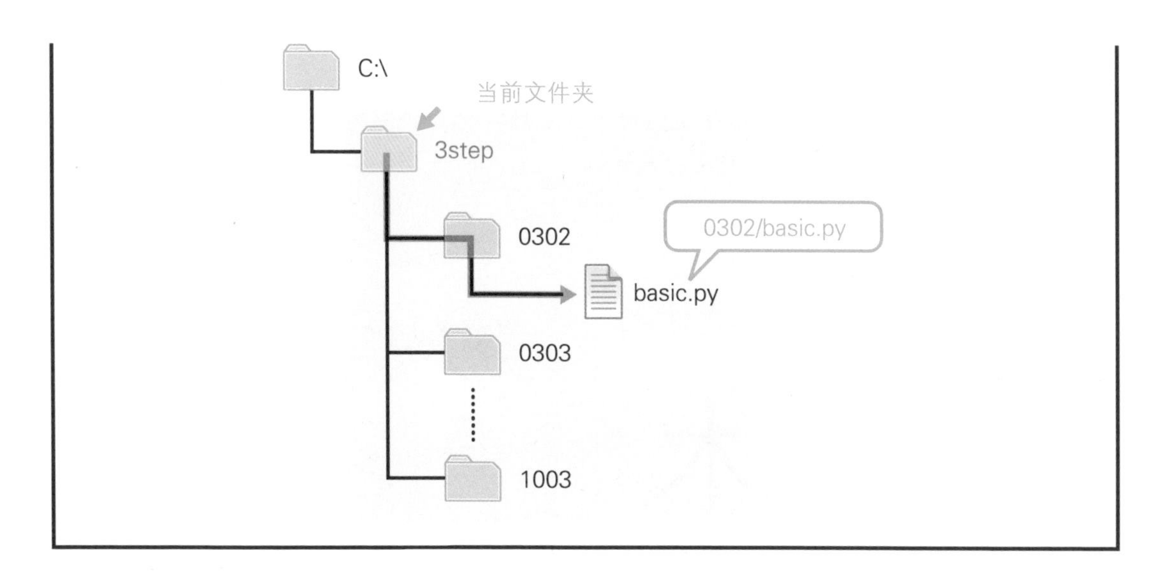

>>> 运行 Python 文件（VSCode 自带的功能）

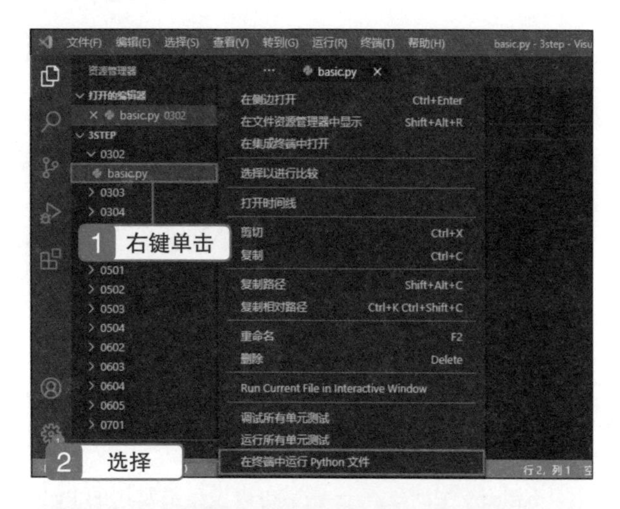

使用 VSCode 可以更加便捷地运行 Python 文件。在“资源管理器”面板中找到想要运行的文件（这里指的是 basic.py），并右键单击它❶，从弹出的菜单中选择“在终端中运行 Python 文件”❷。

此时，终端打开，与本节体验部分一样，其中将显示 Python 文件的运行结果。终端中显示的 `& C:/Users/jun.JUN-DESKTOP/AppData/Local/Programs/Python/Python39/python.exe c:/3step/0302/basic.py` 是 VSCode 自动创建的代码。

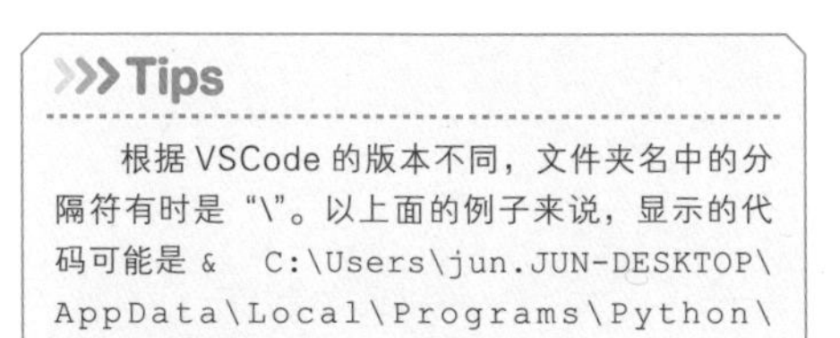

>>> Tips

根据 VSCode 的版本不同，文件夹名中的分隔符有时是“\”。以上面的例子来说，显示的代码可能是 `& C:\Users\jun.JUN-DESKTOP\AppData\Local\Programs\Python\Python39\python.exe c:\3step\0302\basic.py`。

>>> UTF-8 字符编码

所谓字符编码，是计算机显示字符的规则。比如，“木”的字符编码是 E69CA8，“花”是 E88AB1。字符与编码之间有着固定的对应关系。

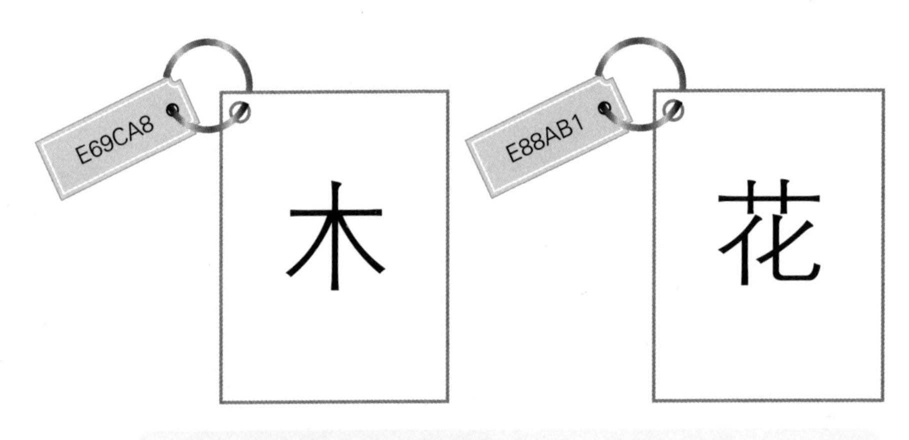

字符编码 = 计算机中显示字符的规则（编号）

字符编码有很多种，例如 Windows 中使用的 GBK 和国际通用的 UTF-8。Python 中默认的字符编码是 UTF-8。

Python 中虽然也能使用其他字符编码，但需要显式声明。这很容易出错，也并没有什么优势。因此，如果没有特殊原因，请使用 UTF-8。当使用的字符编码和 Python 默认的字符编码不一致时，代码将不能正常运行，或者出现乱码。

>>> 使用 print 将值输出到屏幕上

basic.py 中的 `print` 函数可以说是最常用的 Python 命令。在括号中传递值，就可以显示其结果。

[语法] print

```
print(表达式)
```

比如，本节体验❸中的 `print(1+2)` 就显示了计算结果 `3`。此外，在 Python 交互模式中也能使用 print 函数。不过，Python 交互模式本身就具备显示代码运行结果的功能，所以 print 函数可以省略。

```
>>> print(1+2)
3
```

COLUMN 函数

函数是将一些命令整合在一起来实现特定功能的方式。print 是具有“显示输出对象”功能的函数。

函数分为 Python 自带的函数和用户自己定义的函数。前者称为内置函数，后者称为自定义函数。目前出现的都是内置函数，自定义函数将从 9.1 节开始学习。

小 结

◎ 使用 python 命令运行 Python 代码。

◎ Python 的默认字符编码是 UTF-8。

◎ 使用 print 函数显示输出对象。

第 3 章 开始学习 Python

3.3 处理字符串

示例程序 | [0303] → [string.py]

预习 在 Python 中处理字符串

前面介绍了数值计算和显示计算结果的代码。当然，Python 程序不仅能处理数值，还能处理其他数据类型，比如字符串、日期和布尔值（`True` 和 `False`）等。学习这些数据类型的表示方法和使用方法也是编程学习的一环。

但是，这些内容难以一次性介绍完毕。本节我们先学习和数值一样常用的字符串的处理。字符串由一个以上的字符组成，单词和文章都可以看作字符串。

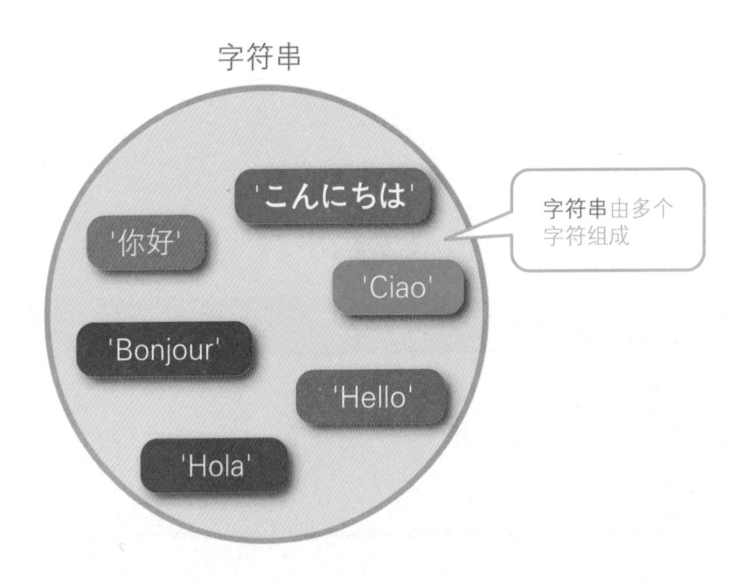

体验 使用 Python 操作字符串

1 新建文件

参考 2.2 节的操作，在 0303 文件夹中新建一个名为 string.py 的文件。打开编辑器，输入如右图所示的代码。这些代码分别用来输出单纯的字符串❶、带引号的字符串❷以及多个值❸。

在输入完毕后，单击 （全部保存）按钮保存文件。

```
01: print('你好，Python！')  ——1
02: print('Hello，"GREAT" Python!!')  ——2
03: print('今年', 16, '岁。还有', 18-16, '年就成年了。好想快点长大。')  ——3
```

>>> **Tips**

需要注意的是，我们只能在引号内使用全角字符。如果其他的字母和符号使用全角字符，则代码将不能正常运行。

>>> **Tips**

过长的代码不利于阅读，我们可以开启“查看”菜单中的“打开自动换行”，使代码更具可读性。

2 运行代码

在“资源管理器”面板中，右键单击 string.py 文件❶，从弹出的菜单中选择“在终端中运行 Python 文件”❷，运行结果如下图所示。

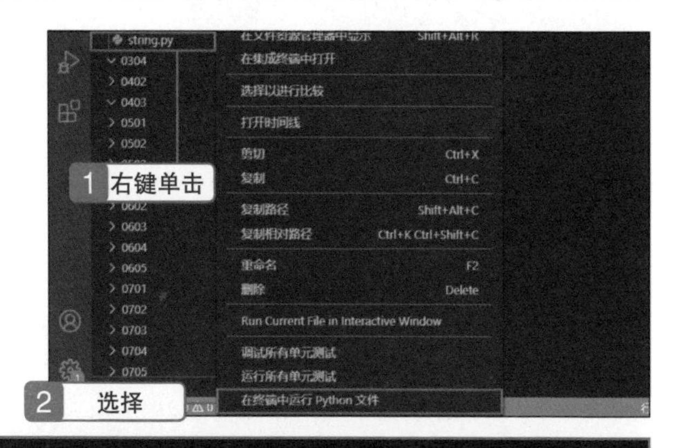

运行结果

```
PS C:\3step> & C:/Users/jun.JUN-DESKTOP/AppData/Local/Programs/Python/Python39/
python.exe c:/3step/0303/string.py
你好，Python！
Hello，"GREAT" Python!!
今年 16 岁。还有 2 年就成年了。好想快点长大。
```

字符串的处理

在代码中表示字符串

在代码中表示字符串时，字符串前后需要加上双引号（"）或者单引号（'）。虽然没有明确规定使用哪种引号，但是前后的引号必须一致。

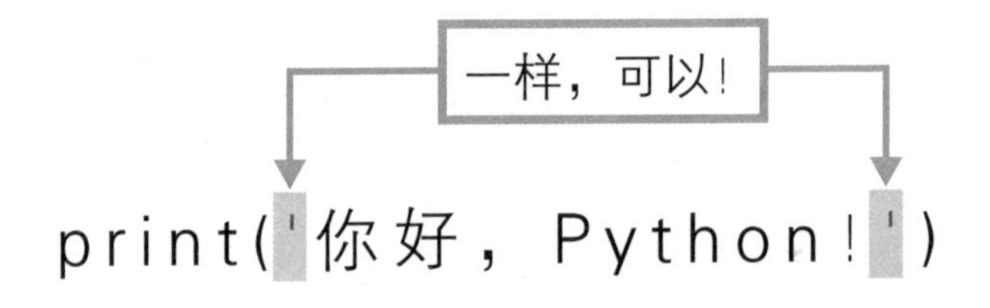

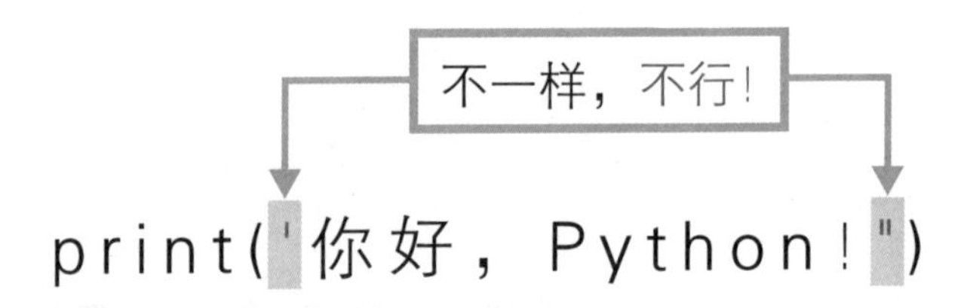

需要注意的是，在表示字符串时，要是像数值那样不加引号，代码将不能正常运行。

```
print(你好，世界！)
(SyntaxError: invalid character in identifier)
```

不加引号的字符串会被视为命令的一部分，程序会将其作为无效字符（invalid character）而报错。这里的 SyntaxError 表示出现了语法错误。

带引号的字符串

本书统一在字符串前后使用单引号。但是，当字符串本身包含单引号时，该怎么办呢？

在上面这个例子中，字符串会被认为到“Hello,”就结束了，后面的“GREAT'Python!!”将不能被正常识别。

为了解决这个问题，我们将整个字符串用双引号引起来。这样一来，字符串就是两个双引号之间的内容，单引号也就能被正确识别为字符串的一部分了。

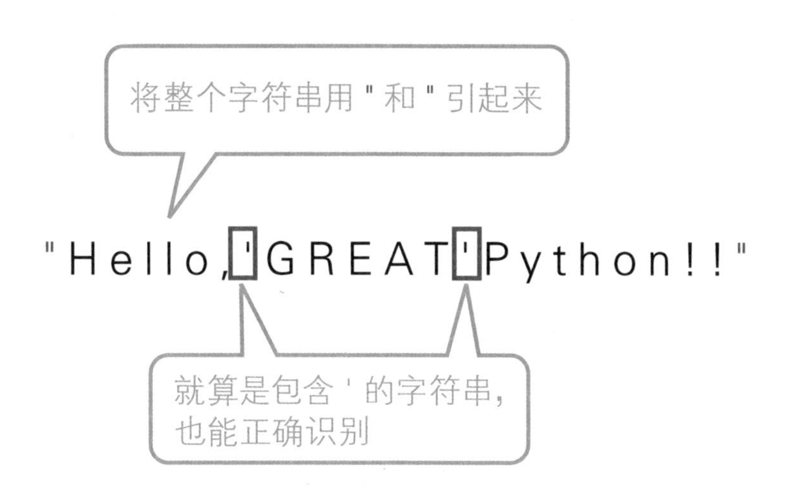

如果想显示带有双引号的字符串，那么倒过来做就可以了，如下所示。

```
print('You are "Great" teacher.')
```

将包含双引号的字符串用单引号引起来

COLUMN 如果想同时包含单引号和双引号……

如果想同时包含单引号和双引号，上面的方法就行不通了。这时，可以在引号的前面加上“\”。

```
print('I\'m "Great" teacher.')
```

\' 和 \" 会被看作单纯的 ' 和 "（而非把字符串引起来的引号）。在上面的例子中，字符串的外围使用的是单引号，所以只需将字符串中的 ' 改写成 \' 就可以了。

我们将这种用法称为转义字符，具体会在 8.1 节介绍。

同时输出数值和字符串

在 print 函数中，使用半角逗号（,）隔开要输出的多个值，即可将其按顺序输出。

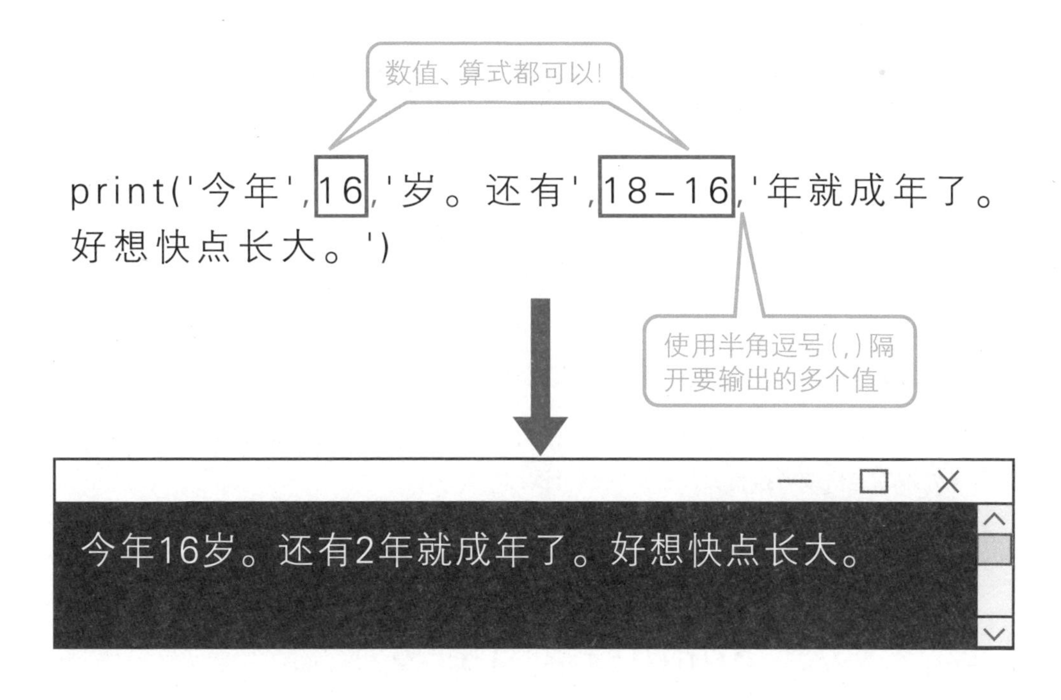

借助逗号，我们可以同时输出字符串和数值（算式），十分方便。

小　结

◎ 字符串需要使用单引号或者双引号引起来。

◎ 当字符串中包含双引号时，必须用单引号将整个字符串引起来（包含单引号时则正相反）。

◎ 使用半角逗号隔开多个值，print 函数就会将它们按顺序输出。

第 3 章 开始学习 Python

3.4 提高代码可读性

示例程序 | [0304] → [basic.py]、[string.py]

预习 什么是代码可读性

接下来，我们会编写更加复杂的代码，因此需要关注代码可读性。Python 允许在运算符前后和函数的分界处添加空格或者换行，以提高代码可读性。

```
print(1+2*5)
print('今年',16,'岁')
```

添加空格和换行

```
print(1 + 2 * 5)
print('今年', 16, ↵
      '岁。')
```

此外，还有一种提高代码可读性的方法——注释。注释可以看作代码的备忘录。注释和代码不同，并不会被运行，所以可以用来解释代码或者做笔记等。

体验 改写代码

1 复制文件

在 VSCode 的“资源管理器”面板中，右键单击 0302 文件夹中的 basic.py 文件1，从弹出的菜单中选择“复制”2。

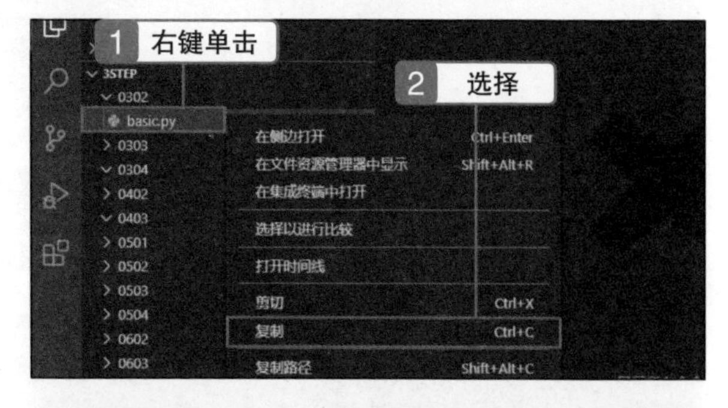

2 粘贴

右键单击 0304 文件夹1，从弹出的菜单中选择“粘贴”2。

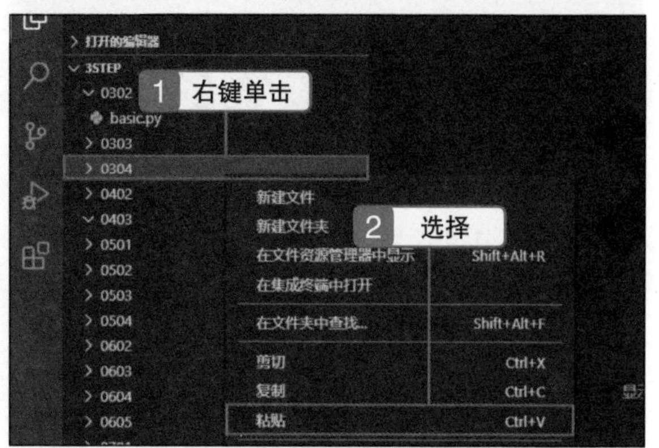

3 添加空格和注释

打开通过本节体验1 ~ 2得到的文件，如右图所示编辑内容1。在编辑完成后，单击（全部保存）按钮2，保存文件。

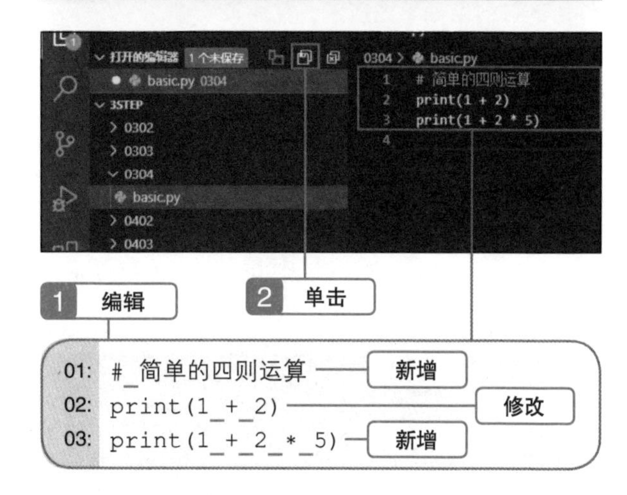

4 运行代码

在“资源管理器”面板中，右键单击 0304 文件夹中的 basic.py 文件❶，从弹出的菜单中选择“在终端中运行 Python 文件”❷，运行结果如下图所示。

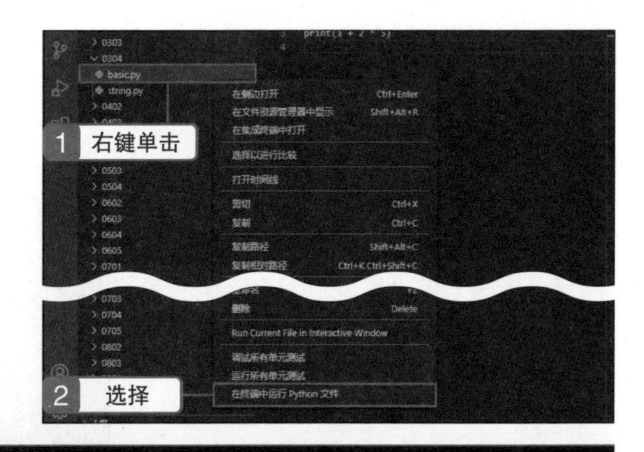

运行结果

```
PS C:\3step> & C:/Users/jun.JUN-DESKTOP/AppData/Local/Programs/Python/Python39/
python.exe c:/3step/0304/basic.py
3
11
```

5 添加换行和注释

参考本节体验❶～❷，将 0303 文件夹中的 string.py 文件复制到 0304 文件夹中。打开复制得到的文件，如右图所示编辑文件❶，然后保存。

参考本节体验❹运行 string.py 文件。运行结果如下图所示，其中没有显示添加了注释的行。

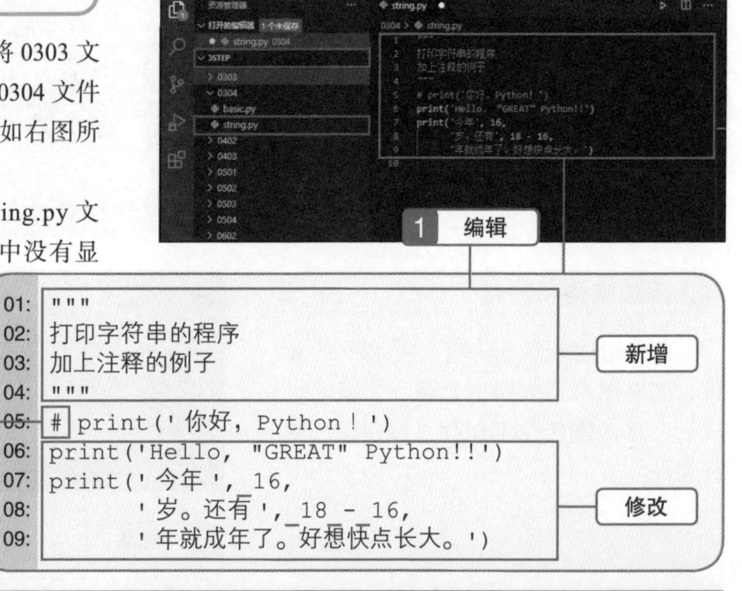

运行结果

```
PS C:\3step> & C:/Users/jun.JUN-DESKTOP/AppData/Local/Programs/Python/Python39/
python.exe c:/3step/0304/string.py
Hello, "GREAT" Python!!
今年 16 岁。还有 2 年就成年了。好想快点长大。
```

理解 空格和注释的规则

可以添加空格的地方

Python 虽然允许在代码中添加空格，但也有一些限制。

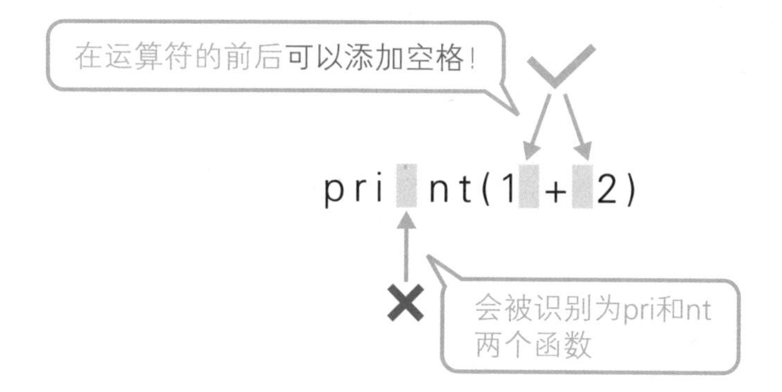

在一个单词的中间不能添加空格。在上面的例子中，Python 会误认为代码中有 `pri` 和 `nt` 两个不一样的函数。

通常，在运算符的前后以及逗号的后面需要添加空格。我们可以通过接下来的示例程序来熟悉空格的用法。

行首不可以有空格

行首不能添加空格。

```
    print('你好，Python！ ')
```

不可以

在 Python 中，行首的空格叫作缩进（indentation），是有特殊意义的空格。具体在什么情况下要使用缩进呢？别着急，我们会在 6.2 节详细说明。

可以换行的地方

在括号中的分隔处可以自由换行。一般情况下，在运算符或逗号后面换行能让代码更具可读性。

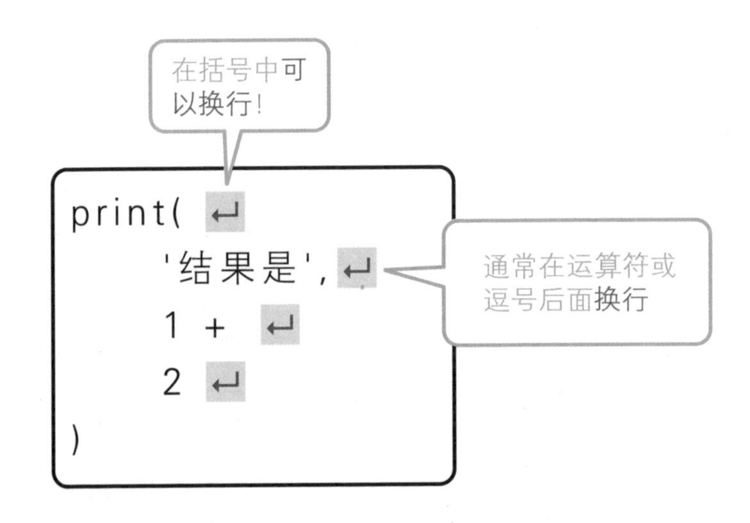

但是，下面的代码不能正常运行。

```
print ← 会被认为行到这里就结束了
(1 + 2)
```

在上面的例子中，换行在括号外，这会让 Python 认为代码在换行的地方就结束了。在这种情况下，可以使用反斜杠（\）来表示这行代码还在继续。

```
print \ ── 告诉 Python 这行代码还在继续
(1 + 2)
```

此外，在一行代码还没结束时，可以在行首添加空格。通常从第二行开始缩进，代表它们原本是一行代码中的内容，如下所示。

```
print('今年', 16,
      '岁。还有', 18 - 16,
      '年就成年了。好想快点长大。')
```

Python 中的注释

在 Python 中，可以使用以下方法添加注释。

1 单行注释

从井号（#）开始到行的末尾都会被视为注释。

如果在行的开头写上 #，那么整行内容将变成注释；如果在行的中间写上 #，那么只有 # 后的部分是注释。

```
# print('你好，Python！')
print('你好，Python！')    # 只有这里是注释
```

这部分是注释

2 多行注释

3 个双引号（"""）或 3 个单引号（'''）内的部分也被视为注释。

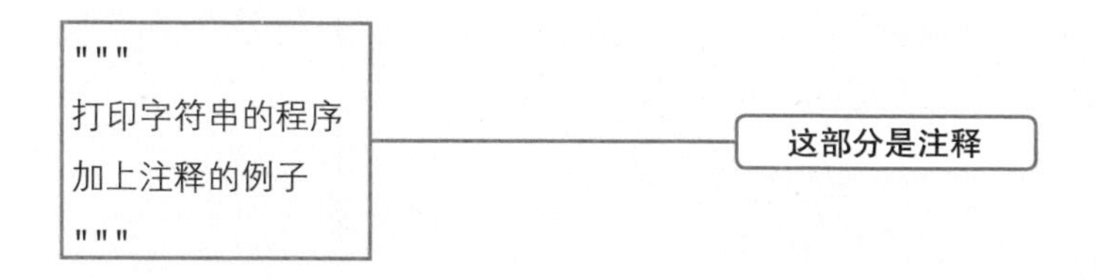

要注意，在使用多行注释时，表示注释开始的引号前面不能存在缩进。

COLUMN here 文档

准确地说，"""~""" 和 '''~''' 并不是注释专用的方法，它们是在 here 文档中表示多行字符串的方法。在指定为字符串后，Python 并不会执行什么操作，所以可以利用这一方法来进行多行注释。

>>> 注释的使用场景

注释一般可以用于以下几种场景。

1 代码的说明

在阅读别人的代码时，通常难以立刻看懂。即便是自己写的代码，隔一段时间再来看时也经常会忘记某段代码写在了哪里。为了避免这种情况，在代码的各个关键部分留下注释就很重要。

当然，如果每行代码都添加注释，代码也会变得难懂。通常需要给函数和方法（5.2 节）等有特定用途的代码块，或者难以理解的代码添加注释。

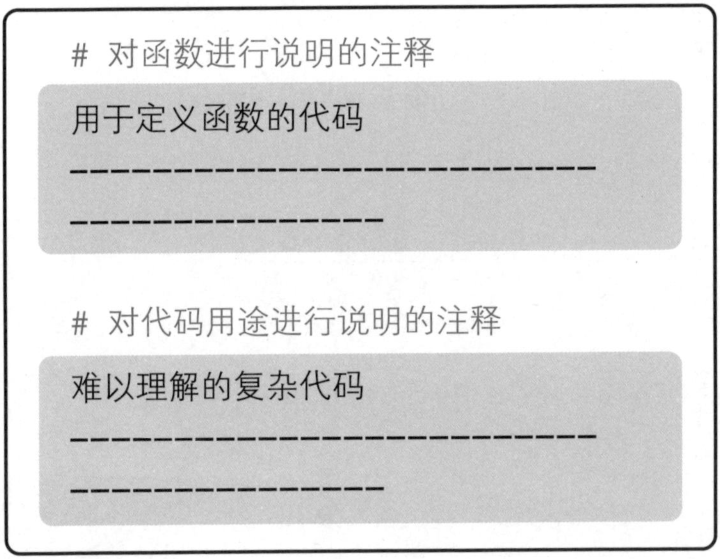

对函数进行说明的注释

用于定义函数的代码

对代码用途进行说明的注释

难以理解的复杂代码

2 让代码无效化

有时也可以注释掉（comment out）代码，也就是让代码变成注释，使其暂时无效。如果代码的运行结果和预期不一致，可以通过注释掉一部分代码来帮助判断哪里出了问题。

注释掉这一行

```
# print('你好，Python！')
print('Hello, "GREAT" Python!!')
```

只运行第二行代码

小　结

- ◎ 空格可以让代码更具可读性。
- ◎ 行首的空格（缩进）具有特殊意义，不能随意添加。
- ◎ 可以在括号中的分隔处换行。
- ◎ 在行的末尾加上 \，表示行还在继续。
- ◎ # 用于单行注释，"""~""" 和 '''~''' 用于多行注释。

第 3 章 练习题

练习题 1

运行 Python 交互模式，并计算 5×3 + 2 和 4 - 6÷3。

练习题 2

以下是对 Python 基本语法的一些描述。请在正确的描述前填√，在错误的描述前填 ×。

(　　) 在 Python 中能使用的字符编码只有 UTF-8。
(　　) 函数由具备某些功能的代码整合而成。
(　　) 字符串必须用单引号（'）或者反引号（`）引起来。
(　　) `print` 函数可以按顺序输出通过 + 分隔的多个值。
(　　) Python 允许在代码中的逗号后和运算符前后添加空格。

练习题 3

编写代码，完成下面的指示。

1. 打印字符串 `"I'm from China."`。
2. 在命令行中运行 data 文件夹中的 sample.py 文件。
3. 按顺序输出“`10 + 5` 是”、`10+5`（计算结果）、“。”。

变量与运算

第4章 变量与运算

4.1 处理程序中的数据

示例程序 | 无

预习 什么是数据类型

程序处理的数据有不同的类型。数据类型可以是整型，例如 15、123 等；也可以是字符型，例如 " 你好 "、"XYZ" 等。

Python 可以进行的操作因数据类型而不同。例如，数值之间可以相减，但是字符串之间不可以。本节我们将以整型和字符型为例，来理解数据类型。

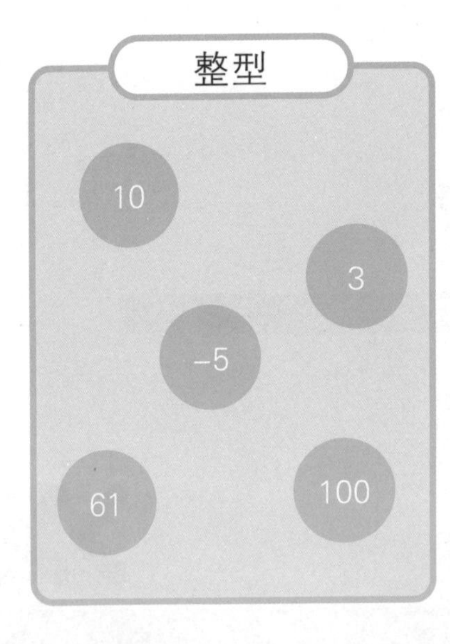

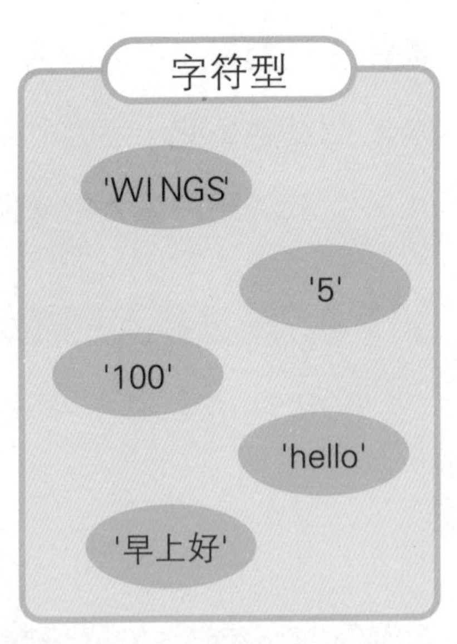

体验 数据类型的区别

1 启动 Python 交互模式

打开 PowerShell，在命令行中执行 python 命令1。如果是 Mac 操作系统，则打开终端并执行 python3 命令。此时，Python 交互模式将启动。

```
Windows PowerShell
版权所有 (C) Microsoft Corporation。保留所有权利。

尝试新的跨平台 PowerShell https://aka.ms/pscore6

PS C:\Users\jun.JUN-DESKTOP> python
Python 3.9.0 (tags/v3.9.0:9cf6752, Oct  5 2020, 15:34:40) [MSC v.1927 64 bit (AMD64)] on win32
Type "help", "copyright", "credits" or "license" for more information.
>>>
```

```
PS C:\Users\jun.JUN-DESKTOP> python    ← 1
Python 3.9.0 (tags/v3.9.0:9cf6752, Oct  5 2020, 15:34:40) [MSC v.1927 64 bit (AMD64)] on win32
Type "help", "copyright", "credits" or "license" for more information.
```

2 数值与字符串相加

如右图所示输入代码12，将数值和字符串相加。在运行代码后，可以看到程序都返回了数据类型错误（TypeError）。


```
>>> 13 + 'hoge'
Traceback (most recent call last):
  File "<stdin>", line 1, in <module>
TypeError: unsupported operand type(s) for +: 'int' and 'str'
>>> 13 + '10'
Traceback (most recent call last):
  File "<stdin>", line 1, in <module>
TypeError: unsupported operand type(s) for +: 'int' and 'str'
>>>
```


```
>>> 13 + 'hoge'    ← 1
Traceback (most recent call last):
  File "<stdin>", line 1, in <module>
TypeError: unsupported operand type(s) for +: 'int' and 'str'
>>> 13 + '10'    ← 2
Traceback (most recent call last):
  File "<stdin>", line 1, in <module>
TypeError: unsupported operand type(s) for +: 'int' and 'str'
```

3 字符串与字符串相加

如右图所示输入运码12，将两个字符串相加。在运行代码后，可以看到程序分别返回了字符串拼接后的结果。

```
>>> 'hoge' + 'foo'
'hogefoo'
>>> '13' + '10'
'1310'
>>>
```

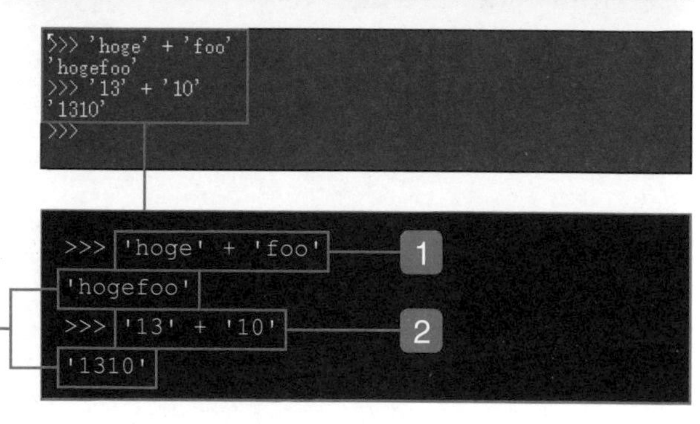

4 字符串与字符串相减

如右图所示输入代码1，将两个字符串相减。在运行代码后，可以看到程序返回了数据类型错误（TypeError）。

```
Windows PowerShell
>>> '13' - '10'
Traceback (most recent call last):
  File "<stdin>", line 1, in <module>
TypeError: unsupported operand type(s) for -: 'str' and 'str'
>>>
```

```
>>> '13' - '10'
Traceback (most recent call last):
  File "<stdin>", line 1, in <module>
TypeError: unsupported operand type(s) for -: 'str' and 'str'
```

5 先将字符串转换成数值再计算

如右图所示输入代码12，先将数值转换成字符串，或将字符串转换成数值，再进行计算。在运行代码后，可以看到1返回了字符串拼接后的结果，2返回了数值计算结果。

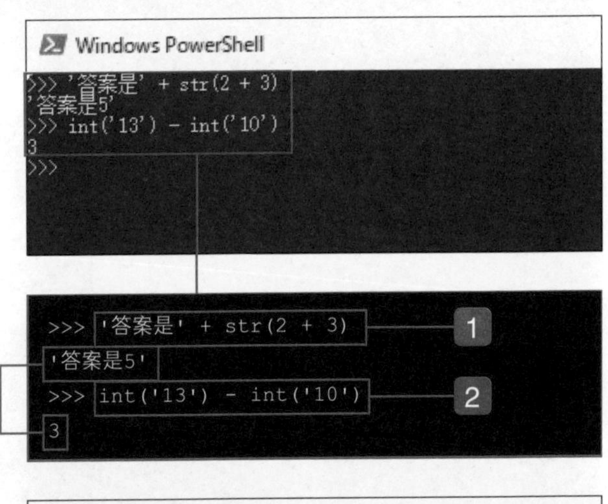

6 确认数据类型

如右图所示输入代码12，使用 type 函数确认数据类型。可以看到程序分别返回了 int（整数）和 str（字符串）。

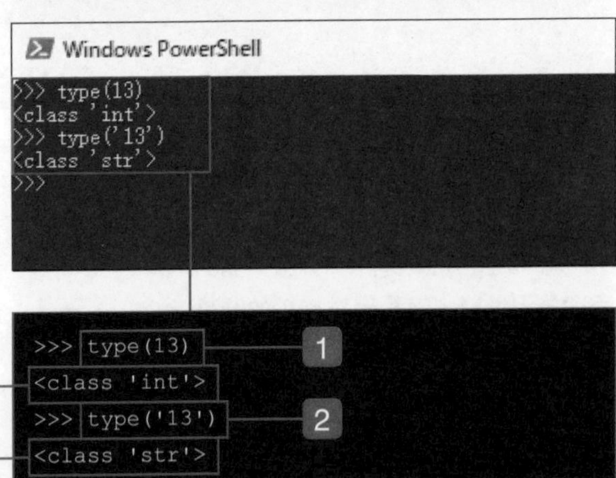

理解 程序的操作因数据类型而不同

>>> 数值与字符串不能相加

正如在本节体验❷中看到的那样，数值与字符串之间不能进行加法运算。

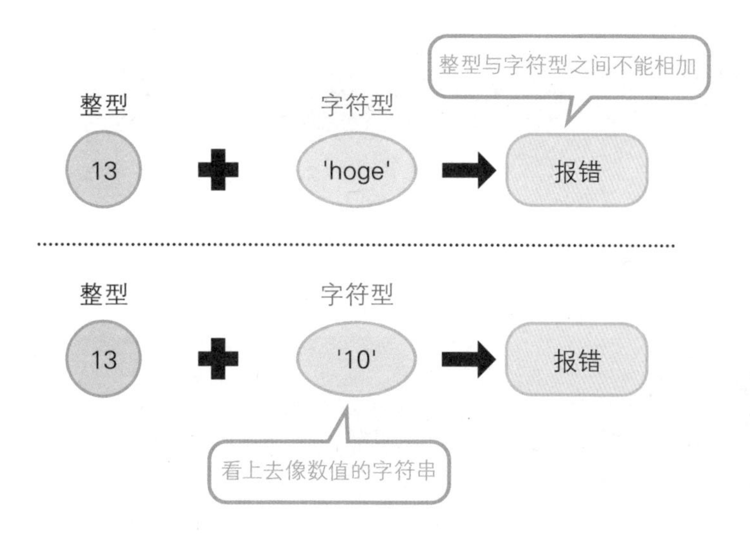

'10' 这样的数据乍一看是数值，但实际上因为数值在引号内，所以 Python 会认为它是字符串。我们在本节体验❷中实际操作时也看到了“unsupported operand type(s) for +: 'int' and 'str'”这样的报错，意思是 int（整数）和 str（字符串）之间不能使用 + 进行计算。

>>> 字符串之间的运算

字符串之间可以相加（本节体验❸）。但是准确地说，这并不是加法运算，而是字符串拼接。

正如我们前面提到的那样，在 Python 中，'13'、'10' 是字符串（即便看上去像数值），因此要注意 '13'+'10' 的结果不是 23，而是 1310。

或许有人会想：“既然加法可行，那么减法也一样可以吧？”实际上，字符串之间并不能进行减法运算（本节体验❹）。

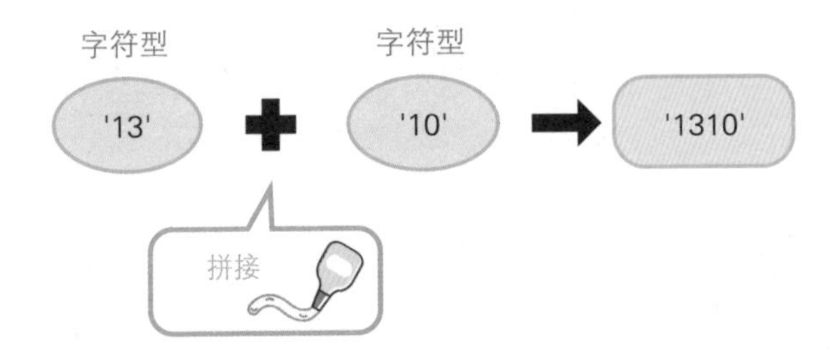

不过，有一个特殊的用法值得一提：字符串可以与数值相乘。

```
>>> 'Hoge' * 3
'HogeHogeHoge'
```

像数值的乘法一样，`'Hoge' * 3` 就等于 `'Hoge' + 'Hoge' + 'Hoge'`。

>>> 数据类型转换

下面的表达式会导致数据类型错误（`TypeError`）。

```
>>> '答案是' + (2 + 3)
Traceback (most recent call last):
  File "<stdin>", line 1, in <module>
TypeError: can only concatenate str (not "int") to str
```

理解了前面的内容后就不难发现，这个错误源于字符串不能直接与数值相加。这里可以试着把数值转换为字符串。

这时可以使用 Python 中内置的 `str` 函数（本节体验❺）。

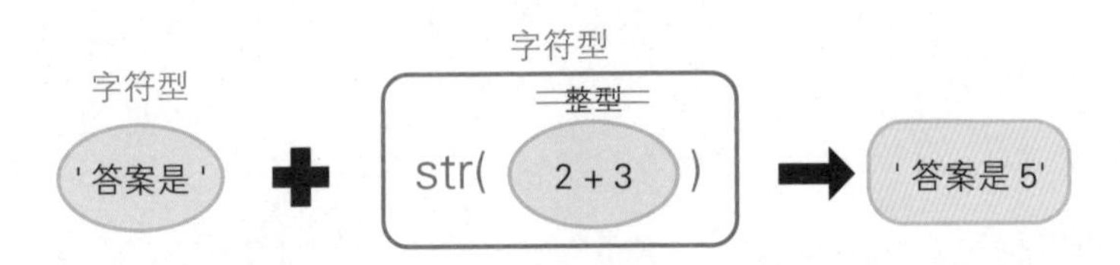

把数值传递给 `str` 函数，即可得到对应的字符串，这样一来，Python 就能成功地将这些字符串通过 + 拼接了。

同样，如果想将字符串转换成数值（整数），可以使用 `int` 函数。但是需要注意，如果字符串本身并不能被转换成数值，则会出现如下错误（`int` 函数被传递了无效字符串）。

```
>>> int('hoge')
Traceback (most recent call last):
  File "<stdin>", line 1, in <module>
ValueError: invalid literal for int() with base 10: 'hoge'
```

>>> Python 中的数据类型

除了整型（int）、字符型（str）之外，Python 中还有许多其他的数据类型。推荐大家先掌握以下这几种数据类型。

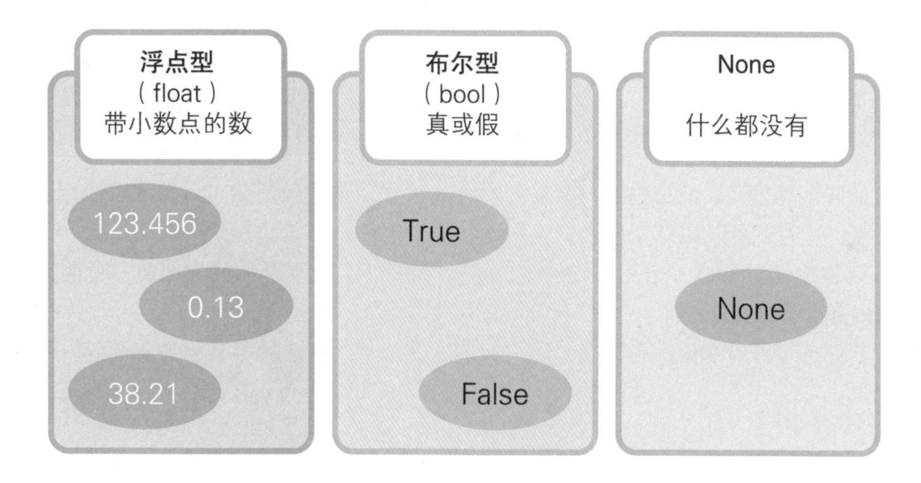

我们可以通过 type 命令来确认数据类型（本节体验❻）。

小　结

◎ 所有的数据都有其类型。

◎ 程序可以进行的操作因数据类型而不同。

◎ 可以通过加号（+）拼接字符串。

◎ str 函数可以将数值转换成字符串，int 函数可以将字符串转换成数值。

◎ 可以使用 type 命令来确认数据类型。

变量与运算

4.2 给数据起个名字

示例程序 | [0402] → [var.py]

预习 什么是变量

脚本就如同计算公式，能帮助我们求得最终结果。当计算比较复杂时，可能需要记录计算过程中的某些结果，这时就可以用到变量这个工具。

我们可以将变量想象成一个用来临时存储数据的盒子。之所以称其为变量，是因为（盒子内的）数据可以随时替换。

此外，我们还可以对变量进行命名，以区分不同的变量。变量的名字称为变量名。

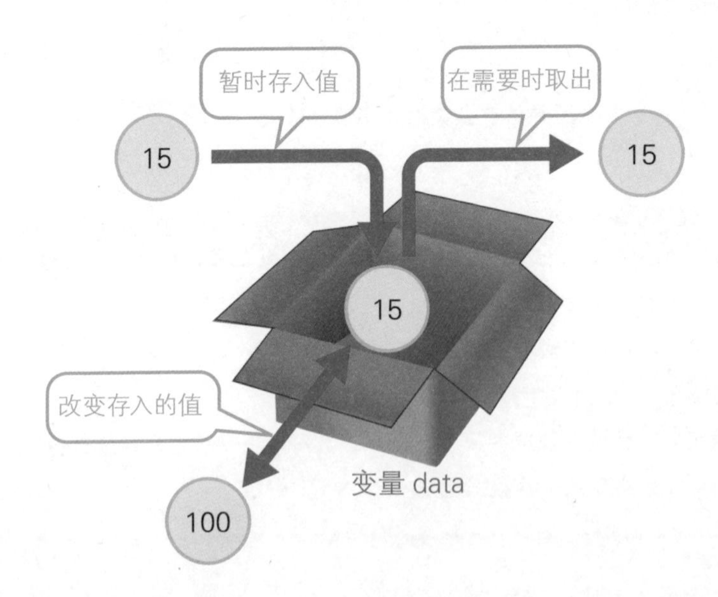

体验 存取变量中的值

1 存取变量中的值

参考 3.2 节体验❶ ~ ❷的操作，在 0402 文件夹中新建一个名为 var.py 的文件❶❷。打开编辑器，输入如右图所示的代码，以给变量 data 赋值❸，并打印变量中的值❹，以及将其用于计算❺。

在输入完毕后，单击（全部保存）按钮保存文件。

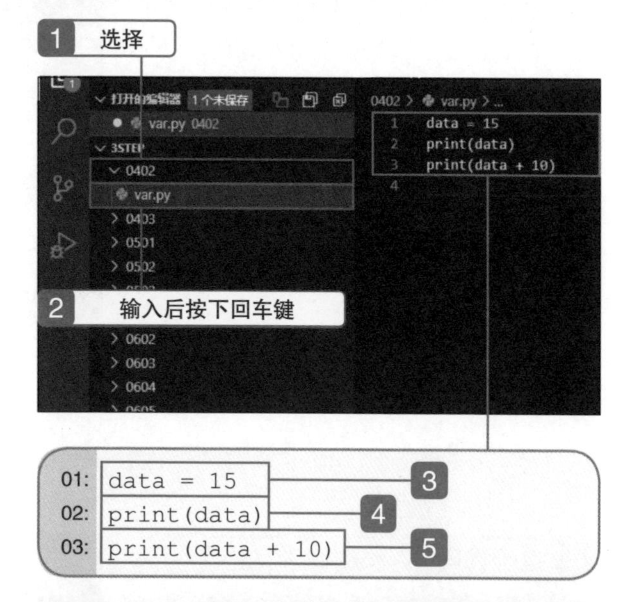

2 运行代码

在“资源管理器”面板中，右键单击 var.py 文件❶，从弹出的菜单中选择“在终端中运行 Python 文件”❷。运行结果如下图所示，程序输出了变量的值和计算结果。

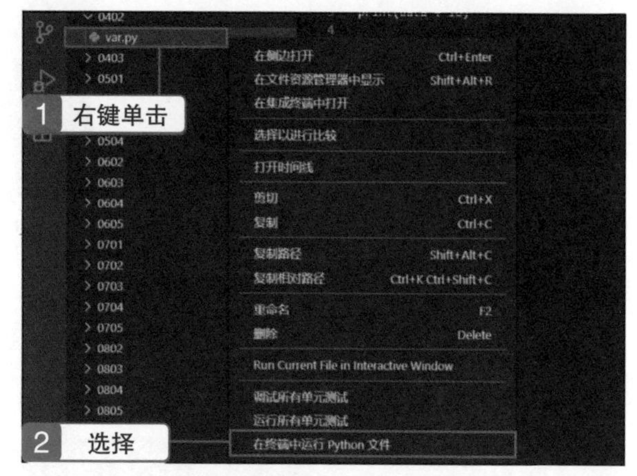

运行结果

```
PS C:\3step > & C:/Users/jun.JUN-DESKTOP/AppData/Local/Programs/
Python/Python39/python.exe c:/3step/0402/var.py
15
25
```

3 将字符串存入变量

在本节体验①新建的代码文件中添加右图中的代码。这次我们将字符串赋给变量 data 1，并确认变量的值2。

在输入完毕后，单击▣（全部保存）按钮保存文件。

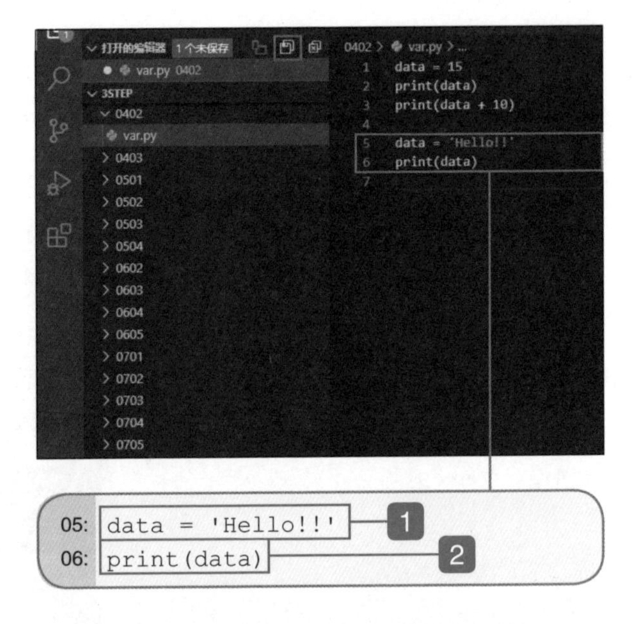

4 运行代码

参考本节体验②运行 var.py 文件，可以看到在之前的结果下方显示了新增代码的运行结果“Hello!!”。

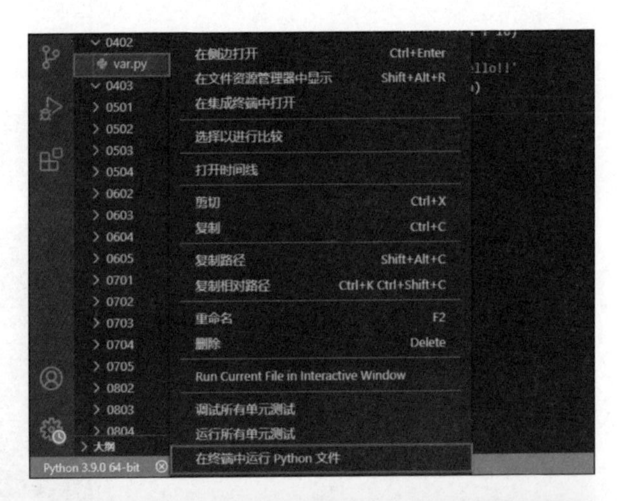


```
PS C:\3step> & C:/Users/jun.JUN-DESKTOP/AppData/Local/
Programs/Python/Python39/python.exe c:/3step/0402/var.py
15
25
Hello!!
```

运行结果

5 读取不存在的变量

在本节体验③新增的代码后面添加右图中的代码。访问不存在的变量 hoge 1。

在输入完毕后，单击（全部保存）按钮保存文件。

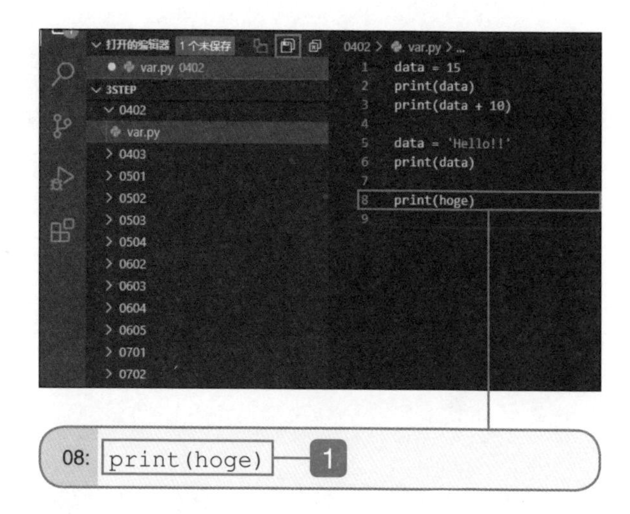

6 运行代码

参考本节体验②运行 var.py 文件。因为指定的变量 hoge 并不存在，所以在之前的结果下方显示了错误信息“NameError:name 'hoge' is not defined”。

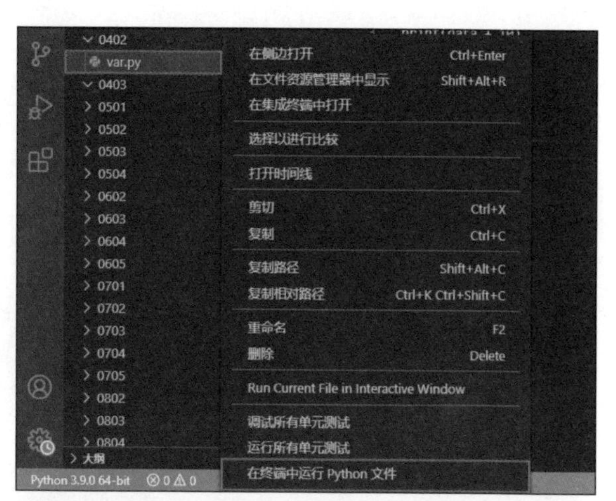

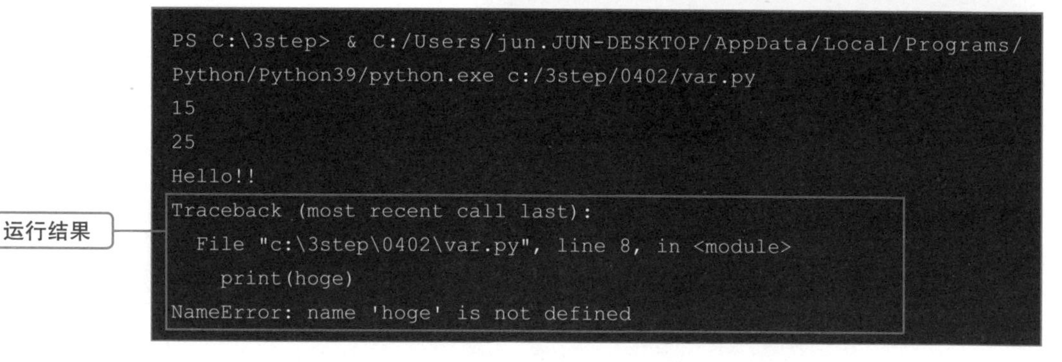

理解 变量的基础

准备变量

在使用变量之前，需要按照如下语法设定变量名和初始值。

[语法] 准备变量

```
变量名 = 值
```

等号（=）在数学中表示其左右的值相等，但是在 Python 中则表示“将右边的值存入左边的变量”。这个将值存入变量的操作称为赋值（第一次给变量赋值称为变量的初始化）。

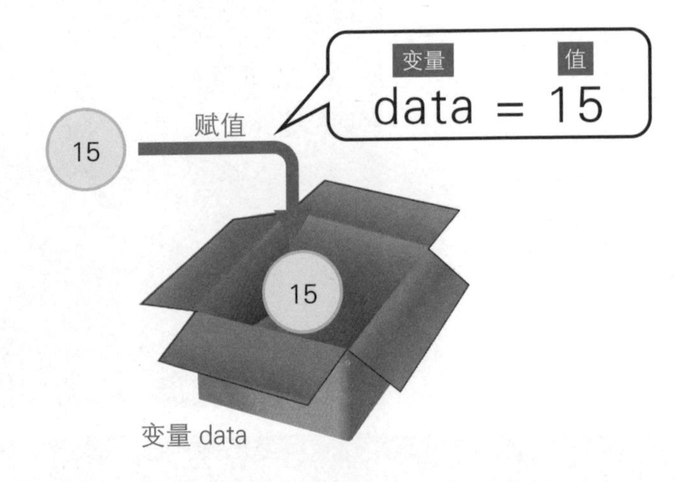

`data = 15` 表示创建一个名为 `data` 的变量，然后将其赋值为 `15`（本节体验❶）。然后，我们就能使用 `data` 这个变量名获取其对应的值了。

获取变量的值

我们可以使用变量名来获取变量中的值。“`print(` 变量名 `)`”就表示“打印变量的值”。通过变量名获取其对应的值，有时也称为变量的调用（本节体验❶）。

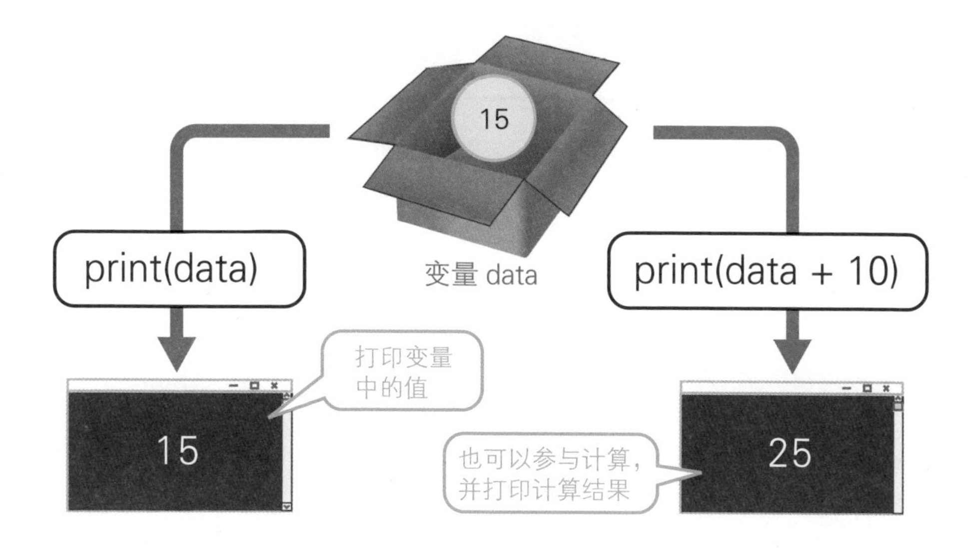

但是，只有已经存在的变量才能被调用。如果指定的变量不存在，就会出现像本节体验❻那样的错误信息：“NameError: name 'hoge' is not defined”（不存在变量 hoge！）。

››› 改变变量的值

所谓变量，就是可以改变的量，也就是说变量的值是可以改变的。

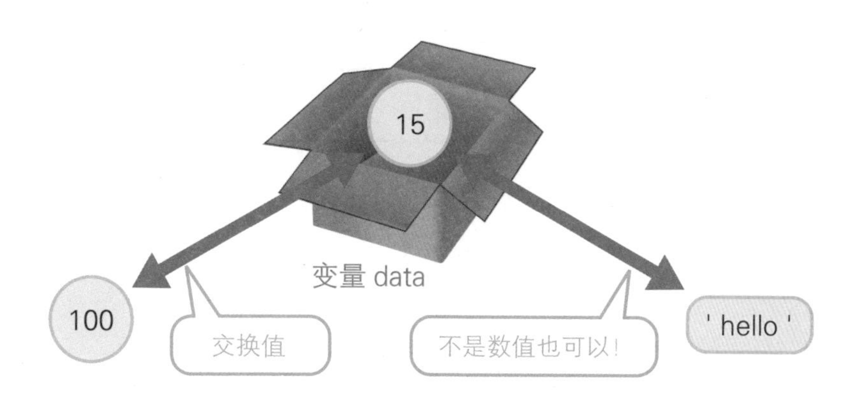

请注意，即使变量中原先保存的是数值，我们也可以把字符串赋给这个变量（本节体验❸）。在 Python 中，变量是一个可以容纳任何数据的盒子。

COLUMN 对数据类型有严格要求的编程语言

在某些编程语言中，字符串只能赋给字符串变量，数值只能赋给数值变量（Java 就是这样的）。在这样的编程语言中，把字符串赋给数值变量会导致报错。也就是说，有的编程语言对数据类型要求宽松，有的则要求严格。

变量的命名规则

在命名变量时，我们必须遵循以下规则。

- **变量名只能包含字母、数字和下划线（_）。**
- **数字不能作为变量名的第一个字符。**
- **不能使用 Python 的关键字（例如 `if`、`for` 等）。**

因此，下面几种都不可以用作变量名。

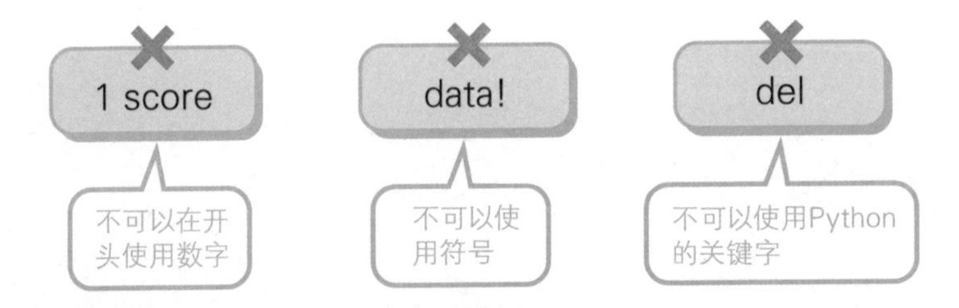

COLUMN Python 的关键字

关键字就是 Python 中设定的一些具有特定功能的单词。下面列举了一些关键字。此外，在给变量命名时，也应该避开 Python 的内置函数（例如 `print`）。

False	None	True	and	as	assert	break
class	continue	def	del	elif	else	except
finally	for	from	global	if	import	in
is	lambda	nonlocal	not	or	pass	raise
return	try	while	with	yield		

此外，虽然语法上没有硬性规定，但为了提升代码可读性，我们还应该注意以下几点。

① 可推测性

比如，对于代表图书报刊的发行日期的变量，与其使用 x 或 i，不如使用 publish_date 这个变量名，因为它能让我们更容易地推测出其含义。

② 不长不短

比如，在命名搜索关键字时，变量名使用 kw 会太短，使用 keyword_for_search 则又太长，因此使用 keyword 就足够了。长度适当的变量名有助于提升代码可读性。

③ 统一命名规则

在使用英文单词时，通常使用下划线（_）连接两个单词。我们称这种命名方法为下划线命名法或蛇形命名法（例如 last_name、publish_date）。

COLUMN 其他常见的命名规则

除了上面介绍的下划线命名法之外，还有几种常见的命名规则。

- **驼峰式命名法（camel case）**

  第一个单词以小写字母开始，从第二个单词开始的每个单词的首字母都使用大写字母（例如 lastName、publishDate）。

- **帕斯卡命名法（pascal case）**

  所有单词的首字母都使用大写字母（例如 LastName、PublishDate）。

小 结

◎ 在使用变量前，需要通过“变量名 = 值”初始化变量。

◎ 可以通过变量名调用变量中的值。

◎ 变量名只能包含字母、数字和下划线。

◎ 变量应该取一个可以推测出其含义的名字。

第4章 变量与运算

4.3 获取用户输入的数据

示例程序 | [0403] → [bmi.py]

预习 从键盘输入数据

我们不仅可以向变量传递代码内部的值，还可以接收外部的值，并将其保存在变量中。Python 中有不少接收外部数据的方法，这里我们将介绍如何使用 `input` 函数接收键盘输入的值。

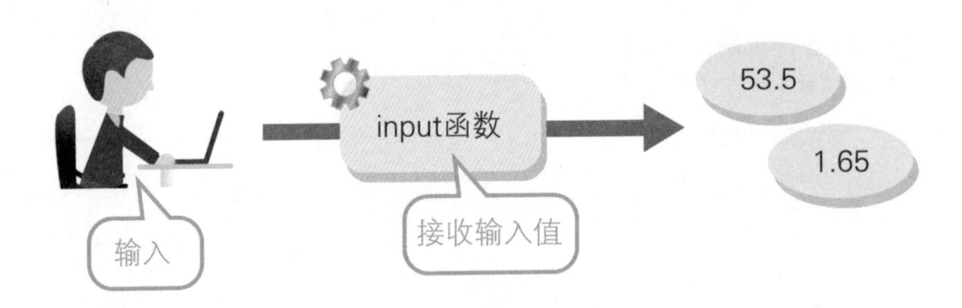

下面我们将介绍一个根据用户输入的身高和体重来计算 BMI（Body Mass Index，身体质量指数）的例子。BMI 是一个表示肥胖程度的指标，它的标准范围是 18.5 到 25，BMI 值小于标准范围代表偏瘦，大于则代表肥胖。BMI 值可以通过“体重（kg）÷ 身高（m）的平方”计算得出。

体验 把通过键盘输入的值赋给变量

1 获取通过键盘输入的值

参考 3.2 节体验❶～❷的操作，在 0403 文件夹中新建一个名为 bmi.py 的文件。打开编辑器，输入如右图所示的代码，以将通过键盘输入的值赋给变量 weight 和 height❶，并使用它们来计算 BMI 值❷。

在输入完毕后，单击（全部保存）按钮保存文件。

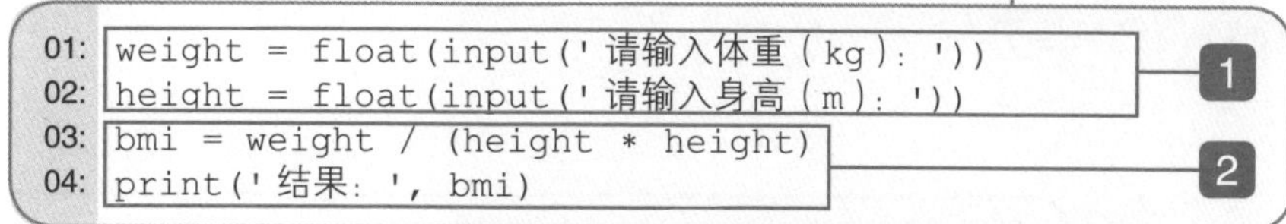

```
01: weight = float(input('请输入体重(kg): '))
02: height = float(input('请输入身高(m): '))
03: bmi = weight / (height * height)
04: print('结果: ', bmi)
```

2 运行代码

在“资源管理器”面板中右键单击 bmi.py 文件❶，从弹出的菜单中选择“在终端中运行 Python 文件”❷。

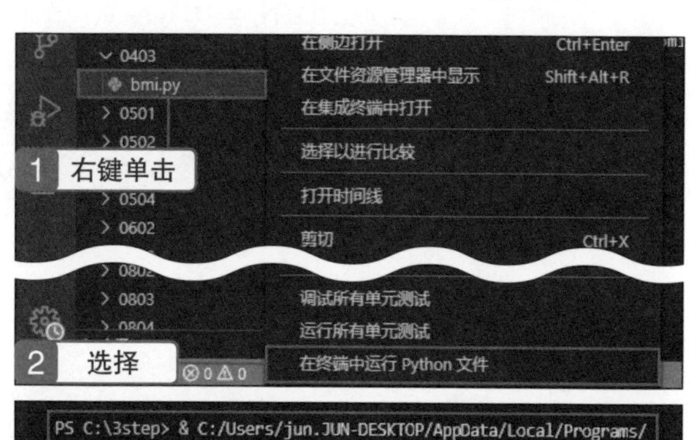

3 输入身高和体重

在运行文件后，根据提示在终端中输入身高和体重，并按下回车键❶。程序会计算出 BMI 值，并返回计算结果。

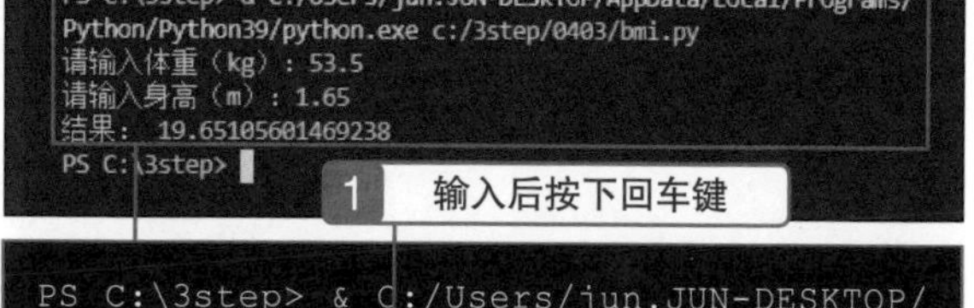

>>> **Tips**
>
> 要注意这里的身高单位不是厘米（cm），而是米（m）。

理解 如何处理通过键盘输入的值

>>> 接收通过键盘输入的值

可以使用 input 函数接收通过键盘输入的值。

[语法] input 函数

```
input( 提示信息 )
```

input 函数会将通过键盘输入的值以字符串的形式返回。本节体验❶的代码就是把 input 函数返回的值赋给了变量 height 和 weight。

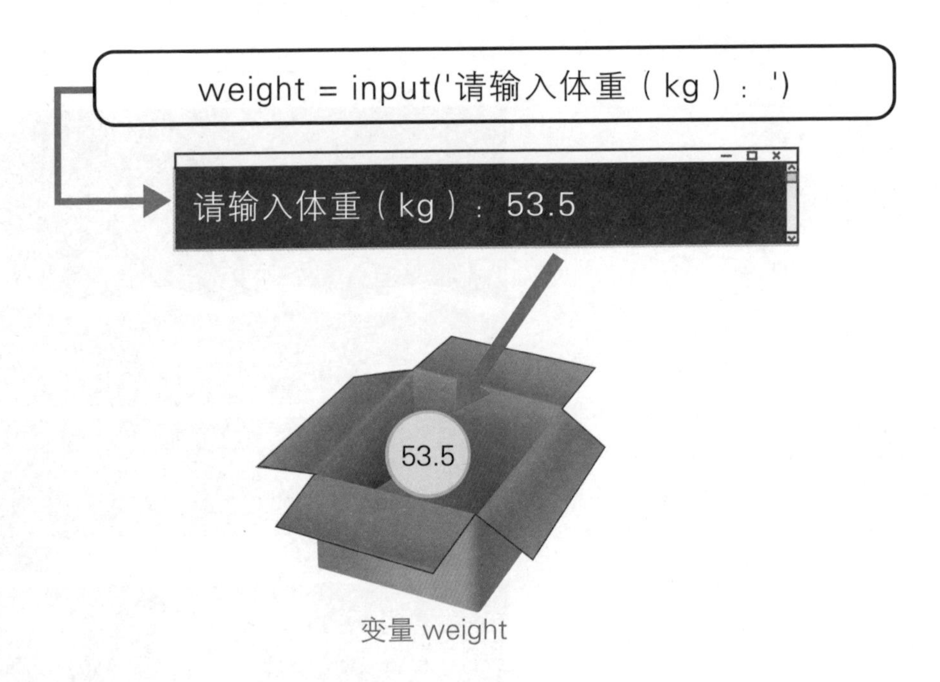

>>> 多种多样的函数

到目前为止，我们只是简单地把函数理解为“将一些命令整合在一起来实现特定功能的方式”。下面将再次总结一下函数的作用和需要记住的一些相关术语。

首先，函数在执行处理时需要数据（输入），这些传递给函数的数据称为参数。然后，函数会执行某种处理并返回结果（输出），这个结果称为返回值。

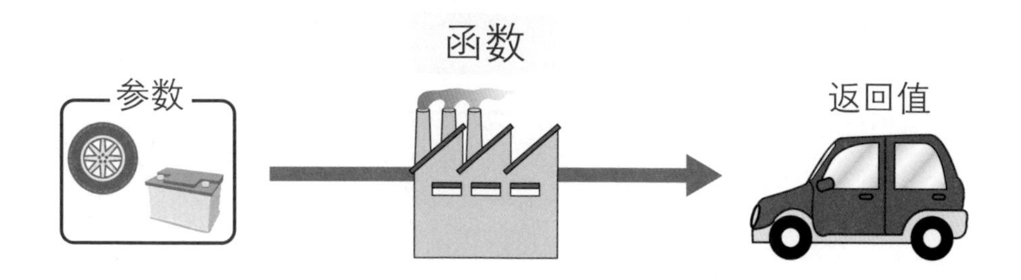

但是，函数不一定都有参数和返回值，有的函数只有参数而没有返回值，有的函数既没有参数也没有返回值。print 函数就是一种“有参数，无返回值”的函数。

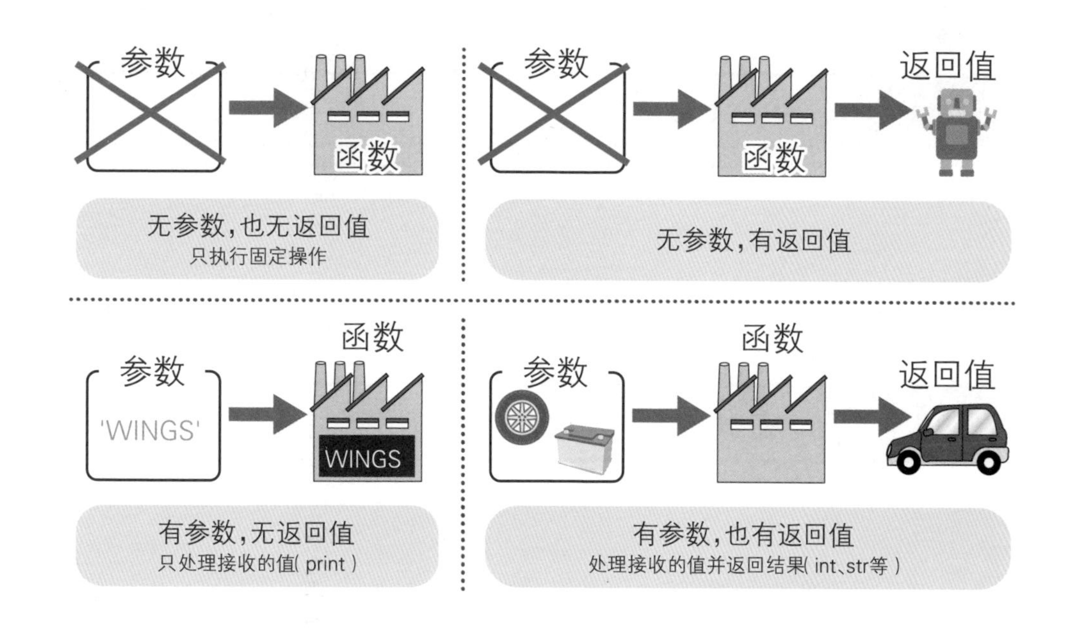

函数可以嵌套使用

可以将函数的返回值作为其他函数的参数使用。

```
float( input( '请输入体重（kg）：' ) )
```

float函数的参数是input函数的返回值

在上面这个例子中，将 input 函数的返回值传递给 float 函数，从而将其转换成浮点型（因为 input 函数的返回值是字符型，所以如果直接用来计算 BMI 值，程序就会报错）。

COLUMN float 函数

float 函数和 int 函数、str 函数一样，可以强制转换数据类型。本节体验部分的代码直接转换了数据类型，所以或许大家现在还无法感受到转换数据类型的重要性。当函数的返回值不能直接使用时，往往需要使用这些数据类型转换函数。

COLUMN 在浏览器中运行 Python 代码——CodeChef

本书是通过 VSCode 来运行 Python 代码的，但是如果觉得配置代码运行环境很复杂，也可以使用一些网站的服务，直接在浏览器中运行 Python 代码。

比如，CodeChef 就提供了这种服务。

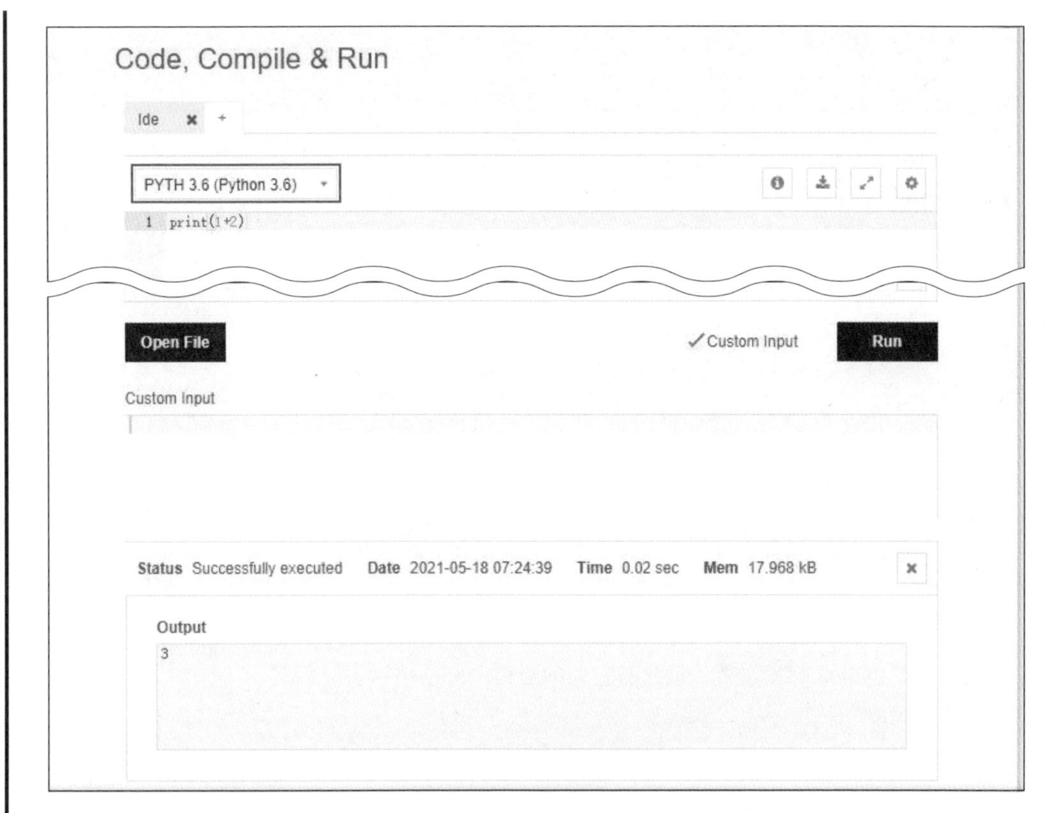

打开 CodeChef 的官方网址，在页面左上角的选择框中选择“PYTH 3.6（Python 3.6）”，然后在屏幕中央的编辑框中输入代码，并单击“Run”按钮，即可运行代码。

在 CodeChef 中，除了 Python 之外，还能使用 Java、C#、PHP 和 Ruby 等主流的编程语言。如果将来想尝试另一种语言，那么（比起从头搭建环境）使用 CodeChef 更方便。

小　结

◎ 使用 `input` 函数接收通过键盘输入的值。

◎ 传递给函数的值叫作参数，函数执行后返回的结果叫作返回值。

◎ 可以将函数的返回值用作其他函数的参数。

第 4 章 练习题

练习题 1

以下是有关 Python 的运算符和函数的一些描述，请在正确的描述前填√，在错误的描述前填 ×。

（　　）+ 和 - 等运算符只能对数值使用。
（　　）如果字符串的内容是数值，则将字符串传递给 int 函数，即可将其转换成整数。
（　　）'10' + '20' 的运行结果为 30。
（　　）在调用不存在的变量时，程序会返回 undefined。
（　　）不能将数值赋给保存了字符串的变量。

练习题 2

下面是一些 Python 的变量名，请判断它们的对错，并指出错误原因。

```
1. 1data    2. hoge_foo    3. hoge-1    4. if    5. DATA
```

练习题 3

下面的代码中存在 4 处语法错误，请将它们改正。

```
# bmi.py

weight = input('请输入体重(kg):')
height = input('请输入身高(m):')

bmi = weight / (height * height);
print('结果:' + bmi)
```

数据结构

第5章 数据结构

5.1 数据的统一管理

示例程序 | [0501] → [list.py]、[list2.py]

预习 什么是列表

列表与字符串和数值一样，也是一种数据类型。不同的是，列表可以包含多个数据，而字符串和数值仅包含单个数据。列表可以视为按顺序排列的一组数据。

由于使用一个列表变量能够管理多个数据，所以能让代码更加简洁。比如，在想让程序显示全部数据时，使用列表会比较方便。如果不使用列表，就需要将数据逐个存入不同的变量，并多次执行打印变量的操作。

体验 创建简单的列表

1 创建列表并访问

参考 3.2 节体验①～②的操作，在 0501 文件夹中新建一个名为 list.py 的文件。打开编辑器，输入如右图所示的代码，以创建列表❶，并打印列表中的数据❷。

在输入完毕后，单击 （全部保存）按钮保存文件。

```
01: names = ['山田太郎', '佐藤次郎', '铃木花子', '井上健太', '小川裕子']
02:
03: print(names)
```

2 运行代码

在“资源管理器”面板中右键单击 list.py 文件❶，从弹出的菜单中选择“在终端中运行 Python 文件”❷。可以看到程序返回了列表中的数据。

运行结果

```
PS C:\3step> & C:/Users/jun.JUN-DESKTOP/AppData/Local/Programs/
Python/Python39/python.exe c:/3step/0501/list.py
['山田太郎', '佐藤次郎', '铃木花子', '井上健太', '小川裕子']
```

3 获取列表内的数据和列表长度

参考本节体验❶，在 0501 文件夹中新建一个名为 list2.py 的文件。打开编辑器，输入如右图所示的代码，以创建列表❶，并分别打印列表的第一个数据❷、倒数第二个数据❸和列表长度❹。

在输入完毕后，单击 （全部保存）按钮保存文件。

> **Tips**
>
> 列表 names 与本节体验❶中创建的列表内容一致，可以直接从 list.py 中复制并粘贴。

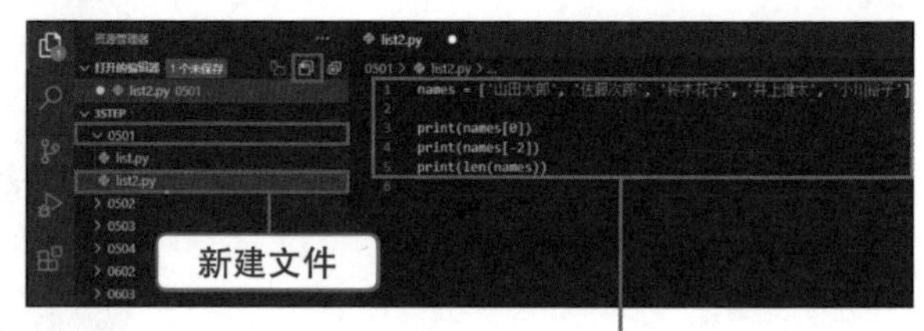


```
01: names = ['山田太郎', '佐藤次郎', '铃木花子', '井上健太', '小川裕子']
02:
03: print(names[0])
04: print(names[-2])
05: print(len(names))
```

❶ ❷ ❸ ❹

4 运行代码

参考本节体验❷运行 list2.py 文件❶❷。可以看到程序分别返回了列表内的指定数据和列表长度。

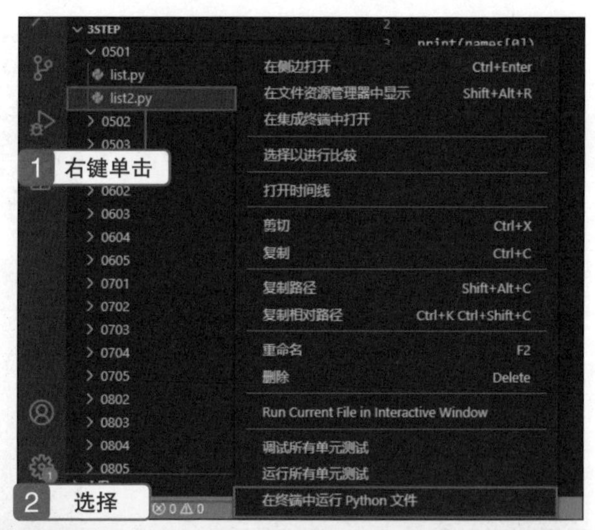

理解 列表的基础知识

创建列表

在创建列表时，先用逗号将数据隔开，再用方括号（[]）将它们括起来即可。

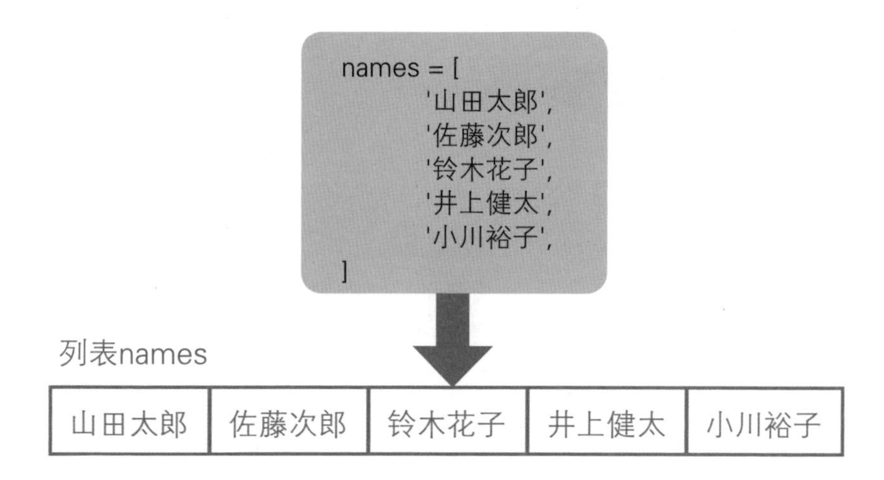

在上图中，我们创建了一个存有 5 个字符串的列表 names。列表中的各个数据称为元素。当然，我们也可以只将 [] 赋给变量，创建一个空列表。

列表元素

列表中的元素可以是字符串，也可以是整数和小数等。只要是 Python 可以处理的数据类型，就能放入列表。此外，Python 还允许列表中出现不同类型的元素，但是我们不推荐这么做。

```
list = ['A', 2018, 'wings', 0.1, True]
```

访问列表元素

列表中的元素会按先后顺序被分配编号。我们将这个编号称为下标或索引。

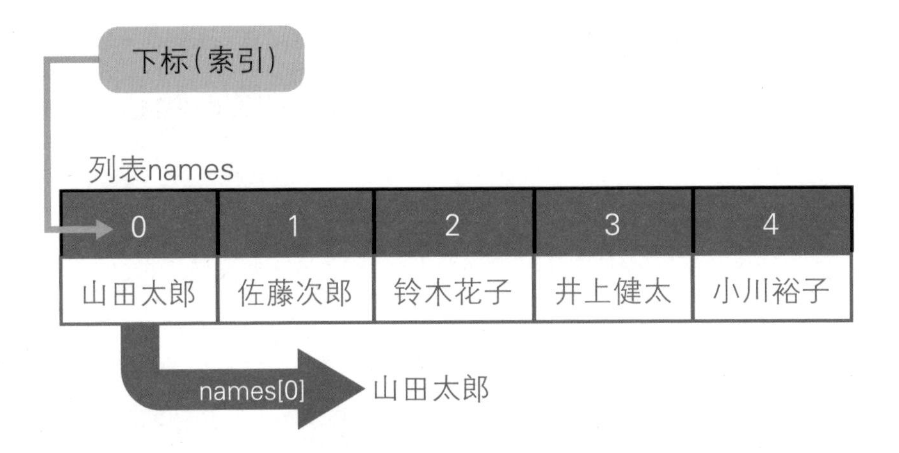

列表中的每个元素都可以使用“列表名 [下标]”的形式访问。但是要注意，在 Python 中，第一个列表元素的下标是 0，而不是 1。因此，在获取列表中的第一个元素时，要使用 `names[0]`（本节体验❸）。

此外，也可以通过 `names[0] = '...'` 来改写列表中的数据。

››› 从后往前访问列表元素

列表中元素的下标也可以是负数。在这种情况下，最后一个元素的编号是 -1，然后从后往前依次递减（本节体验❸）。这种编号方法可以让我们很方便地访问“倒数第 *n* 个”元素。

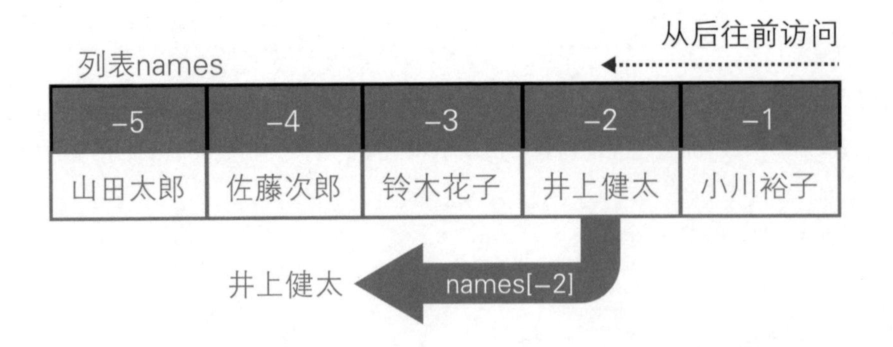

>>> 获取列表长度

列表长度可以使用 len 函数获取。

以本节体验③中的列表 names 为例，它的长度是 5。正如我们前面提到的那样，因为元素下标从 0 开始，所以可以访问的下标范围在 0 和 len(names) - 1 之间。

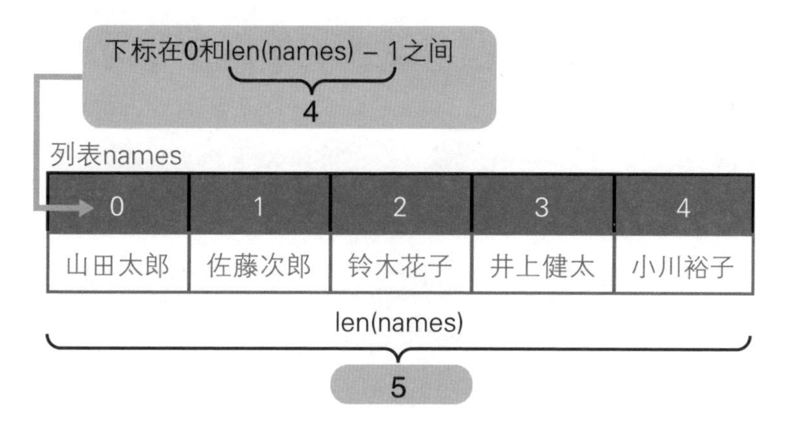

COLUMN 取出列表的一部分——切片

此外，我们也可以像 names[1:4] 这样访问列表的一部分。此时，将获取列表中第 2 个元素到第 5 个元素的前一个元素（即第 4 个元素）。以本节体验部分的列表 names 为例，可以得到“['佐藤次郎', '铃木花子', '井上健太']”。

我们将这种获取部分列表的方法称为切片。

小　结

◎ 使用列表可以同时管理多个数据。

◎ 可以通过“[值, 值, ...]”的形式创建列表。

◎ 可以使用“列表名[下标]”的形式访问列表元素。

◎ 可以使用的列表元素编号范围在 0 和 len(列表名) - 1 之间。

第5章 数据结构

5.2 调用函数操作列表

示例程序	[0502] → [list_method.py]、[list_method2.py]、[list_method3.py]

预习 操作列表

在对列表进行初始化之后，也可以改变列表长度。也就是说，列表长度会随着元素的添加、插入或删除而自动更新。

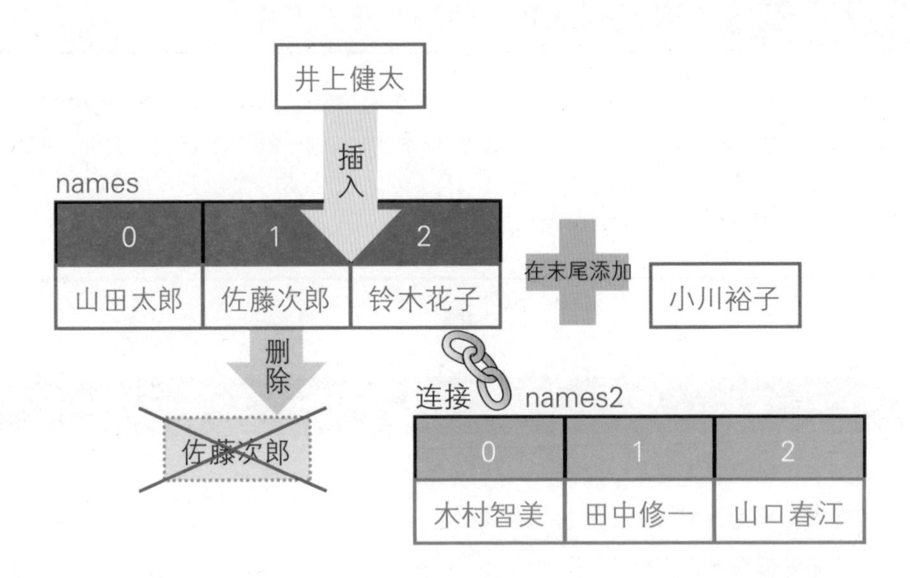

此外，本节我们还将通过编辑列表中的数据，来学习适用于特定数据类型的函数（=方法）的用法。

体验 编辑列表中的数据

1 向列表中添加数据

参考 3.2 节体验❶ ~ ❷的操作，在 0502 文件夹中新建一个名为 list_method.py 的文件。打开编辑器，创建空列表1，然后输入如右图所示的代码，向列表中添加元素2，最后打印整个列表3。

在输入完毕后，单击（全部保存）按钮保存文件。

2 运行代码

在“资源管理器”面板中，右键单击 list_method.py 文件1，从弹出的菜单中选择“在终端中运行 Python 文件”2。可以看到程序返回了列表中的数据。

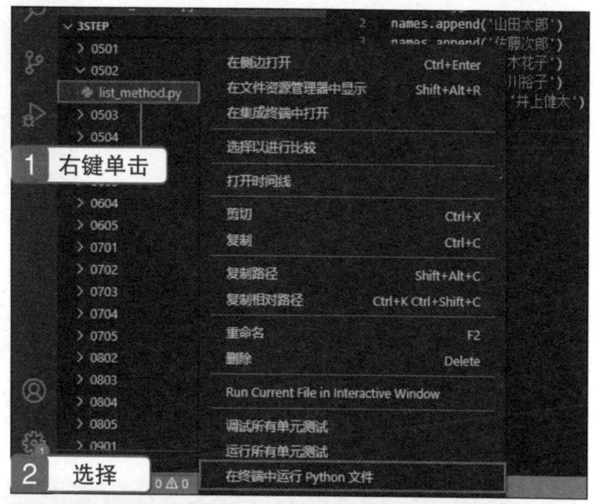

运行结果

```
PS C:\3step> & C:/Users/jun.JUN-DESKTOP/AppData/Local/Programs/
Python/Python39/python.exe c:/3step/0502/list_method.py
['山田太郎', '佐藤次郎', '铃木花子', '井上健太', '小川裕子']
```

3 删除列表中的数据

参考本节体验❶，在 0502 文件夹中新建一个名为 list_method2.py 的文件。打开编辑器，输入如右图所示的代码，以创建列表1，删除列表中下标为 3 的元素并打印2，删除“小川裕子”3，最后打印整个列表4。

在输入完毕后，单击▣（全部保存）按钮保存文件。

>>> **Tips**

列表 names 与 5.1 节体验❶中创建的列表内容一致，可以直接从 list.py 中复制并粘贴。

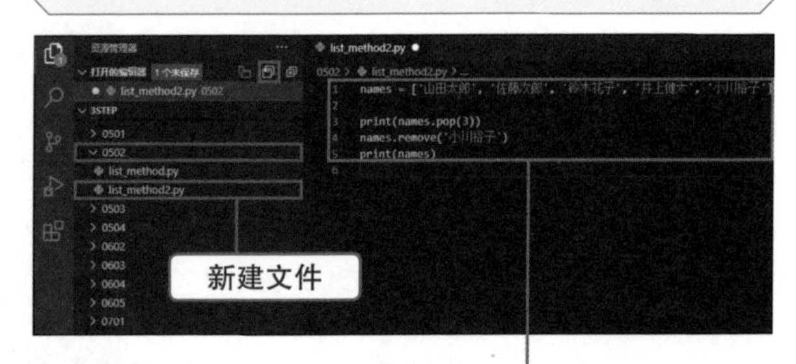


```
01: names = ['山田太郎', '佐藤次郎', '铃木花子', '井上健太', '小川裕子']   1
02:
03: print(names.pop(3))   2
04: names.remove('小川裕子')   3
05: print(names)   4
```

4 运行代码

参考本节体验❷运行 list_method2.py 文件。可以看到程序打印了通过 pop 方法删除的元素1，以及删除元素后的列表的数据2。

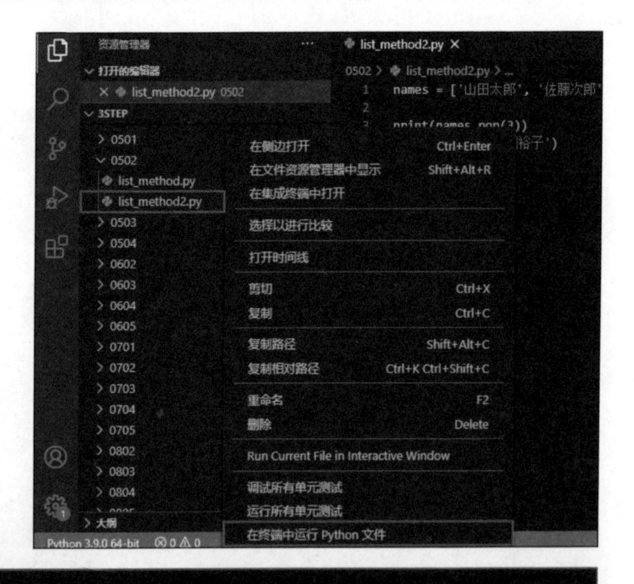

运行结果

```
PS C:\3step> & C:/Users/jun.JUN-DESKTOP/AppData/Local/Programs/Python/
Python39/python.exe c:/3step/0502/list_method2.py
井上健太   1
['山田太郎', '佐藤次郎', '铃木花子']   2
```

5 连接列表

参考本节体验❶，在0502文件夹中新建一个名为list_method3.py的文件。打开编辑器，输入如右图所示的代码，以创建列表names和names2 1，然后将两个列表连接起来并打印2。

在输入完毕后，单击（全部保存）按钮保存文件。

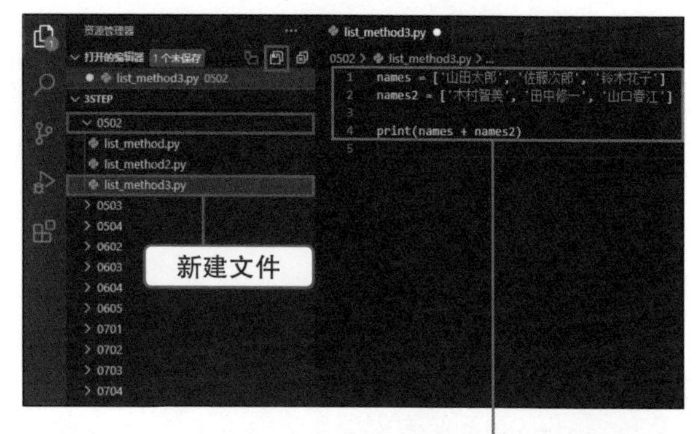


```
01: names = ['山田太郎', '佐藤次郎', '铃木花子']
02: names2 = ['木村智美', '田中修一', '山口春江']
03:
04: print(names + names2)
```

6 运行代码

参考本节体验❷运行list_method3.py文件。可以看到程序打印了将列表names和names2连接后的结果。

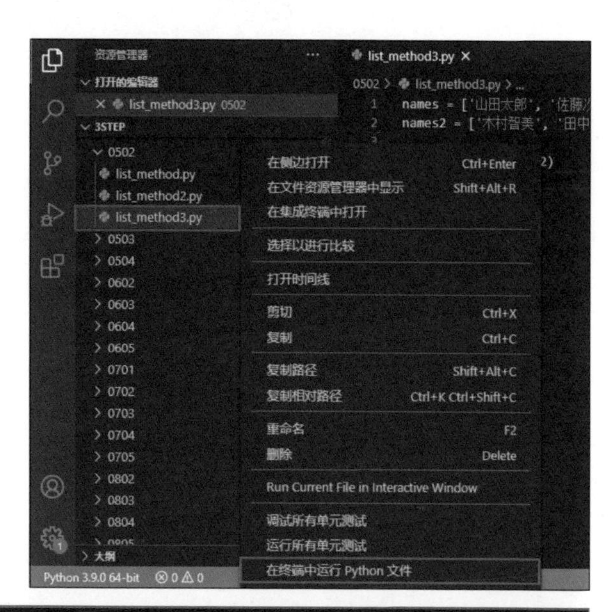


```
PS C:\3step> & C:/Users/jun.JUN-DESKTOP/AppData/Local/Programs/Python/Python39/
python.exe c:/3step/0502/list_method3.py
['山田太郎', '佐藤次郎', '铃木花子', '木村智美', '田中修一', '山口春江']
```

运行结果

理解 数据类型中的方法

仅用于特定数据类型的函数——方法

在前面的说明中，我们把能够实现特定功能的命令集合称为函数。在这些函数中，有一部分函数只有特定的数据类型才能使用。例如，只有字符型（数据）才能调用的函数、只有整型（数据）才能调用的函数等。

我们将这样的函数称为方法。

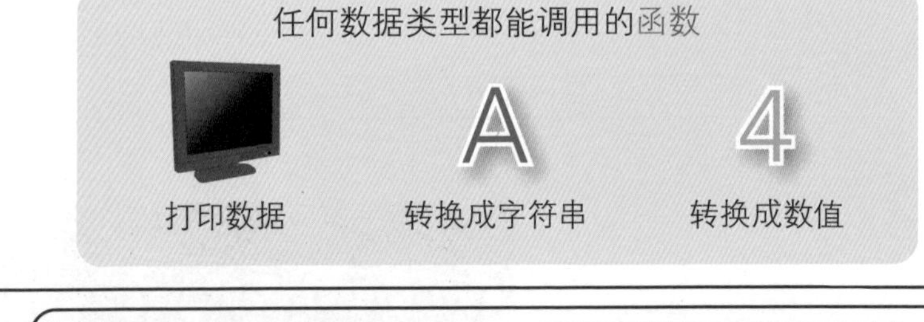

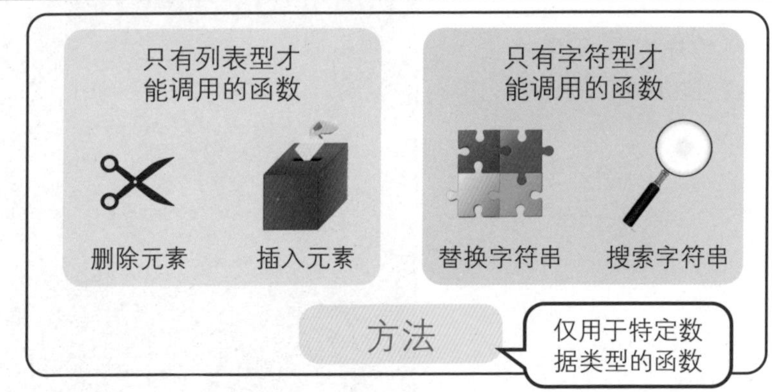

调用方法和调用函数的语法略有不同。由于方法是与特定数据类型相关联的函数，所以在调用时，必须先写上相应的“变量名 .”。

[语法] 调用方法

```
变量名 . 方法名 ( 参数 , ... )
```

COLUMN 数据类型与对象

我们在 1.3 节提到过，数据其实都可以看作对象，也就是程序主要的处理目标。对象同时拥有“数据”和“功能”。以列表这个对象为例，存储在列表中的元素就是“数据”，而“添加或删除元素”这样的方法就是它的“功能”。

这些数据类型在面向对象的世界中也称为类。

向列表中添加和插入元素

我们可以使用 `append` 方法将数据添加到列表的末尾，或者使用 `insert` 方法将数据插入到列表中的指定位置。

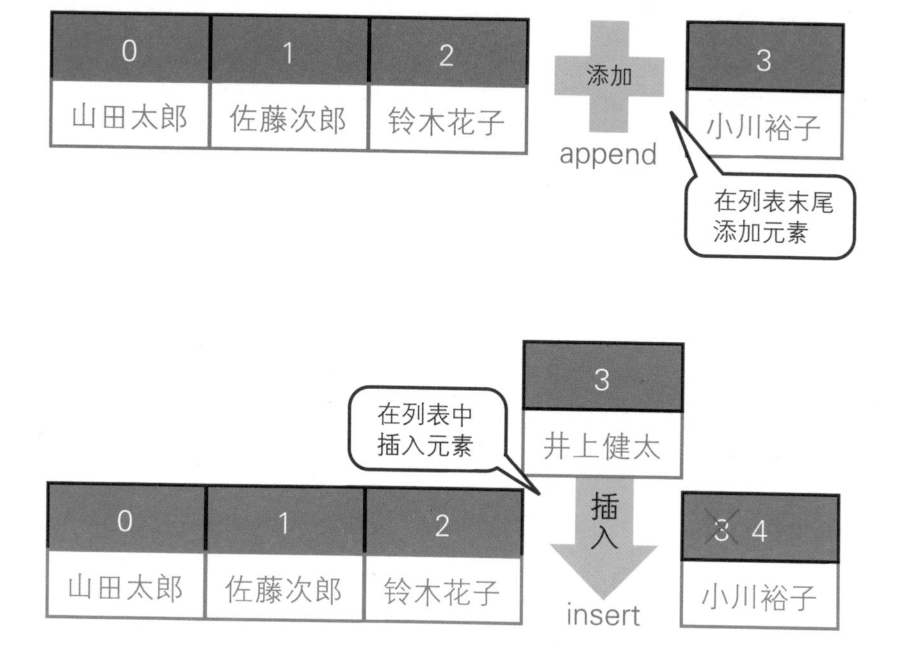

在列表中插入元素后，后续的元素将依次后移。

删除列表中的元素

删除列表中的元素有两种方法：调用 pop 或 remove。

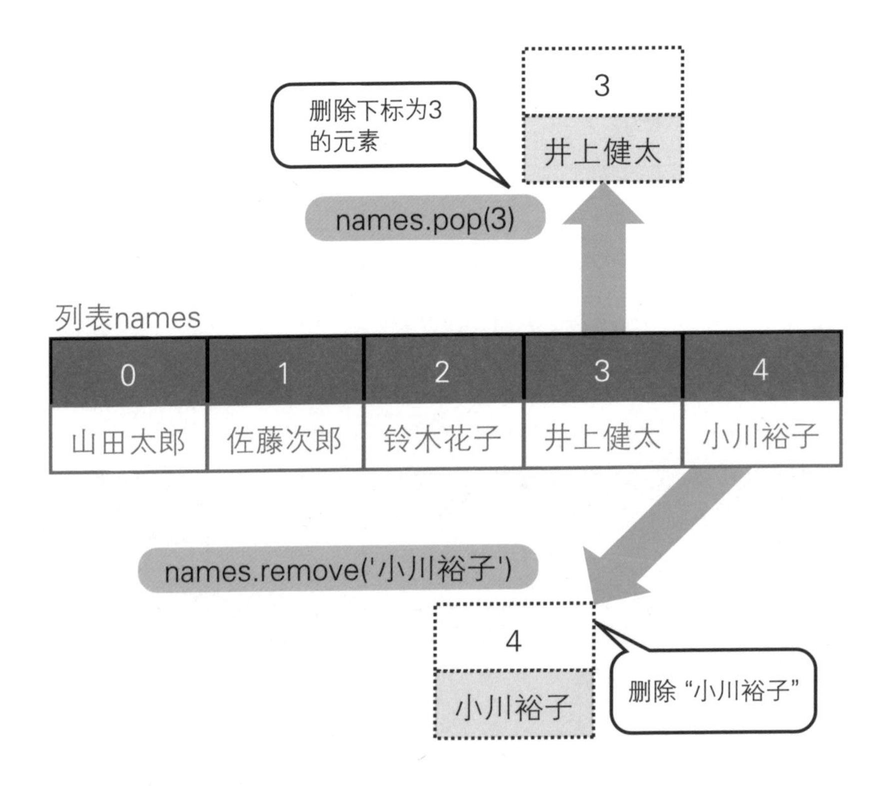

在使用 pop 删除元素时，需要指定元素下标；在使用 remove 时，需要指定元素的值。这里需要注意的是，即使出现多个匹配的元素，remove 方法也只删除第一个。

此外，使用 pop 还可以取出（删除）元素，并将其作为返回值返回。 而使用 remove 只能删除元素，并没有返回值。

如果要清空列表，可以使用 clear 方法。

连接列表

我们在 4.1 节提到过，运算符的操作因数据类型而不同。与字符串一样，两个列表也可以通过加号（+）连接。

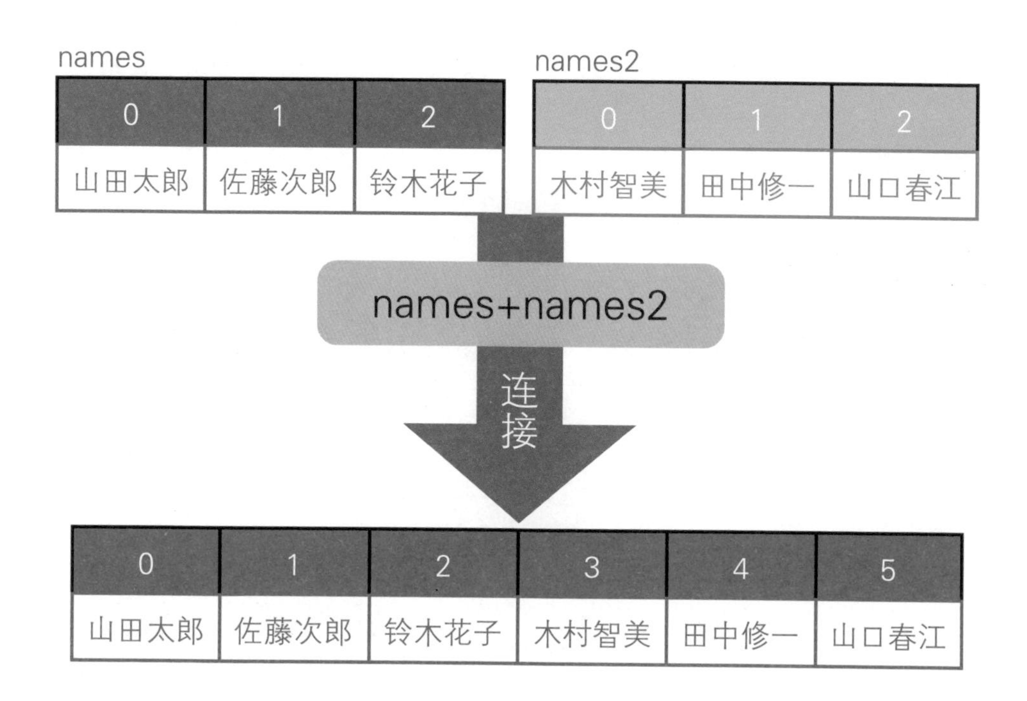

小 结

- ◎ 适用于特定数据类型的函数叫作方法。
- ◎ append 和 insert 用于向列表中添加元素。
- ◎ remove 和 pop 用于删除列表中的元素。
- ◎ 当删除列表中的元素或添加元素时，列表长度会自动更新。
- ◎ 可以使用加号（+）连接列表。

数据结构

5.3 使用键值组合管理数据

示例程序　[0503] → [dict.py]、[dict2.py]、[dict3.py]、[dict4.py]

预习　什么是字典

虽然使用列表将多个数据放在一起管理十分方便，但是在访问列表中的数据时，只能使用下标这种没有实际意义的连续数值，这一点十分不方便。

字典弥补了这个不足。字典和列表一样，都能管理多个数据。区别在于，字典通过键来访问数据，而键通常是有意义的。

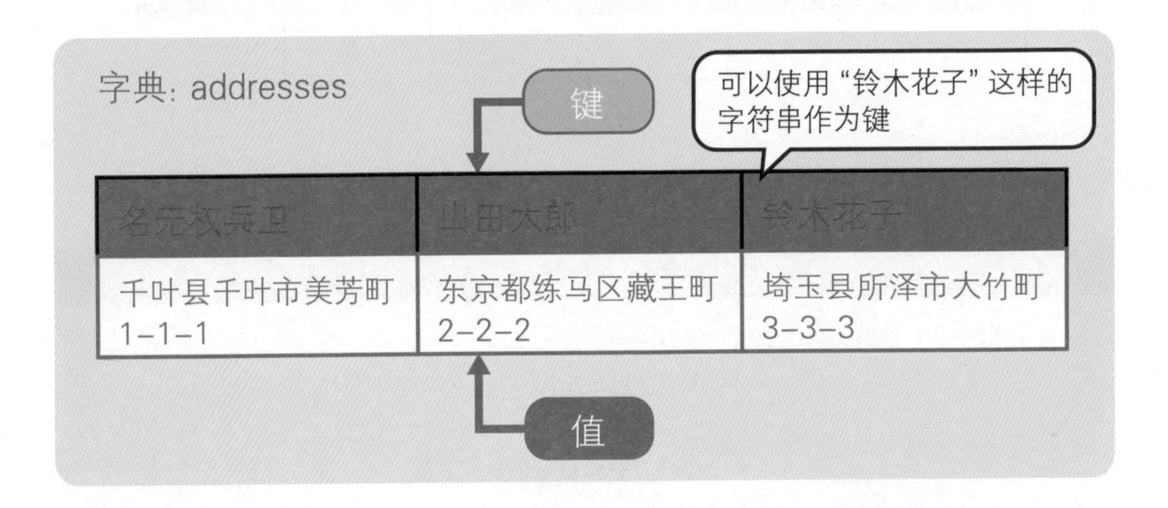

之所以称这种数据类型为字典，是因为它的每一个键都有一个对应的值。

体验 创建字典

1 创建字典

参考 3.2 节体验❶ ~ ❷的操作，在 0503 文件夹中新建一个名为 dict.py 的文件。打开编辑器，输入如右图所示的代码，以创建字典1，并打印整个字典2。

在输入完毕后，单击（全部保存）按钮保存文件。

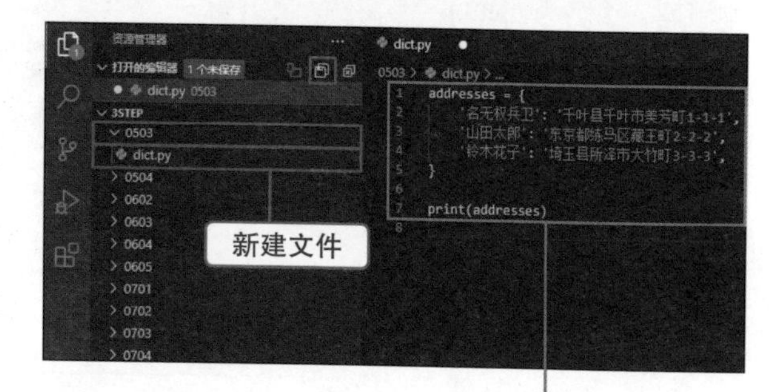

>>> **Tips**
>
> 当需要输入长段代码时，像右图这样适当换行可以让代码更加易读。通常我们会在一个数据结束的地方换行。

```
01: addresses = {
02:     '名无权兵卫': '千叶县千叶市美芳町1-1-1',
03:     '山田太郎': '东京都练马区藏王町2-2-2',
04:     '铃木花子': '埼玉县所泽市大竹町3-3-3',
05: }
06:
07: print(addresses)
```

2 运行代码

在“资源管理器”面板中，右键单击 dict.py 文件1，从弹出的菜单中选择“在终端中运行 Python 文件”2。运行结果如下图所示，程序返回了字典中的数据。

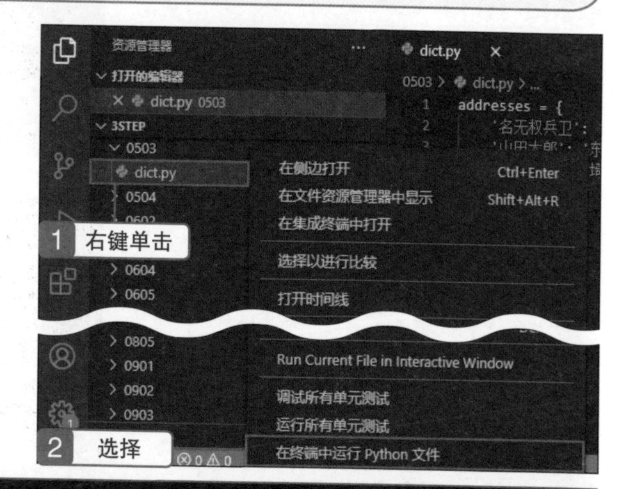

运行结果

```
PS C:\3step> & C:/Users/jun.JUN-DESKTOP/AppData/Local/Programs/Python/Python39/
python.exe c:/3step/0503/dict.py
{'名无权兵卫': '千叶县千叶市美芳町1-1-1', '山田太郎': '东京都练马区藏王町2-2-2', '铃木花子':
'埼玉县所泽市大竹町3-3-3'}
```

3 访问字典中的数据

参考本节体验❶，在 0503 文件夹中新建一个名为 dict2.py 的文件。打开编辑器，输入如右图所示的代码，以创建字典1，然后访问键“山田太郎”对应的值并打印2。

在输入完毕后，单击（全部保存）按钮保存文件。

> **Tips**
>
> 字典 addresses 与本节体验❶中创建的字典内容相同，可以直接从 dict.py 中复制并粘贴。

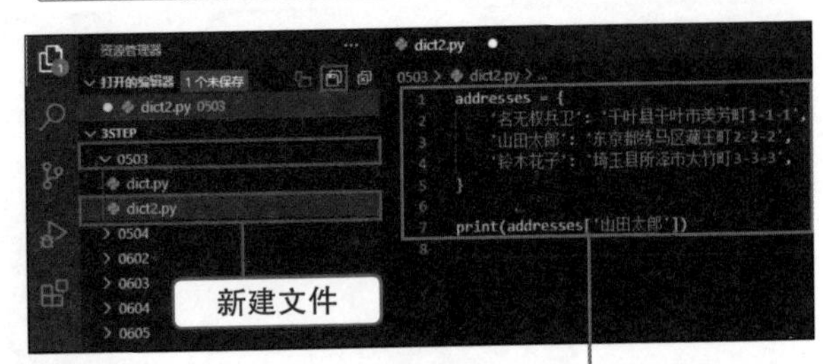


```
01: addresses = {
02:     '名无权兵卫': '千叶县千叶市美芳町 1-1-1',
03:     '山田太郎': '东京都练马区藏王町 2-2-2',
04:     '铃木花子': '埼玉县所泽市大竹町 3-3-3',
05: }
06:
07: print(addresses['山田太郎'])
```

1：创建字典（第 01～05 行）
2：打印键“山田太郎”对应的值（第 07 行）

4 运行代码

参考本节体验❷运行 dict2.py 文件。可以看到程序打印了键“山田太郎”所对应的值。

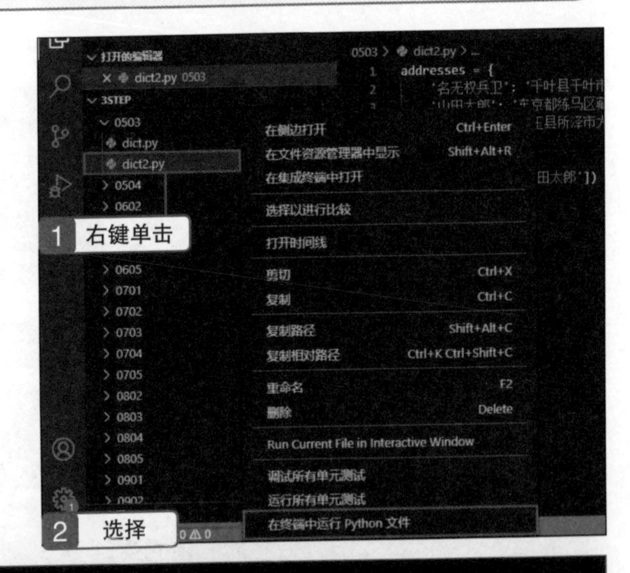

运行结果

```
PS C:\3step> & C:/Users/jun.JUN-DESKTOP/AppData/Local/Programs/Python/Python39/
python.exe c:/3step/0503/dict2.py
东京都练马区藏王町2-2-2
```

5 更新字典和向字典中添加数据

参考本节体验❶，在 0503 文件夹中新建一个名为 dict3.py 的文件。打开编辑器，输入如右图所示的代码。这次我们修改键“铃木花子”所对应的值1，新增键“田中次郎”的值2，并打印整个字典3。

在输入完毕后，单击（全部保存）按钮保存文件。

新建文件

```
01: addresses = {
02:     '名无权兵卫': '千叶县千叶市美芳町 1-1-1',
03:     '山田太郎': '东京都练马区藏王町 2-2-2',
04:     '铃木花子': '埼玉县所泽市大竹町 3-3-3',
05: }
06:
07: addresses['铃木花子'] = '广岛县福山市北町 3-4'   ← 1
08: addresses['田中次郎'] = '静冈县静冈市南町 5-6'   ← 2
09: print(addresses)                                 ← 3
```

6 运行代码

参考本节体验❷运行 dict3.py 文件。可以看到程序打印了更新后的键“铃木花子”和新增的键“田中次郎”所对应的值。

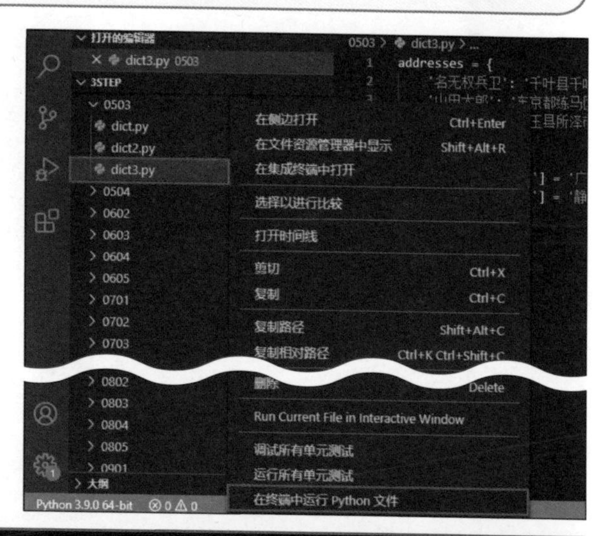

运行结果

```
PS C:\3step> & C:/Users/jun.JUN-DESKTOP/AppData/Local/Programs/Python/Python39/python.exe c:/3step/0503/dict3.py
{'名无权兵卫': '千叶县千叶市美芳町1-1-1', '山田太郎': '东京都练马区藏王町2-2-2', '铃木花子': '广岛县福山市北町3-4', '田中次郎': '静冈县静冈市南町5-6'}
```

7 删除字典中的数据

参考本节体验❶，在 0503 文件夹中新建一个名为 dict4.py 的文件。打开编辑器，输入如右图所示的代码，以删除键“山田太郎”所对应的值1，清空整个字典2，并打印整个字典3。

在输入完毕后，单击 (全部保存）按钮保存文件。

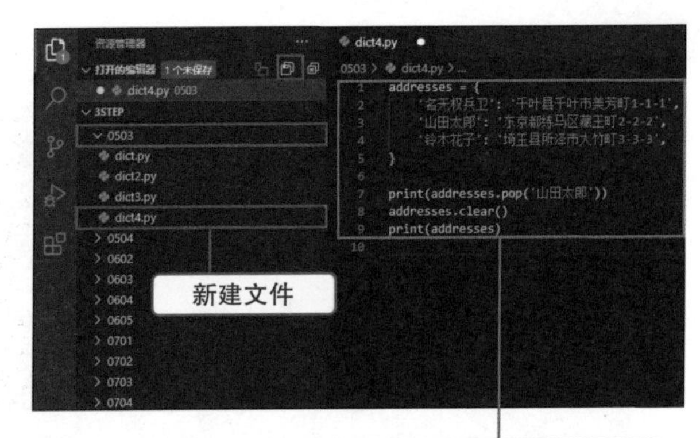


```
01: addresses = {
02:       '名无权兵卫': '千叶县千叶市美芳町 1-1-1',
03:       '山田太郎': '东京都练马区藏王町 2-2-2',
04:       '铃木花子': '埼玉县所泽市大竹町 3-3-3',
05: }
06:
07: print(addresses.pop('山田太郎'))      1
08: addresses.clear()                    2
09: print(addresses)                     3
```

8 运行代码

参考本节体验❷运行 dict4.py 文件。可以看到程序打印了被删除的键“山田太郎”所对应的值1和清空字典后的空字典 {} 2。

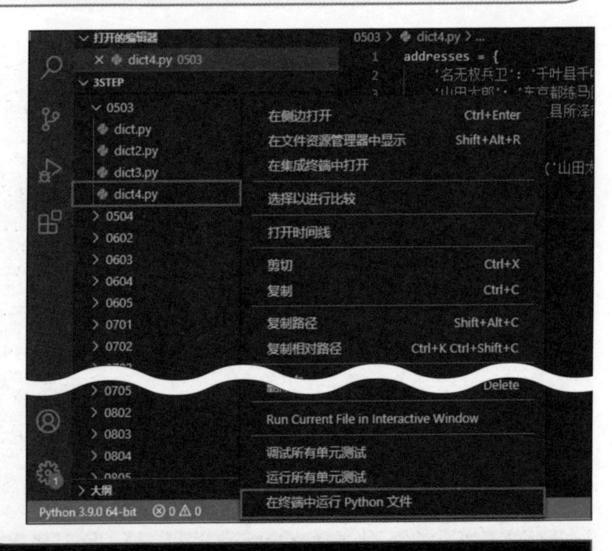

运行结果

```
PS C:\3step> & C:/Users/jun.JUN-DESKTOP/AppData/Local/Programs/Python/Python39/
python.exe c:/3step/0503/dict4.py
东京都练马区藏王町2-2-2                 1
{}                                     2
```

理解 字典的基础知识

创建字典

要创建一个字典型的数据，需要将数据写成“键：值”的形式，并将数据用逗号隔开，最后用大括号（{}）将它们括起来（本节体验❶）。

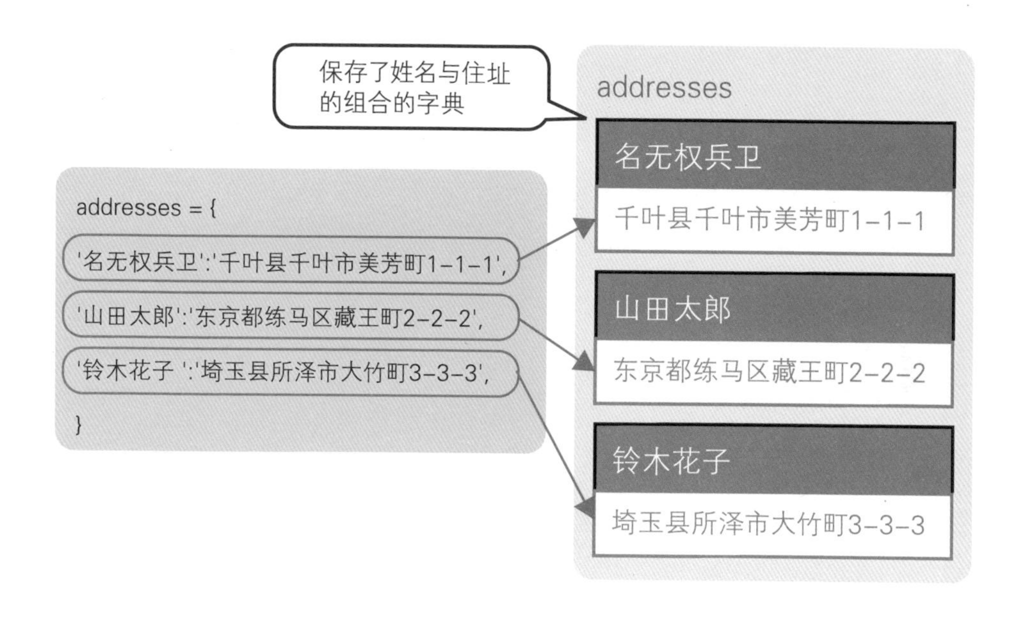

这样我们就创建出了一个保存了三个“姓名与住址的组合”的字典 addresses。

访问字典中的数据

与访问列表元素时一样，我们可以以“变量名 ['键']”的形式访问字典中的数据。这里的键就如同列表中的下标，不同的是，键使用引号引起来了（本节体验❸）。

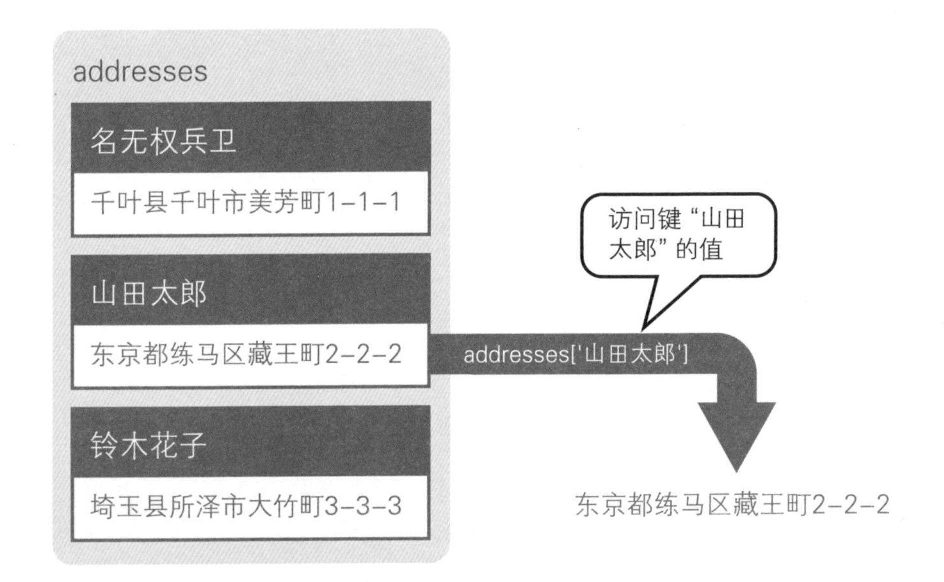

可以省略末尾数据后的逗号

在字典和列表中，最后一个元素后的逗号可以省略。

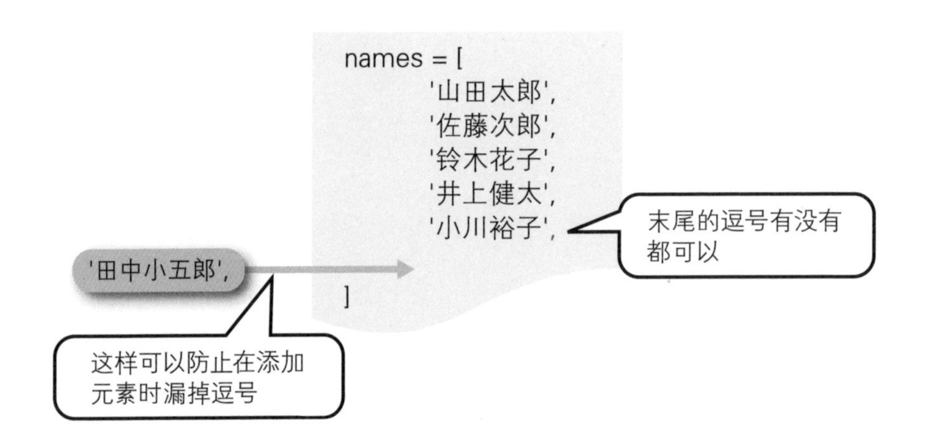

但是，在换行列举数据的情况下，在新增数据时容易漏掉逗号。因此，我们经常会看到末尾元素后也有逗号。在下文中，本书也会遵循这种习惯。

COLUMN 键不是字符串也可以

字典中的键也可以不是字符串。比如在后面的章节中，我们也会将日期、时间和元组等作为键使用。但需要注意，一部分数据类型不能作为键使用（例如列表和文件等）。

修改字典中的数据（更新和添加）

我们可以通过“变量名 ['键']= '...'”来更新或添加数据（本节体验❺）。

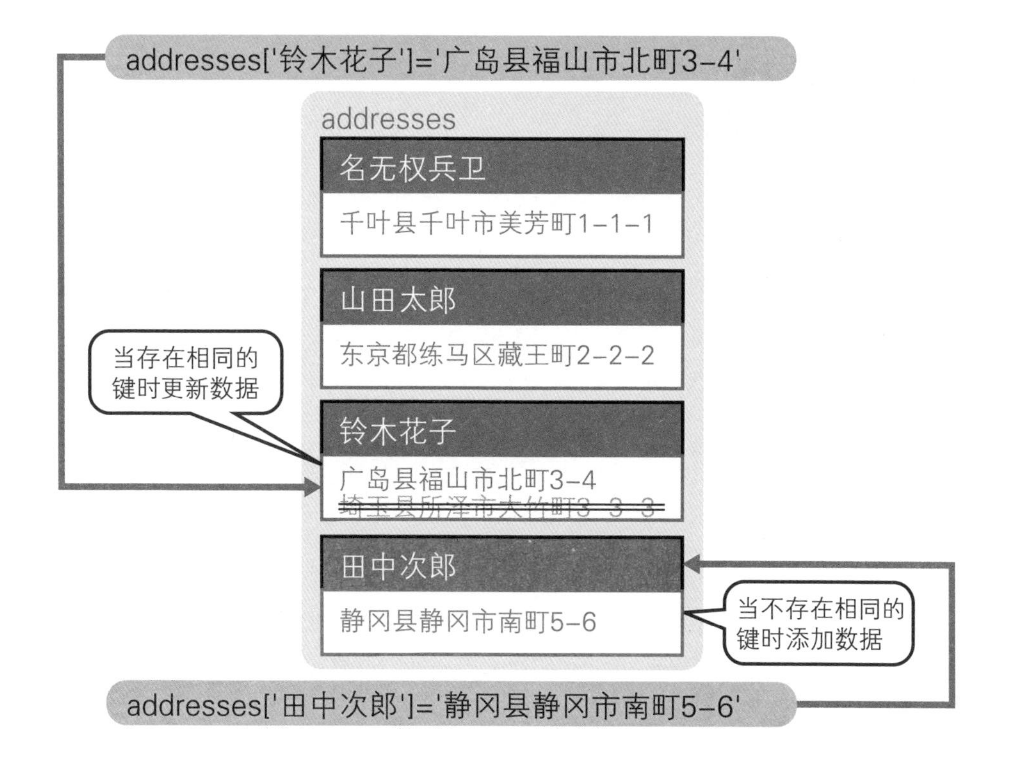

字典中没有 append 这样的方法。我们可以通过指定键的存在与否来更新或添加数据。如果存在相同的键，则更新；如果不存在，则向字典中添加这个键和它对应的数据。

因此我们不难发现，字典中所有的键都是不同的。

删除字典中的数据

与列表一样，可以使用 pop 方法删除字典中的数据（本节体验❼）。pop 方法会取出指定键所对应的值并从字典中删除它。需要注意的是，字典中没有只删除数据的 remove 方法。

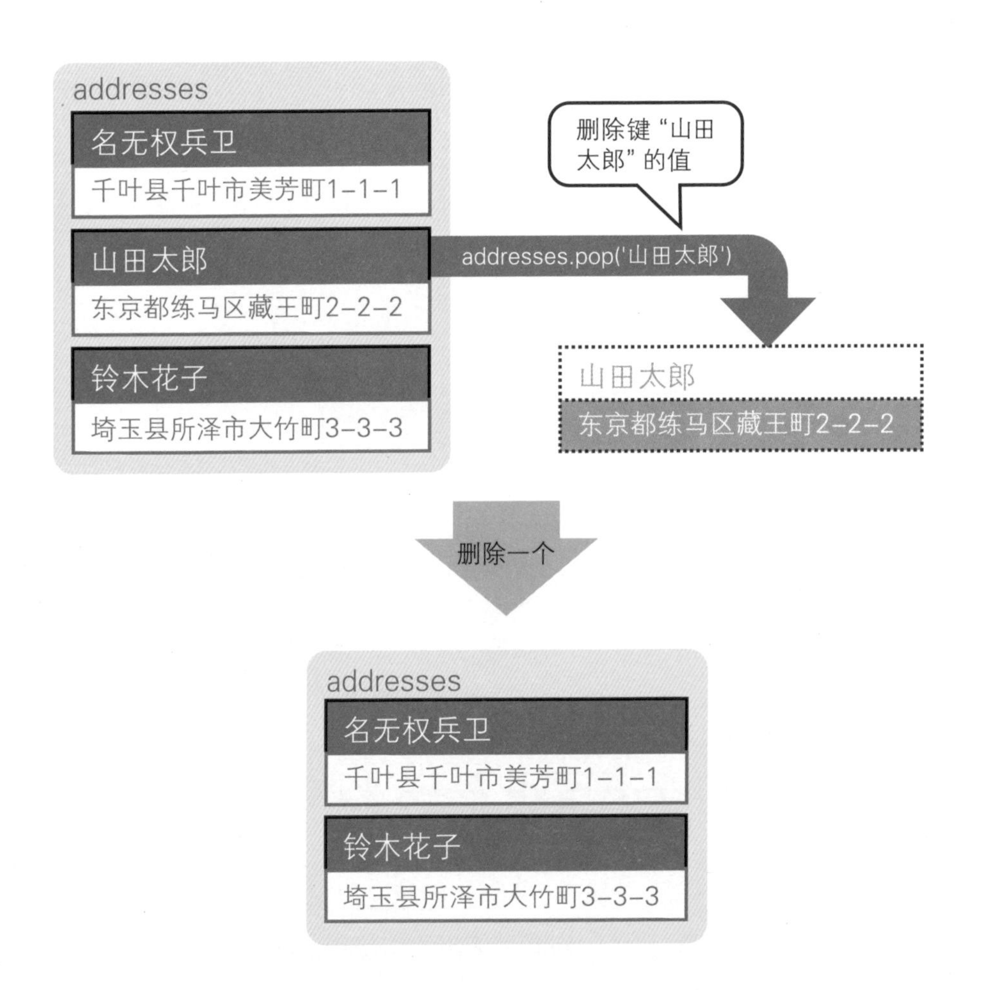

如果要清空字典中的数据，可以使用 clear 方法。

COLUMN 不能修改的列表——元组

元组（tuple）是一种与列表十分相似的数据类型。使用圆括号将以逗号隔开的数据括起来，即可创建元组。

```
>>> my_tuple = (5, True, '小白')        创建元组
>>> my_tuple[2] = '小黑'        修改数据
Traceback (most recent call last):
  File "<stdin>", line 1, in <module>
TypeError: 'tuple' object does not support item assignment
```

元组和列表一样，都是通过“元组名[下标]”访问元素。不同的是，元组一旦被创建就不能修改。上述例子中的报错就是由此导致的。也正因为如此，不能对元组使用 append、remove 或 pop 方法来添加或删除数据。

此外，元组还可以作为字典的键使用。但是，初学者使用它的机会并不多，所以我们还是先学好列表和字典（以及集合）的相关知识吧！

小 结

◎ 使用字典可以以“键和值的组合”的形式来创建列表。

◎ 使用“{键:值,...}”的形式创建字典。

◎ 字典内不存在相同的键。

◎ 通过“字典名['键']”访问字典中的数据。

◎ pop 方法用于删除字典中的数据。

第 5 章 数据结构

5.4 管理“唯一值的集合”

示例程序 | [0504] → [set.py]、[set2.py]

预习 什么是集合

集合也是一种用来同时管理多个值的数据类型。

这样说可能会让人误认为它和列表一样，但并非如此。集合中的元素不存在先后顺序，因此我们无法做到“取出第 *n* 个元素”。

除此之外，集合中也不允许出现重复数据。在向集合添加已经存在的数据时，集合会自动忽略。

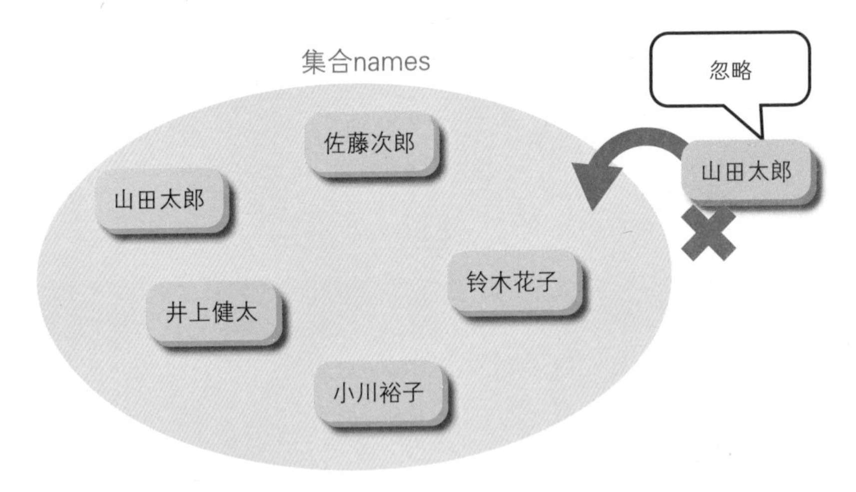

基于这一特性，比起取出或存放特定的数据，集合更适合用来检查某个值是否已经存在。与列表和字典相比，集合的使用场景或许让人难以理解，但是在开发程序时经常需要用到集合，所以本节将介绍一下它的特性和用法。

体验 创建集合

1 创建集合

参考 3.2 节体验❶ ~ ❷的操作，在 0504 文件夹中新建一个名为 set.py 的文件。打开编辑器，输入如右图所示的代码，以创建集合❶，并检查集合中是否存在“铃木花子”❷，然后打印整个集合❸。

在输入完毕后，单击 （全部保存）按钮保存文件。

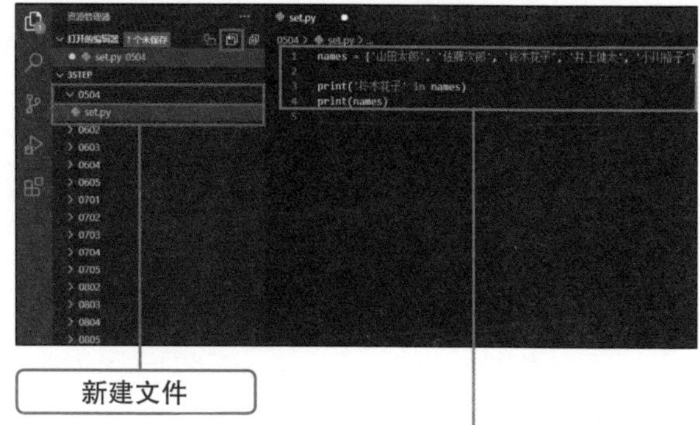


```
01: names = {'山田太郎', '佐藤次郎', '铃木花子', '井上健太', '小川裕子'}
02:
03: print('铃木花子' in names)
04: print(names)
```

2 运行代码

在“资源管理器”面板中，右键单击 set.py 文件❶，从弹出的菜单中选择“在终端中运行 Python 文件”❷。可以看到程序返回了集合中的数据。

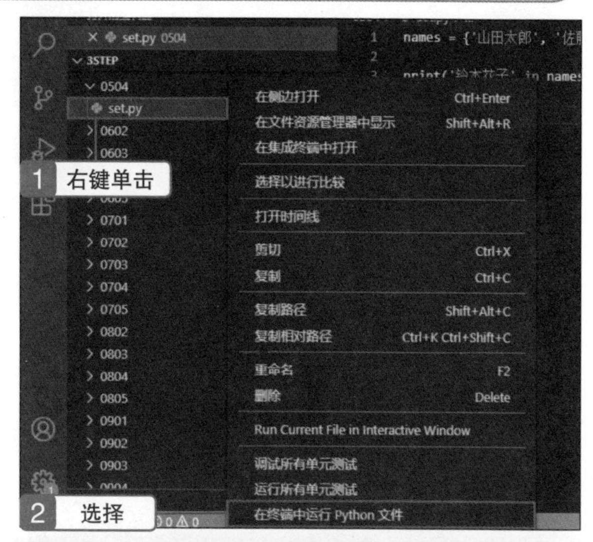

>>> **Tips**

由于集合中的元素不存在先后顺序，所以在每次运行时，运行结果中元素的先后顺序都会有所不同。

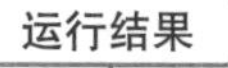

运行结果

```
PS C:\3step> & C:/Users/jun.JUN-DESKTOP/AppData/Local/Programs/Python/Python39/
python.exe c:/3step/0504/set.py
True
{'铃木花子', '井上健太', '小川裕子', '佐藤次郎', '山田太郎'}
```

3 访问集合中的数据

参考本节体验❶，在 0504 文件夹中新建一个名为 set2.py 的文件。打开编辑器，输入如右图所示的代码，以在集合中添加新的数据1，并删除现有的某个数据2，然后打印整个集合3。

在输入完毕后，单击（全部保存）按钮保存文件。

>>> **Tips**
>
> 集合 names 与本节体验❶中创建的集合内容相同，可以直接从 set.py 中复制并粘贴。

```
01: names = {'山田太郎', '佐藤次郎', '铃木花子', '井上健太', '小川裕子'}
02:
03: names.add('田中次郎')          1
04: names.remove('铃木花子')       2
05: print(names)                   3
```

4 运行代码

参考本节体验❷运行 set2.py 文件。可以看到程序打印了整个集合。

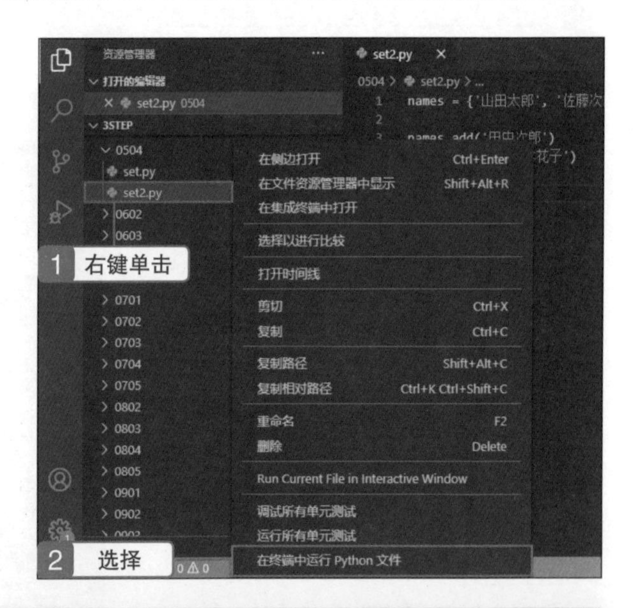

运行结果

```
PS C:\3step> & C:/Users/jun.JUN-DESKTOP/AppData/Local/Programs/Python/Python39/
python.exe c:/3step/0504/set2.py
{'井上健太', '佐藤次郎', '田中次郎', '山田太郎', '小川裕子'}
```

理解 集合的基本知识（概念）

创建集合

可以通过下面的方法创建集合。

1 使用 { 值 , ... } 来创建

首先，像创建列表一样，将数据用逗号分隔，再用大括号将数据括起来，就能创建相应的集合。不过需要注意的是，我们不能使用这种方法去创建一个空的集合。因为 Python 会认为 {} 是空字典，而非空集合。因此在需要创建空集合时，请使用下面的方法2。

2 使用 set 函数

可以将列表、元组和字典等数据类型的值传递给 set 函数，来创建相应的集合。在创建空集合时，只需要像 set() 这样，不传递任何数据就可以了。

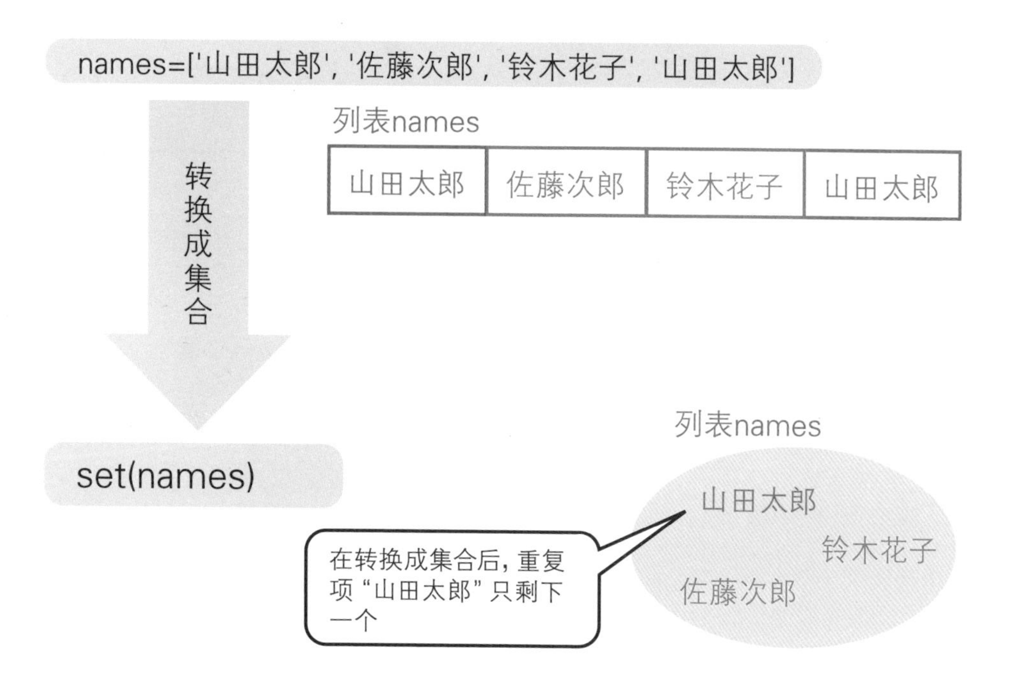

值得一提的是，我们还可以通过将列表转换成集合，来去除列表中的重复项。

如果将字典传递给 set 函数，则会基于字典的键来创建集合。

>>> 确认集合中的数据

我们无法通过下标或键来访问集合中的某个数据。对于集合，只能用 for 语句枚举数据，或者用 in 运算符来检查集合中是否存在某个值（关于 for 语句，我们会在 7.2 节讲解）。

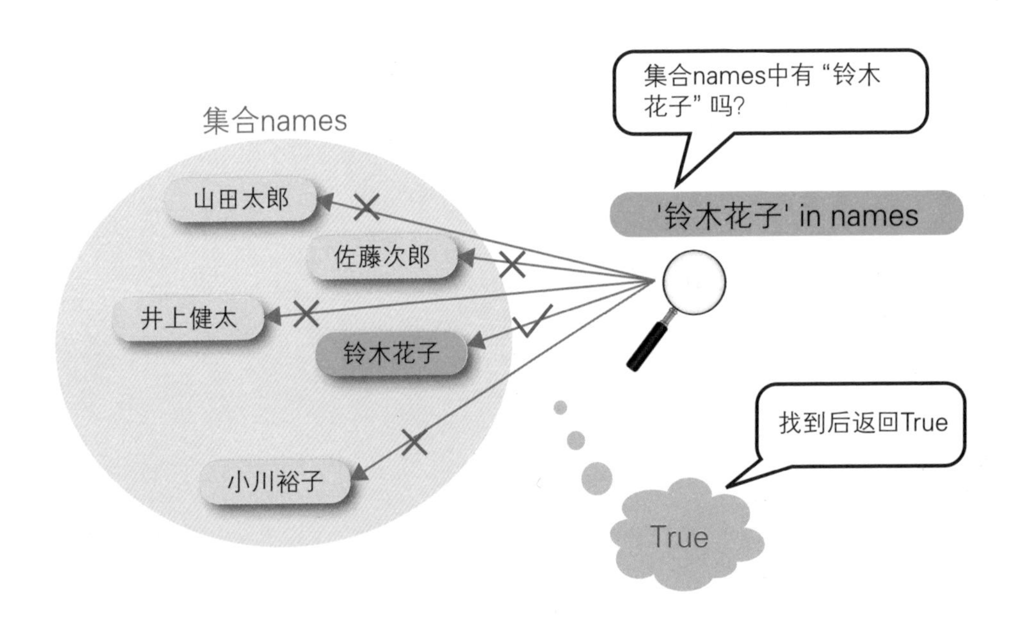

如果对象存在，则 in 运算符返回 True，否则返回 False（本节体验❷）。关于 True 和 False，我们会在 6.1 节讲解。

>>> 修改集合中的数据（添加或删除）

我们可以使用 add 方法向集合中添加数据，使用 remove 方法删除数据。

因为集合中的元素没有先后顺序，所以不能使用 insert 方法将数据插入指定位置。此外，我们同样可以使用 clear 方法清空集合。

当使用 add 向集合中添加重复数据时，集合会自动忽略它。

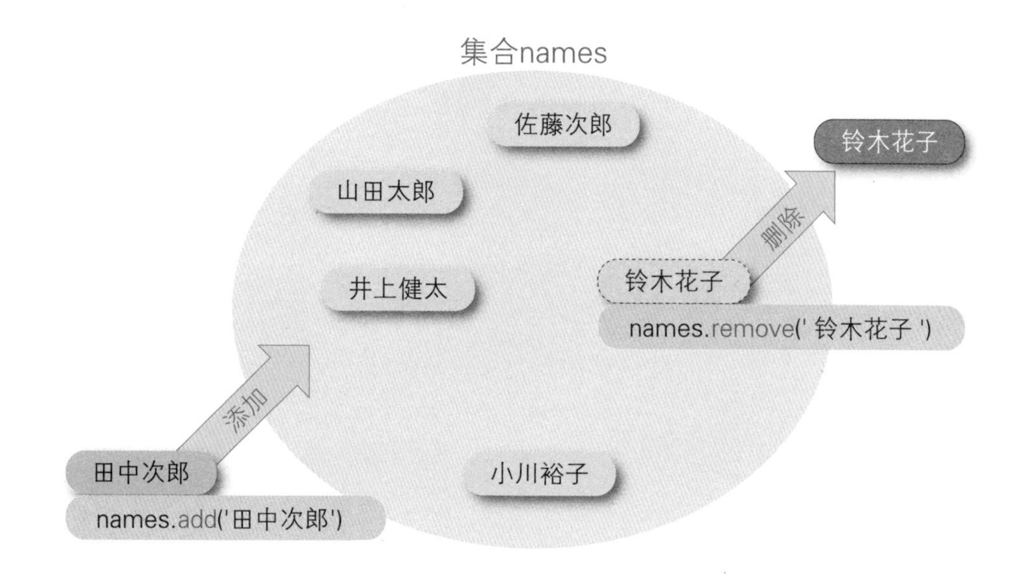

小　结

◎ 集合中的数据是无序的，且不存在重复值。

◎ 可以使用 { 值 ,...} 或 set 函数创建集合。

◎ 可以使用 for 语句访问集合中的数据（不能通过下标访问）。

◎ 可以使用 in 运算符确认集合中是否存在某个元素。

第 5 章 练习题

练习题 1

以下是有关 Python 中能够同时管理多个数据的数据类型的说明。请在空格处填入适当的词语，完成段落。

[①] 是可以有序管理多个值的数据类型。[①] 中的数据又称为 [②]，访问 [②] 需要使用 [③]。

[④] 是与 [①] 十分相似的数据类型。一旦创建完成就无法再修改其中的数据。除此之外，还有使用“键和值的组合”的形式来管理数据的 [⑤]，以及数据没有先后顺序的 [⑥] 等数据类型，

练习题 2

请根据下面的要求编写相应的代码。

1. 创建包含“A、B、C、D、E”的列表 list。
2. 在列表 list 中添加数据 APPLE。
3. 创建键和值分别是“flower : 花”“animal : 动物”“bird : 鸟”的字典 dic。
4. 清空字典 dic。
5. 创建包含“A、B、C、D、E”的集合 set。

练习题 3

下面是用来操作列表的代码。请回答在运行代码后，变量 names 中有哪些数据。

```
# list.py

names = ['山田太郎', '佐藤次郎', '铃木花子']
names.append('井上健太')
names.insert(2, '小川裕子')
data = names.pop(3)
names.remove('山田太郎')
```

条件测试

第6章 条件测试

6.1 比较两个值

示例程序 | 无

预习 什么是比较运算符

比较运算符是一种用来比较两个值的大小的符号。我们通常使用比较运算符来比较两个值的关系，例如是否相等或者孰大孰小。在使用后面将学习的条件测试和循环等时，比较运算符是不可缺少的，下面让我们具体来看一下。

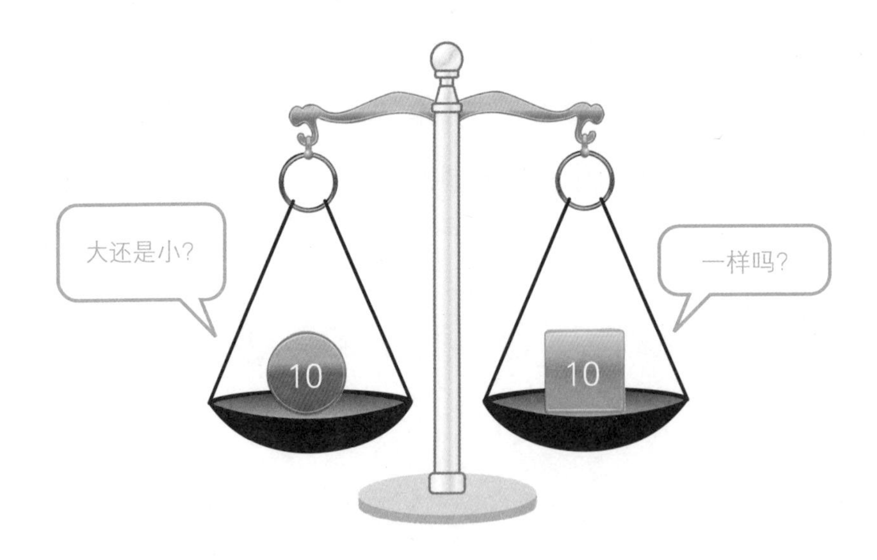

体验 使用比较运算符

1 启动 Python 交互模式

打开 PowerShell，在命令行中执行 python 命令。如果是 Mac 用户，则在启动终端后执行 python3 命令。启动 Python 交互模式。

```
Windows PowerShell
版权所有 (C) Microsoft Corporation。保留所有权利。

尝试新的跨平台 PowerShell https://aka.ms/pscore6

PS C:\Users\jun.JUN-DESKTOP> python
Python 3.9.0 (tags/v3.9.0:9cf6752, Oct  5 2020, 15:34:40) [MSC v.1927 64 bit (AMD64)] on win32
Type "help", "copyright", "credits" or "license" for more information.
>>>
```

```
PS C:\Users\jun.JUN-DESKTOP> python
Python 3.9.0 (tags/v3.9.0:9cf6752, Oct  5 2020, 15:34:40) [MSC v.1927 64 bit (AMD64)] on
win32
Type "help", "copyright", "credits" or "license" for more information.
>>>
```

2 比较两个值是否相等

首先让我们来比较一下两个值是否相等。如右图所示输入代码并运行 1 。

```
>>> 10 == 10
True
>>> 10 != 10
False
>>> 'ABC' == 'DEF'
False
>>>
```

```
>>> 10 == 10
True
>>> 10 != 10
False
>>> 'ABC' == 'DEF'
False
```

1 输入

3 比较两个值的大小

接着让我们来比较一下数值或字符串之间的大小关系。如右图所示输入代码并运行1。

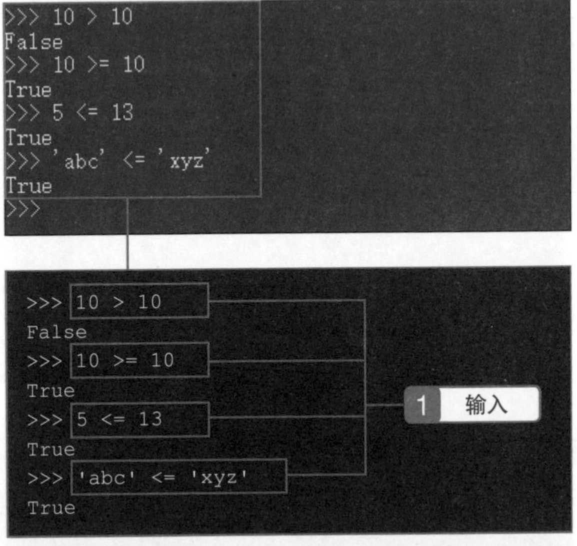

4 比较列表

下面我们使用比较运算符来比较4个不同的列表1。如右图所示输入代码并运行2。

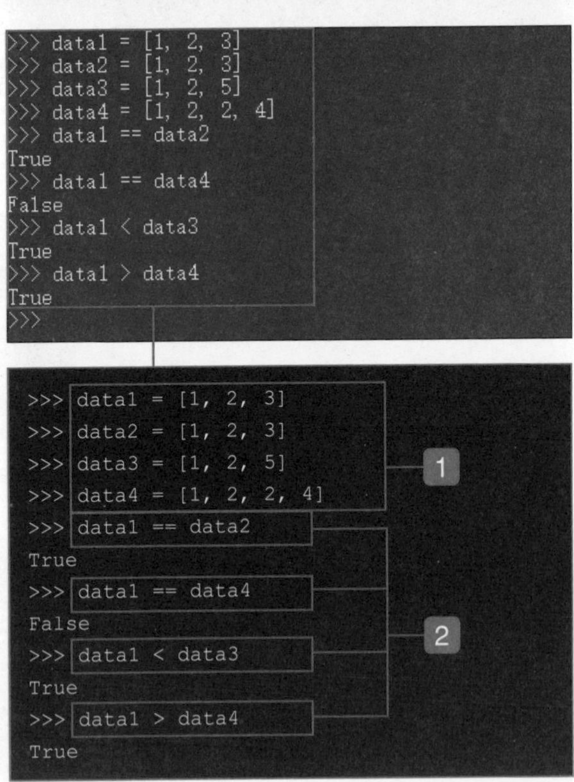

5 检查字符串中是否包含子字符串

我们来检查字符串 ABCDE 中是否包含指定的子字符串 DE。如右图所示输入代码并运行 1 。

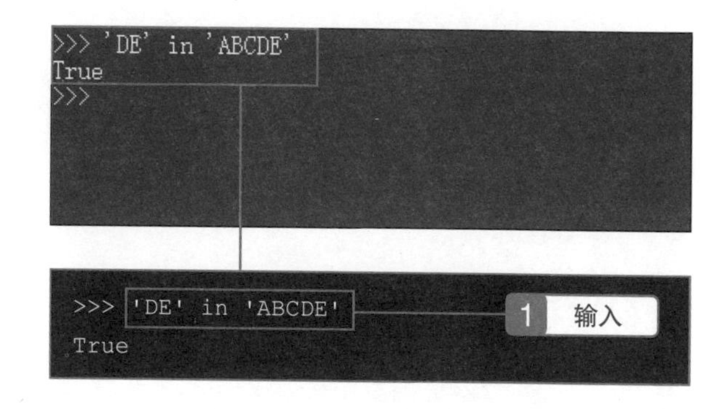

6 确认列表或字典中是否存在某个元素

我们来确认列表中是否存在“蓝” 1 ，以及字典中是否存在键“blue” 2 。如右图所示输入代码并运行。

```
>>> data = ['红', '黄', '蓝']
>>> '蓝' in data
True
>>> map = { 'red': '红', 'yellow': '黄', 'blue': '蓝' }
>>> 'blue' in map
True
>>>
>>>
```

```
>>> data = ['红', '黄', '蓝']
>>> '蓝' in data
True
>>> map = { 'red': '红', 'yellow': '黄', 'blue': '蓝' }
>>> 'blue' in map
True
```

理解 比较运算符的作用

比较运算符

Python 中有以下几种比较运算符。

运算符	判断内容	数学符号
==	运算符左侧和右侧是否相等	=
!=	运算符左侧和右侧是否不相等	≠
<	运算符左侧是否小于右侧	<
<=	运算符左侧是否小于等于右侧	≤
>	运算符左侧是否大于右侧	>
>=	运算符左侧是否大于等于右侧	≥
in	运算符左侧是否包含于右侧	无

因为等号和不等号在数学中也会使用，所以我们可以很直观地理解。不过，要特别注意和它们很像的符号“==”。

“==”和前面的章节中提到的“=”并不一样。“=”运算符用于将右侧的值赋给左侧的变量。

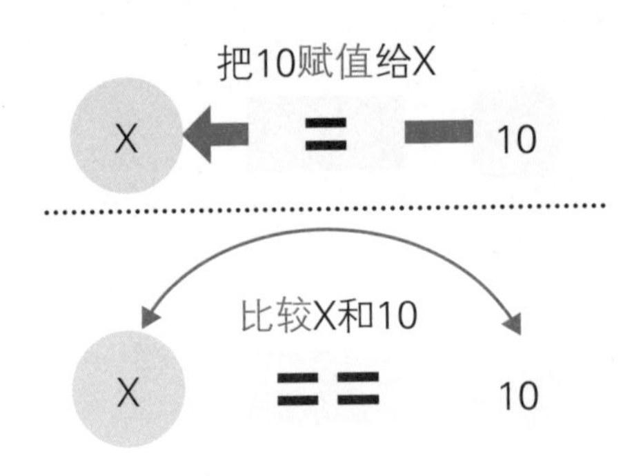

比较运算符返回布尔值

比较运算符将比较结果作为布尔值返回。布尔值只能表示 `True`（真）或 `False`（假）。

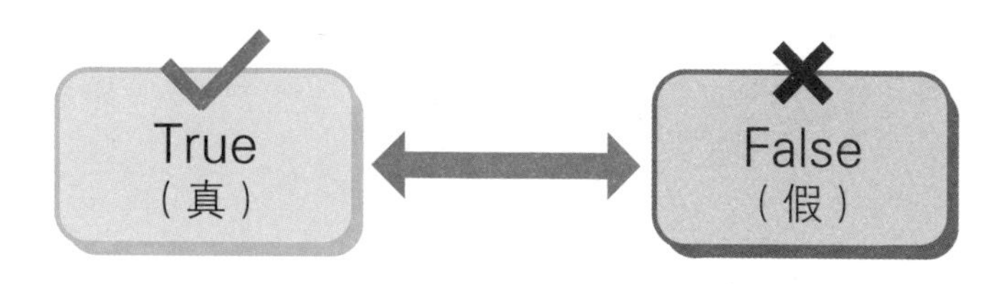

布尔值只能表示其中一个

比如，对于 `10 == 10`，显然 10 等于 10，因此运算符返回 `True`。Python 能够根据比较结果的真假执行不同的操作，关于这一点，我们会在下一节详细说明。

>>> 比较运算符可以比较字符串和列表

比较运算符不仅可以比较数值的大小，还可以比较字符串或列表的大小。

1 字符串

字符串的大小是由它们在字典中的先后顺序决定的。在字典中，`b` 排在 `a` 后面，因此 `a < b`。在比较 `abc` 和 `abde` 时，因为 `ab` 相同，所以比较第三个字符 `c` 和 `d`，因为 `c < d`，所以可得 `abc < abde`。

2 列表

比较列表的方法和比较字符串的方法基本相同。从头开始依次比较两个列表中的元素，第一个不同的元素的大小关系决定了它们所在列表的大小关系。

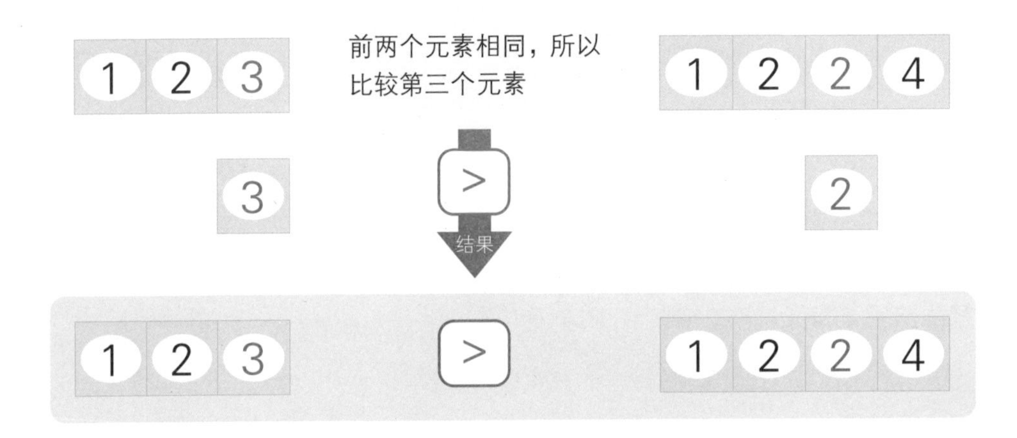

>>> 判断是否包含某个字符或要素

in 运算符可以检查字符串中是否包含指定的子字符串。我们在 5.4 节讲解集合时介绍过类似的例子。

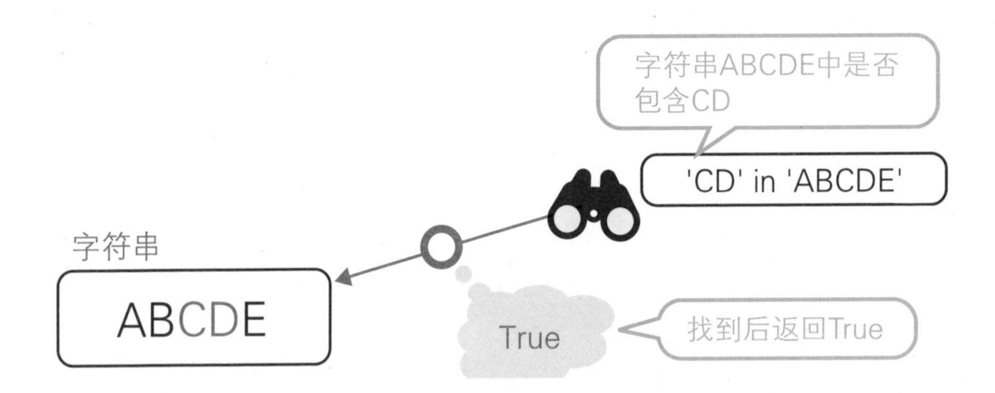

顺便说一句，in 运算符也可以用于列表或字典。在这种情况下，它通常用来检查目标列表或

字典中是否存在指定的元素或键。

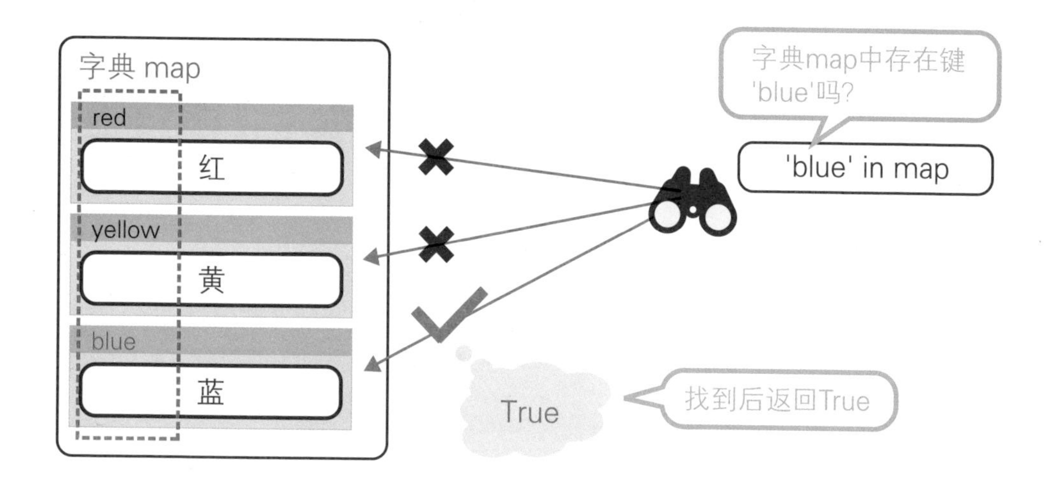

需要特别注意的是，当用户访问的键不存在时，Python 会报错。因此，在访问各个元素之前，最好先使用 in 运算符检查它们是否存在。

小　结

◎ 比较运算符用来比较两个值的大小关系。

◎ 比较运算符的返回值为 True（真）或 False（假）。

◎ 在比较字符串的大小时，按字符在字典中的顺序依次比较。

◎ 在比较列表的大小时，从第一个元素开始向后依次比较。

◎ in 运算符可以检查字符串中是否存在指定的子字符串，或者判断列表或字典中是否存在指定的元素或键。

6.2 根据条件执行不同的操作

示例程序 | [0602] → [if.py]

预习 什么是条件测试

到目前为止，我们创建的代码基本上是从头开始按顺序执行的。但是，并不是所有问题都能这样顺利解决。我们有时可能需要根据某些条件来改变处理方式（行为），例如“如果●○，就这样做”“如果▲△，就那样做”。

把这些和人类的行为联系起来，可能会更容易理解。比如，早上出门时，如果正在下雨，那就带上伞；如果没有下雨，就不带伞。这就是一个简单的条件测试。

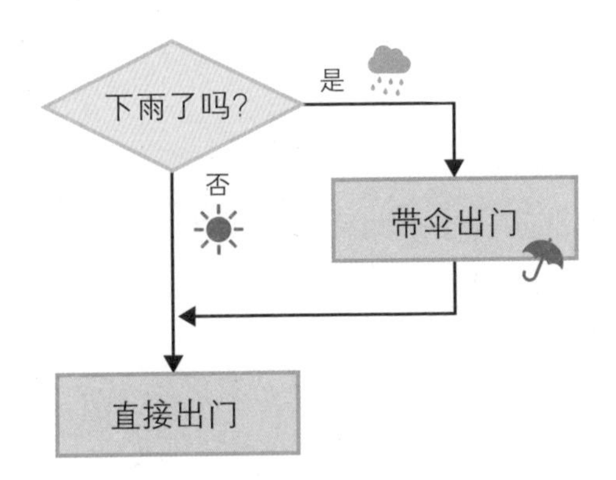

本节我们将创建一个简单的条件测试程序：假设某场考试的合格分数是 70 分，在输入考试成绩后，如果成绩大于等于这个分数，则输出“恭喜你，合格了！”，否则输出“很遗憾，不合格。”。

体验 使用 if ... else 语句进行判断

1 尝试条件判断

参考 3.2 节体验❶ ~ ❷的操作，在 0602 文件夹中新建一个名为 if.py 的文件。打开编辑器，输入如右图所示的代码。在命令行中显示提示信息后❶，仅在输入的值大于等于 70 的情况下显示相应的提示信息❷。

在输入完毕后，单击（全部保存）按钮保存文件。

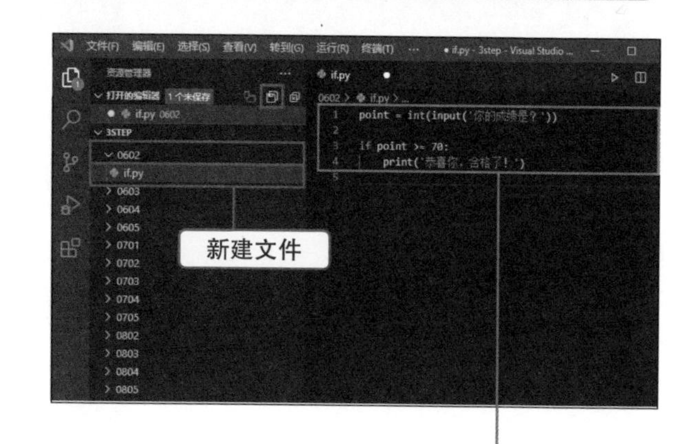

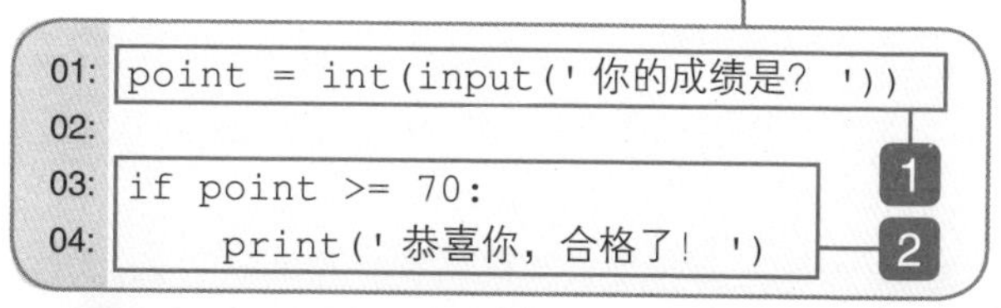

```
01: point = int(input('你的成绩是？ '))
02:
03: if point >= 70:
04:     print('恭喜你，合格了！ ')
```

>>> **Tips**

int 是将字符串转换成整数型的函数。input 函数的返回值为字符型，如果不通过 int 函数将其转换成数值，就无法正确地比较。

2 运行代码（显示相应的提示信息）

在“资源管理器”面板中，右键单击 if.py 文件❶，从弹出的菜单中选择“在终端中运行 Python 文件”❷。在文件运行后，程序会询问成绩是多少。我们先输入一个大于等于 70 的值并按下回车键❸，检查是否会显示相应的提示信息❹。

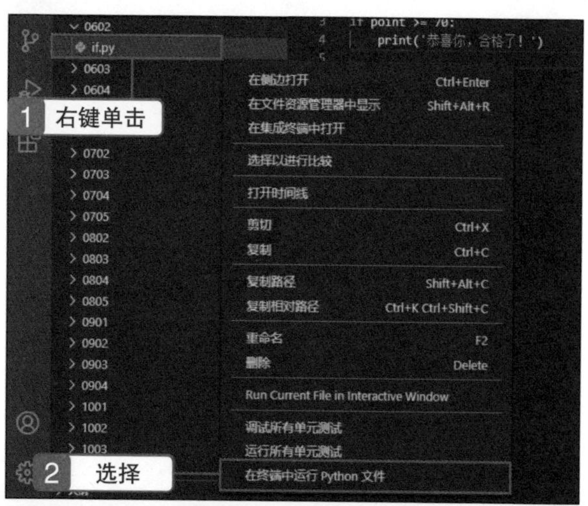


```
PS C:\3step> & C:/Users/jun.JUN-DESKTOP/AppData/Local/Programs/Python/Python39/
python.exe c:/3step/0602/if.py
你的成绩是? 75
恭喜你，合格了!
```

3 运行代码（不显示相应的提示信息）

参考本节体验❷运行 if.py 文件。在程序询问成绩后，输入一个小于 70 的值并按下回车键❶。可以看到程序没有显示相应的提示信息，而是直接结束❷。

>>> Tips

在终端中按下方向键的上键，会显示上一次执行的代码。如果要运行相同的代码，就可以使用这种方法。

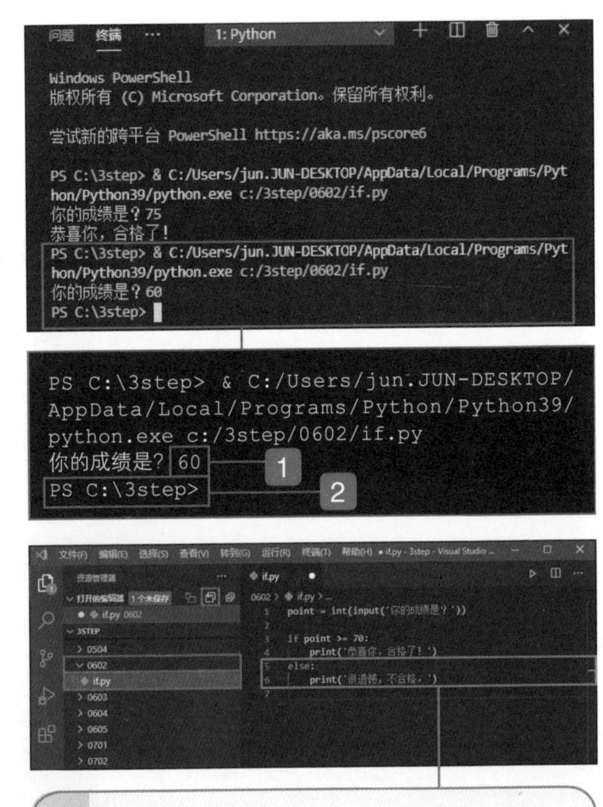

4 添加 else 块

在本节体验❶的代码后如右图所示添加代码❶，让程序在输入值（变量 point 的值）小于 70 时也能有所输出。

在输入完毕后，单击（全部保存）按钮保存文件。

1 添加

```
05: else:
06:     print('很遗憾，不合格。')
```

5 运行代码

参考本节体验❸运行 if.py 文件。在被问到成绩后，输入一个小于 70 的值并按下回车键❶。可以看到程序显示了我们刚刚新增的信息❷。

>>> Tips

与什么都不显示的本节体验❸的运行结果比较一下吧！

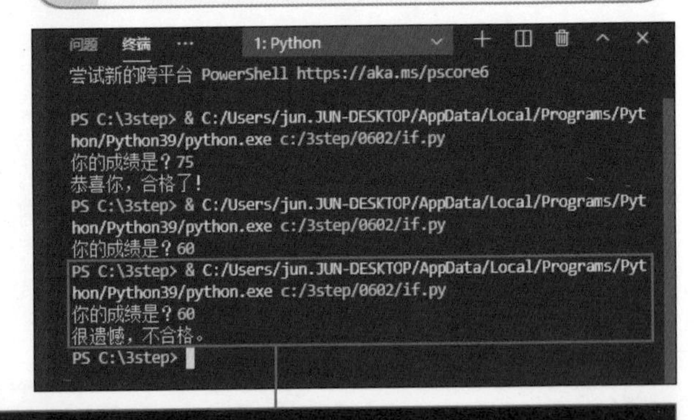


```
PS C:\3step> & C:/Users/jun.JUN-DESKTOP/AppData/Local/Programs/Python/Python39/python.exe c:/3step/0602/if.py
你的成绩是? 60
很遗憾，不合格。
```

1

2

理解 if 语句的基础知识

if 语句的用法

if 语句的用法如下。

[语法] if 语句

```
if 条件表达式：
    当条件表达式为 True（真）时执行的命令
```

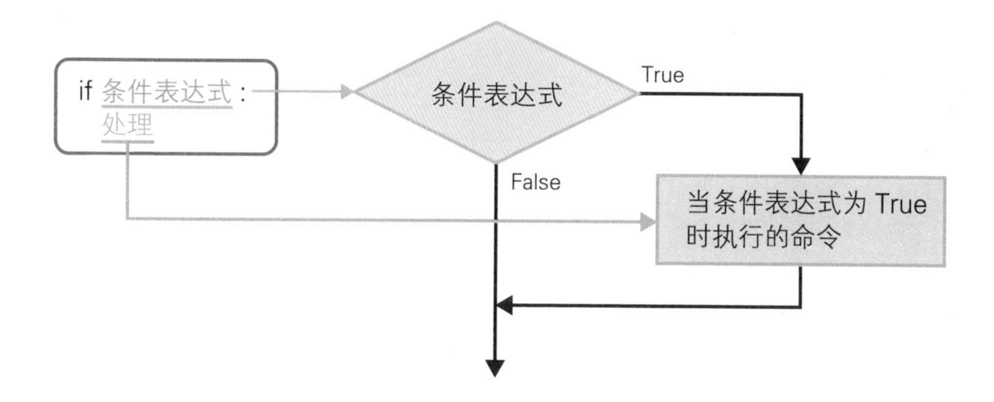

条件表达式是一个返回布尔值（True 或 False）的表达式。比如，对于表达式 point >= 70，如果变量 point 的值大于等于 70，则返回 True。

在 if 语句中，如果条件表达式的结果为 True，则执行紧接着的代码块。此外，注意不要忘记写条件表达式后的冒号（：）。

COLUMN 流程图

我们将表示程序流程的图称为流程图，上图就是一个简单的流程图。在一般的流程图中，处理（process）用长方形表示，而条件表达式（decision）用菱形表示。

>>> Python 的块

块通常指代码块。在 Python 中，代码块通过缩进表示。

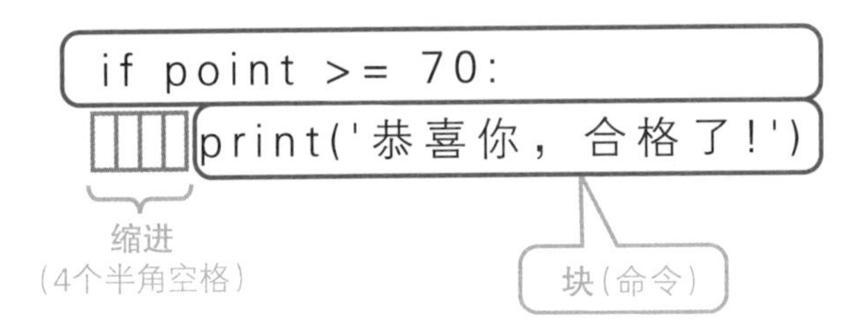

虽然在本节体验部分的代码中，代码块内只出现了一条代码，但其实代码块中可以添加的代码数量是没有特殊规定的。

在退出代码块后，缩进会回到原来的位置。

>>> 如何表示缩进

有两种方式可以表示缩进：一种是使用半角空格，另一种是使用制表符（Tab 键）。但是要注意，制表符的缩进程度和编辑器中的设定有关。

我们通常将一次缩进统一为 4 个半角空格。使用制表符进行缩进虽然不会引起报错，但是本书不推荐这种方法（在缩进中混用半角空格和制表符会导致报错）。

>>> 注意条件表达式的边界

以条件表达式 `score >= 70` 为例，当 `score` 大于等于 70 时，返回 `True`。但是，如果将条件表达式改为 `score > 70`，则只有当 `score` 大于 70 时，才返回 `True`（如果 `score` 等于 70，则返回 `False`）。

在写条件表达式时，要格外注意是否包含这样的边界部分。

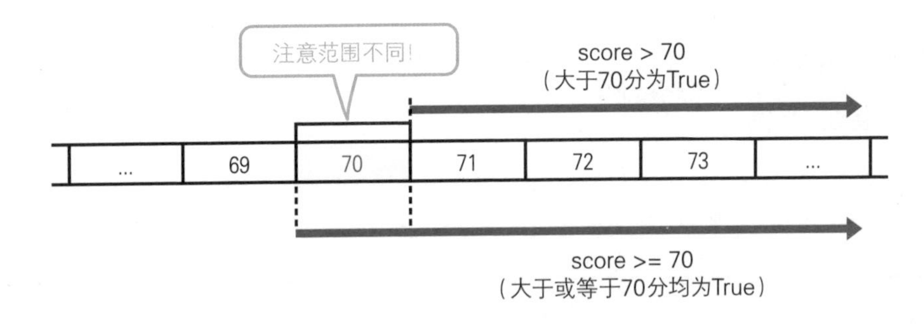

>>> 表示“否则”的 else

我们还可以在 if 语句中添加 else 语句来表示“否则……”。

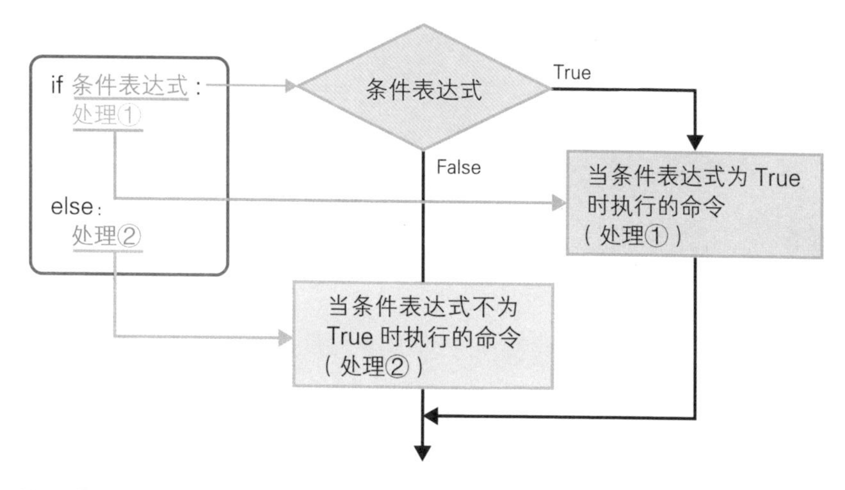

在本节体验❹中，若条件表达式 point >= 70 的结果为 False，也就是当分数低于 70 分时，执行 else 部分的代码块。

与 if 的代码块一样，我们也可以在 else 的代码块中添加多行代码。

COLUMN if 块、else 块

if 之后的代码块称为 if 块，同理，else 之后的代码块称为 else 块。在后面的章节中还会出现 for 块和 while 块之类的词，届时将不再重复解释。

小　结

◎ if 语句表示“如果……则执行……”。

◎ 代码块是多个代码语句的集合。

◎ 代码块通过缩进表示。

◎ else 语句表示“否则……”。

条件测试

6.3 挑战更复杂的条件测试 (1)

示例程序 | [0603] → [if.py]

预习 elif——组合多个条件表达式

使用 if...else 语句可以通过一个条件表达式实现两种处理，即“如果○○，则执行□□，否则执行△△”。

在这个基础上使用 elif，可以写出更加复杂的条件表达式：“如果○○，则执行□□；如果●●，则执行■■；如果都不是，则执行△△”。

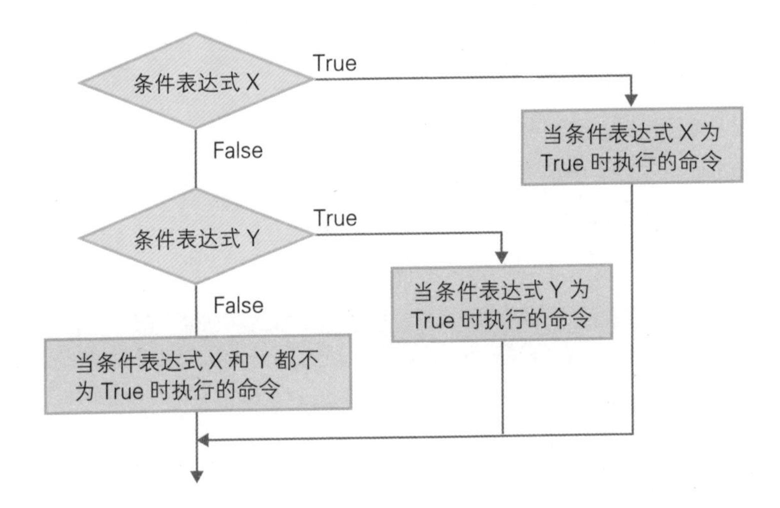

下面，我们将修改上一节的示例，使程序能够分别在成绩大于等于 90 分、大于等于 70 分、大于等于 50 分以及低于 50 分时，显示不一样的信息。

体验 使用 elif 创建多重分支

1 复制文件

在 VSCode 的“资源管理器”面板中，右键单击 0602 文件夹中的 if.py 文件❶，从弹出的菜单中选择“复制”❷。

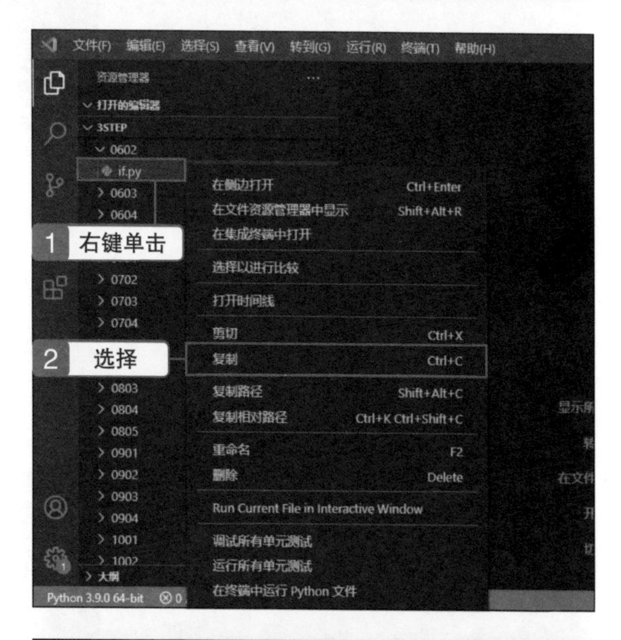

2 粘贴

右键单击 0603 文件夹❶，从弹出的菜单中选择“粘贴”❷。

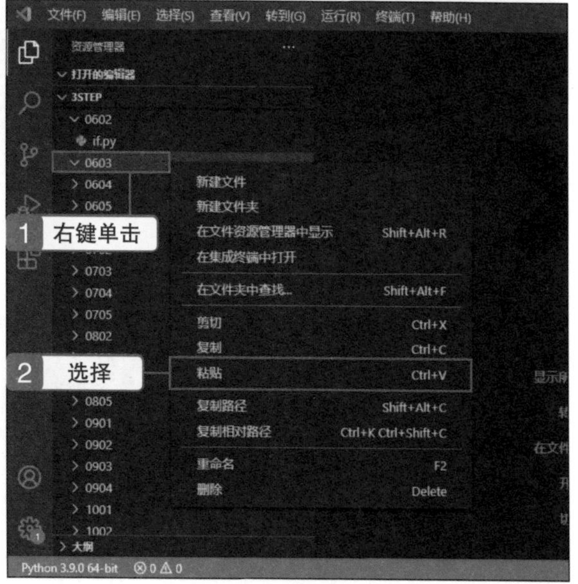

3 当成绩大于等于 90 分时

打开通过本节体验❶ ~ ❷得到的文件，如右图所示修改代码，添加当成绩大于等于 90 分时相应的提示信息❶。

在输入完毕后，单击▣（全部保存）按钮保存文件。

```
01: point = int(input('你的成绩是？ '))
02:
03: if point >= 90:
04:     print('真棒！毫无疑问，你合格了！ ')
05: elif point >= 70:
06:     print('恭喜你，合格了！ ')
07: else:
08:     print('很遗憾，不合格。')
```

4 运行代码

在“资源管理器”面板中，右键单击 if.py 文件❶，从弹出的菜单中选择“在终端中运行 Python 文件”❷。在文件运行后，程序会询问成绩是多少。我们先输入一个大于等于 90 的值并按下回车键❸，检查是否显示相应的提示信息❹。

再次运行这个文件。这次我们输入一个大于等于 70 且小于 90 的值并按下回车键❺。程序将显示当成绩大于等于 70 分时相应的提示信息❻。

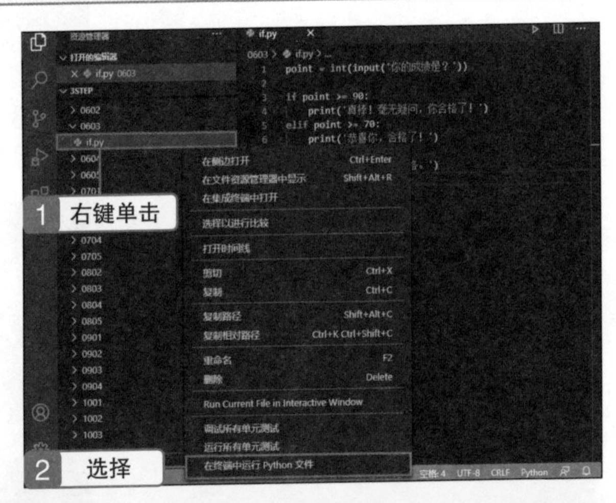

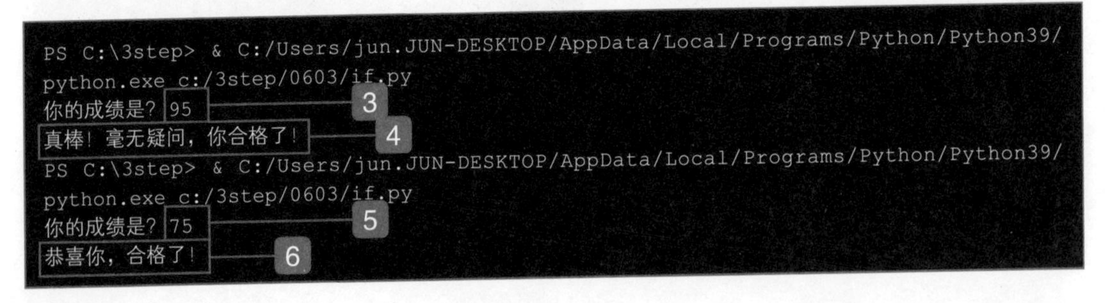

5 当成绩大于等于 50 分时

如右图所示修改本节体验③的代码，添加当成绩大于等于 50 分时相应的提示信息1。

在修改完毕后，单击（全部保存）按钮保存文件。

```
01: point = int(input('你的成绩是？ '))
02:
03: if point >= 90:
04:     print('真棒！毫无疑问，你合格了！ ')
05: elif point >= 70:
06:     print('恭喜你，合格了！ ')
07: elif point >= 50:
08:     print('真遗憾，差一点就合格了。')
09: else:
10:     print('很遗憾，不合格。')
```

1

6 运行代码

参考本节体验④运行 if.py 文件。首先，分别确认当成绩大于等于 90 分和大于等于 70 分时，程序能否返回正确的提示信息1。另外，可以看到，当输入的成绩大于等于 50 分且低于 70 分时，程序会返回当成绩大于等于 50 分时相应的提示信息2。

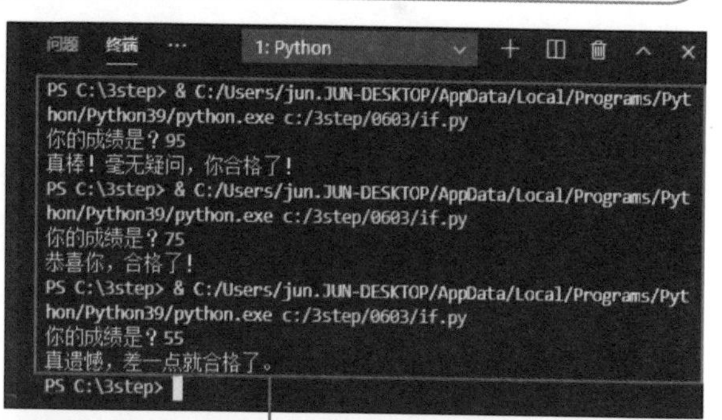

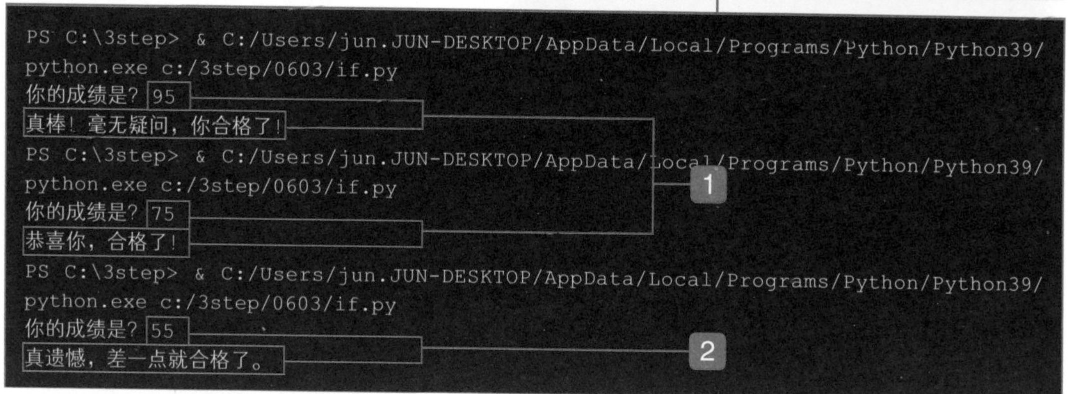

理解 elif 语句的基础知识

使用 elif 进一步判断

使用elif语句，可以让条件测试拥有 3 个或更多分支。这里请注意，不要将elif写成elseif或else if。

[语法] if...elif 语句

```
if 条件表达式 1:
    当条件表达式 1 为 True 时执行的命令
elif 条件表达式 2:
    当条件表达式 2 为 True 时执行的命令
    ...
else:
    当所有的条件表达式都不为 True 时执行的命令
```

我们可以创建与分支数相同多的elif块（本节体验❸）。在本节体验部分，我们只创建了 4 个分支（包括else部分），但其实也可以以相同的方式创建 5 个或更多分支。

被执行的代码块只有一个

对于本节体验❹的运行结果，有人可能会产生疑问：当变量point为 95 时，条件表达式point >= 90和point >= 70的结果都为True，所以不应该同时输出“真棒！毫无疑问，你合格了！”和“恭喜你，合格了！”吗？

但是，在实际运行代码后，最终得到的是本节体验❹中显示的结果。这是因为，在if...else中，即使多个条件表达式为True，也只执行第一个为True的代码块。

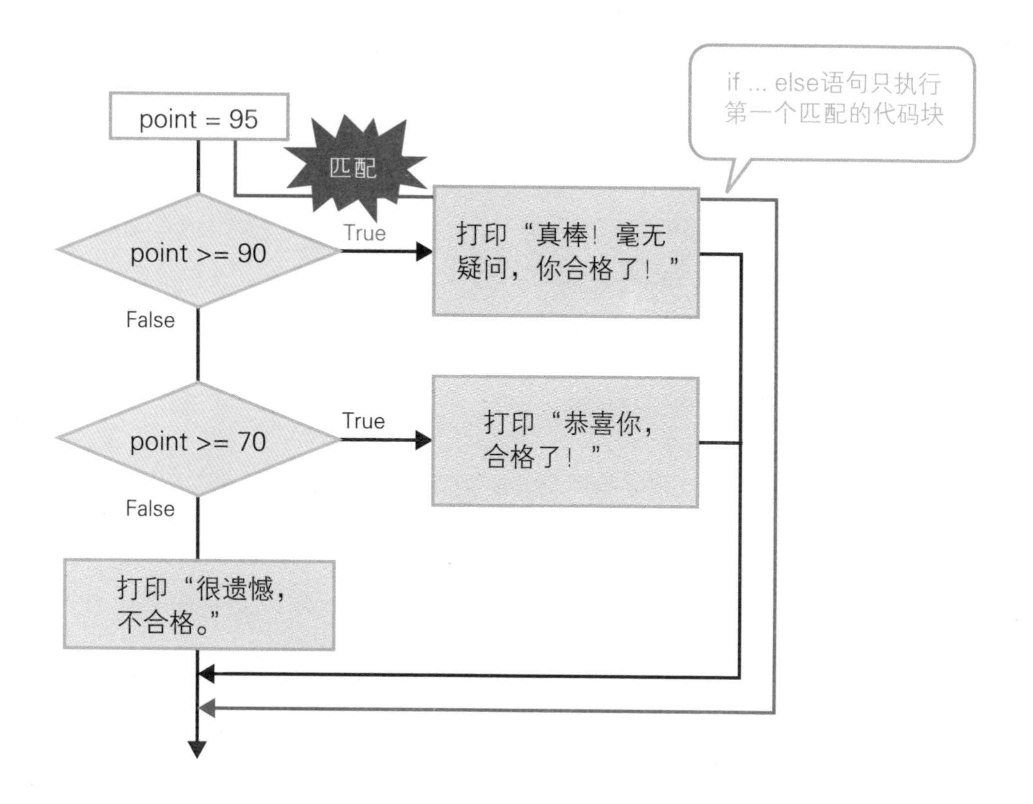

在本节体验❸中，第一个条件表达式 `point >= 90` 匹配，所以程序执行了它的代码块，而在它后面的所有代码块不仅不会执行，甚至不会进行条件判断。

因此，在使用 `elif` 添加表示范围的条件表达式时，应该从范围小的开始写起。

小　结

◎ 使用 `elif` 可以为条件测试添加多个条件表达式。

◎ 即使有多个条件匹配，也只执行第一个匹配条件的代码块。

◎ 在使用表示范围的条件表达式时，应先从范围小的表达式开始写。

条件测试

6.4 挑战更复杂的条件测试 (2)

示例程序 | [0604] → [nest.py]

预习 if 语句的嵌套

我们可以在 if、elif 和 else 块中添加新的 if 语句，这称为 if 语句的嵌套。使用嵌套的 if 语句，可以写出更加复杂的条件测试。

以下面这张流程图为例，首先对天气（晴天或下雨）进行判断。如果是下雨天，则接着判断是否要骑车，以最终判断是带伞出门，还是穿雨衣出门。像这样，通过嵌套 if 语句，可以使条件测试中有两个条件表达式。

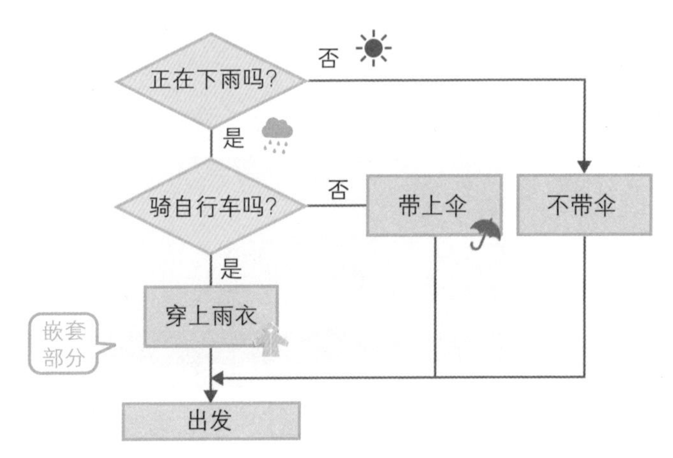

下面，我们将通过嵌套 if 语句来修改程序。在用户输入考试成绩后，如果成绩大于等于 70 分，则成绩合格；如果低于 70 分，则成绩不合格。此外，在不合格的成绩中，针对大于等于 50 分的成绩，将显示附加的提示信息。

体验 嵌套 if 语句

1 创建条件测试

参考 3.2 节体验①～②的操作，在 0604 文件夹中新建一个名为 nest.py 的文件。打开编辑器，输入如右图所示的代码1。在命令行中显示提示信息后，根据输入的成绩是否大于等于 70 分显示不同的信息2。

在输入完毕后，单击 （全部保存）按钮保存文件。

新建文件

```
01: point = int(input('你的成绩是？ '))      1
02:
03: if point >= 70:
04:     print('合格了！ ')
05: else:
06:     print('很遗憾，不合格。')          2
```

2 运行代码

在“资源管理器”面板中，右键单击 nest.py 文件1，从弹出的菜单中选择“在终端中运行 Python 文件”2。在文件运行后，程序会问成绩是多少。我们先输入一个小于 70 的值并按下回车键3，检查程序是否返回了当成绩不合格时相应的提示信息4。

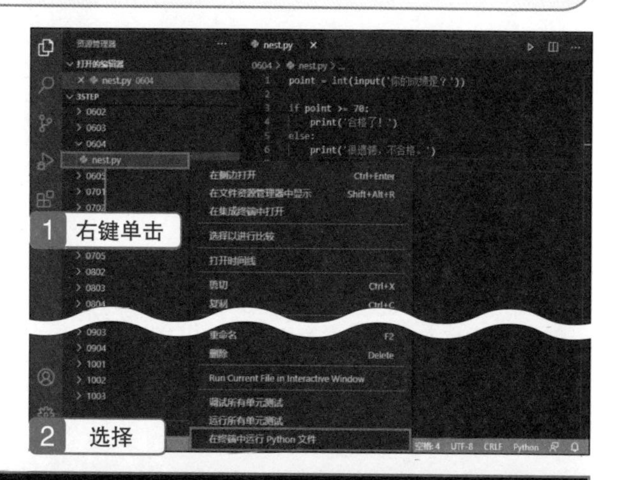


```
PS C:\3step> & C:/Users/jun.JUN-DESKTOP/AppData/Local/Programs/Python/Python39/
python.exe c:/3step/0604/nest.py
你的成绩是? 60        3
很遗憾，不合格。       4
```

3 嵌套 if 语句

如右图所示修改本节体验❶的代码，当输入的成绩低于 70 分时，让程序判断这个成绩是否大于等于 50 分，并显示相应的提示信息❶。

在修改完毕后，单击▣（全部保存）按钮保存文件。

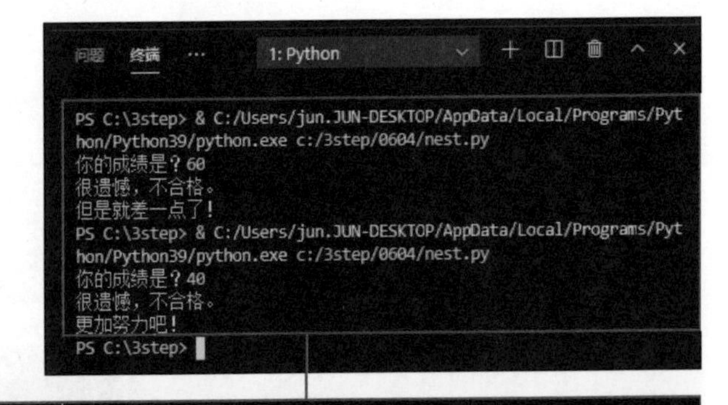

```
01: point = int(input('你的成绩是？'))
02:
03: if point >= 70:
04:     print('合格了！')
05: else:
06:     print('很遗憾，不合格。')
07:     if point >= 50:
08:         print('但是就差一点了！')
09:     else:
10:         print('更加努力吧！！')
```

4 运行代码

参考本节体验❷运行 nest.py 文件。首先，输入 60 并按下回车键，可以看到程序返回了当成绩不合格时相应的提示信息，同时返回了当成绩大于等于 50 分时相应的提示信息❶。

再次运行这个文件。这次我们输入 40 并按下回车键。程序将返回当成绩低于 50 分时相应的提示信息❷。

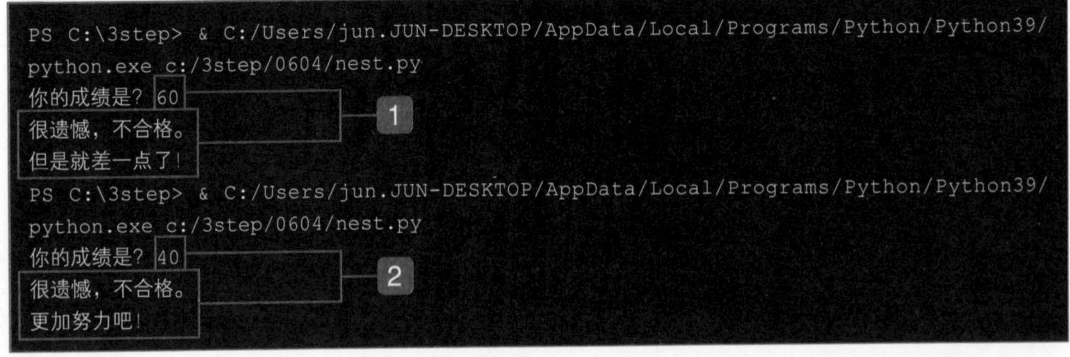

```
PS C:\3step> & C:/Users/jun.JUN-DESKTOP/AppData/Local/Programs/Python/Python39/
python.exe c:/3step/0604/nest.py
你的成绩是？60
很遗憾，不合格。
但是就差一点了！
PS C:\3step> & C:/Users/jun.JUN-DESKTOP/AppData/Local/Programs/Python/Python39/
python.exe c:/3step/0604/nest.py
你的成绩是？40
很遗憾，不合格。
更加努力吧！
```

如何嵌套 if 语句

将 if 或 else 块作为嵌套部分

正如 6.2 节所述，Python 使用缩进表示代码块。这就意味着，如果再嵌套其他代码块，就需要在缩进过的代码块中继续缩进。

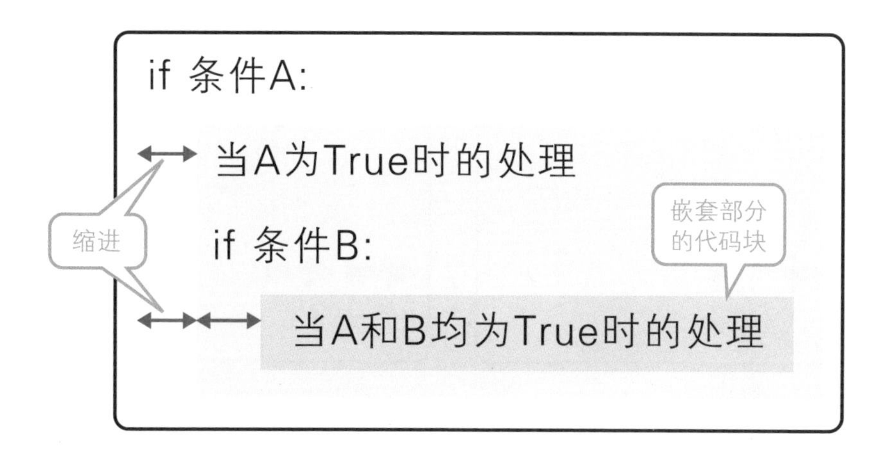

这里在 `if` 块中嵌套了 `if` 块，除此之外，我们还可以嵌套 `elif` 块和 `else` 块，或者后面章节将介绍的 `for` 块和 `while` 块。此外，还可以同时使用 `if`、`for` 和 `while` 等多个不同的代码块进行嵌套。具体的例子请参考相关章节。

COLUMN　多重嵌套

我们可以在嵌套的 `if` 块中再嵌套别的 `if` 块。虽然 Python 对嵌套的层数没有限制，但是嵌套的层数越多，代码就越难理解，因此一般不推荐嵌套超过 3 层。

注意缩进

此外，在使用代码块进行嵌套时，还要注意缩进程度。如果要在最外侧的 `if` 块外面继续编写代码，就不能像下图左侧那样缩进。

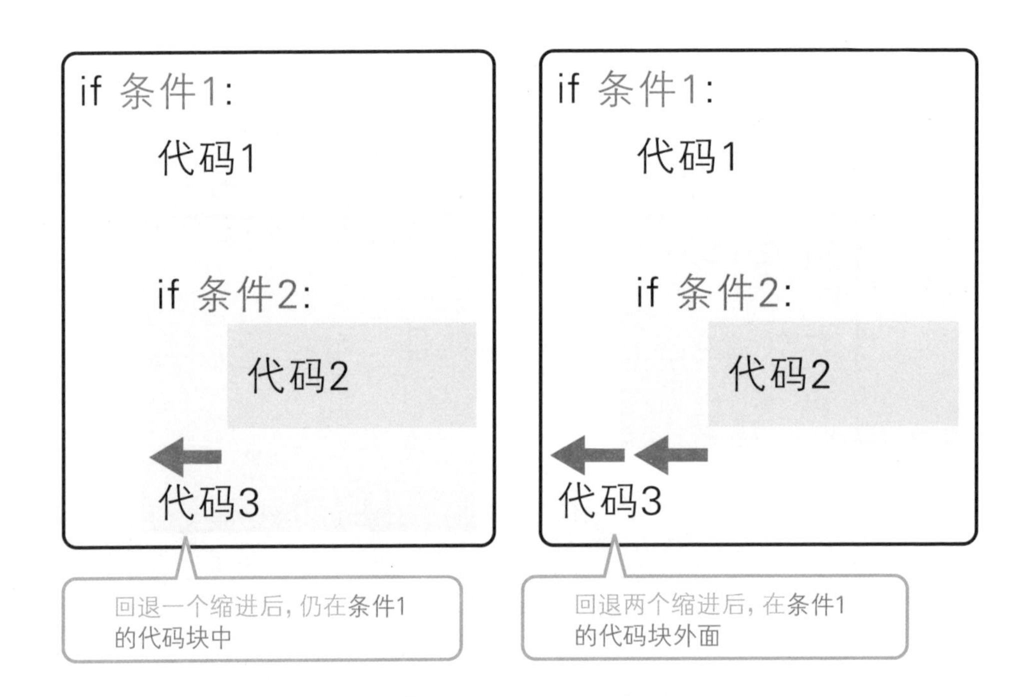

在左侧的例子中，因为代码 3 的缩进和条件 2 的 `if` 语句的缩进相同，所以代码 3 被视为条件 1 的代码块的一部分。要想完全退出代码块，就必须将缩进回退到最外侧的 `if` 语句的位置（如右侧的例子所示）。

COLUMN 使用缩进的优势

使用缩进表示代码块，还可以使代码块的范围清晰可见。

比如，在 JavaScript 等语言中，使用大括号表示代码块。按照习惯，我们会在代码块中添加缩进，但其实即使不缩进，程序也不会报错。

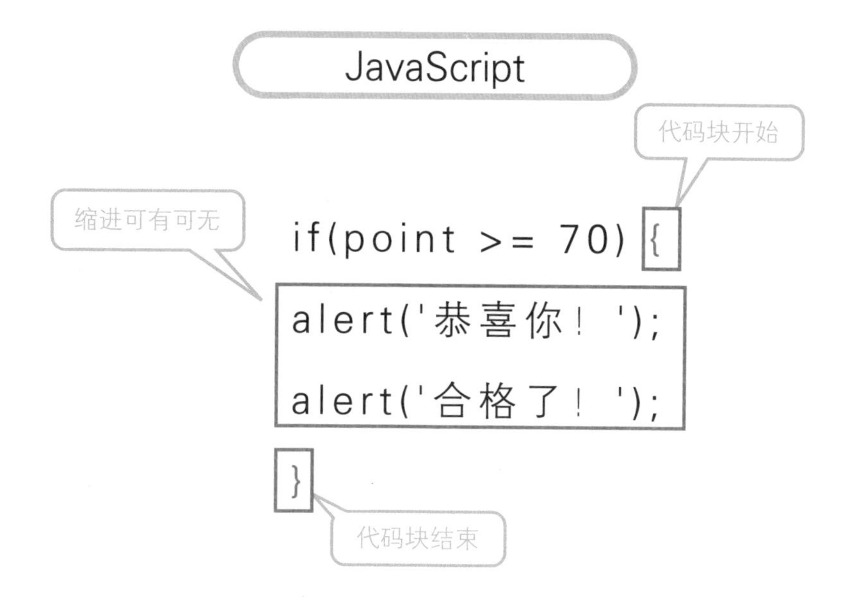

缩进在某种程度上只是为了提高代码可读性，因此是否缩进取决于开发人员。但是，Python 强制将缩进作为语法的一部分。因此，只要遵守语法，就可以写出易于阅读的代码了。

小 结

◎ 在 if 块中加入新的 if 块称为嵌套。

◎ 不仅是 if 块，也可以嵌套 while 块和 for 块。

◎ 在将代码块作为嵌套语句时，要时刻注意当前的缩进位置。

条件测试

6.5 复合条件测试

示例程序 | [0605] → [logic.py]

预习 使用逻辑运算符组合条件表达式

在表示更复杂的条件表达式时，除了嵌套，还可以使用逻辑运算符组合条件表达式，写出更加复杂的条件表达式。

举例来说，“如果在下雨天骑车出门”这样的条件，就可以使用逻辑运算符组合为一个条件表达式。

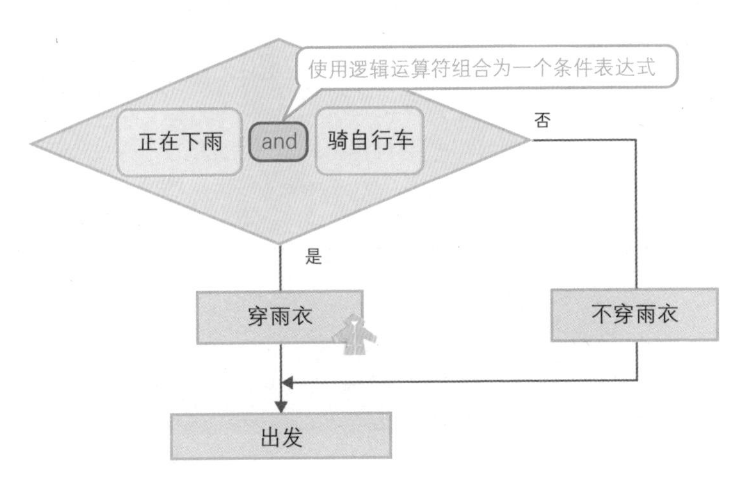

下面，我们将使用逻辑运算符修改上一节的程序：在用户输入语文和数学的成绩后，如果两科的成绩均大于等于 70 分，则显示“合格了！”；如果只有一科成绩大于等于 70 分，则显示“还差一点！攻克薄弱科目吧！”；如果两科均低于 70 分，则显示“很遗憾，不合格。”。

体验 使用逻辑运算符表示复合条件表达式

1 创建条件测试

参考 3.2 节体验❶ ~ ❷的操作，在 0605 文件夹中新建一个名为 logic.py 的文件。打开编辑器，输入如右图所示的代码。在命令行中输入语文和数学的成绩后❶，根据两科的成绩是否大于等于 70 分显示不同的信息❷。

在输入完毕后，单击 （全部保存）按钮保存文件。

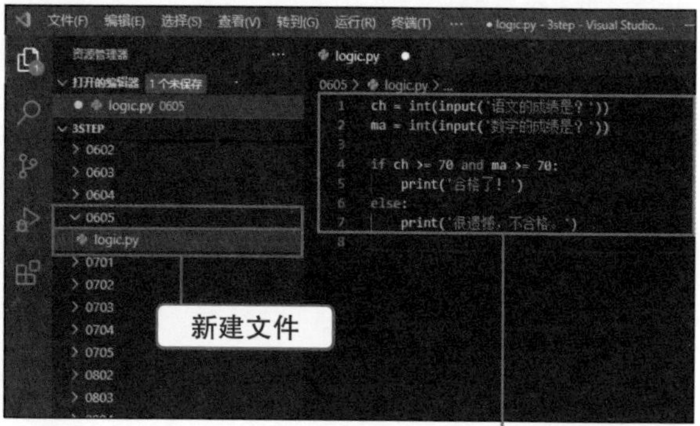

新建文件

```
01: ch = int(input('语文的成绩是? '))
02: ma = int(input('数学的成绩是? '))
03:
04: if ch >= 70 and ma >= 70:
05:     print('合格了!')
06: else:
07:     print('很遗憾，不合格。')
```

2 添加当其中一科低于 70 分时相应的提示信息

如右图所示修改本节体验❶的代码。添加当语文和数学成绩中有一科低于 70 分时相应的提示信息❶。

在修改完毕后，单击 （全部保存）按钮保存文件。

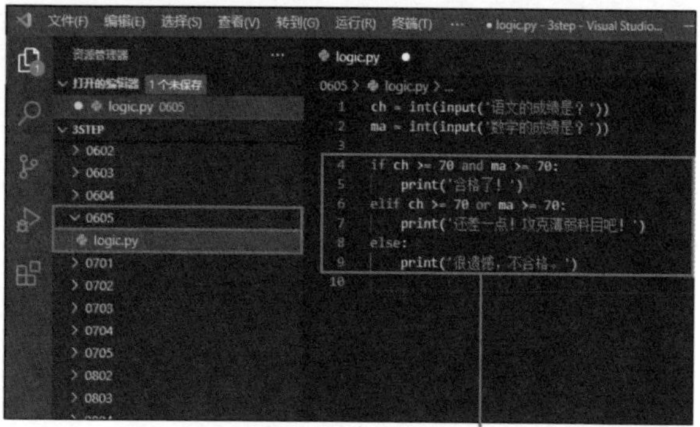

```
04: if ch >= 70 and ma >= 70:
05:     print('合格了! ')
06: elif ch >= 70 or ma >= 70:
07:     print('还差一点! 攻克薄弱科目吧! ')
08: else:
09:     print('很遗憾，不合格。')
```

3 运行代码

在“资源管理器”面板中，右键单击 logic.py 文件1，从弹出的菜单中选择“在终端中运行 Python 文件”2。在运行文件后，程序会询问语文和数学成绩。首先都输入大于等于 70 的值并按下回车键3。检查程序是否返回当成绩合格时相应的提示信息4。

然后，我们再看一下当“语文和数学中有一科低于 70 分”5和“语文和数学都低于 70 分”6时，程序返回的是什么样的信息。

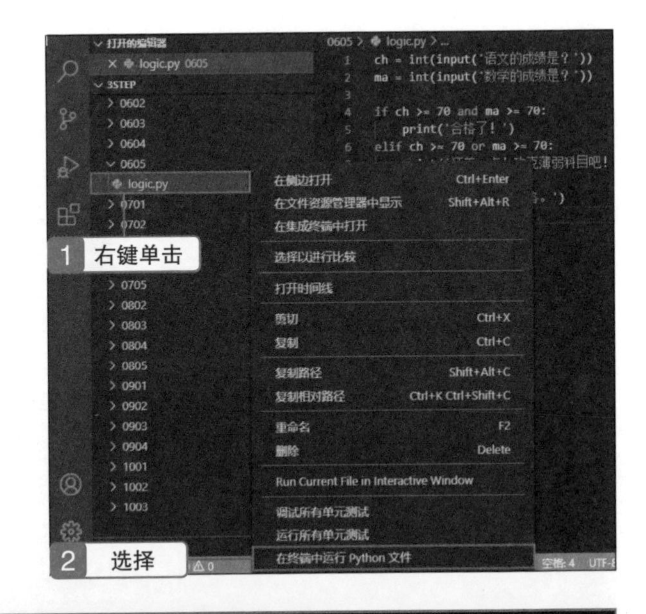

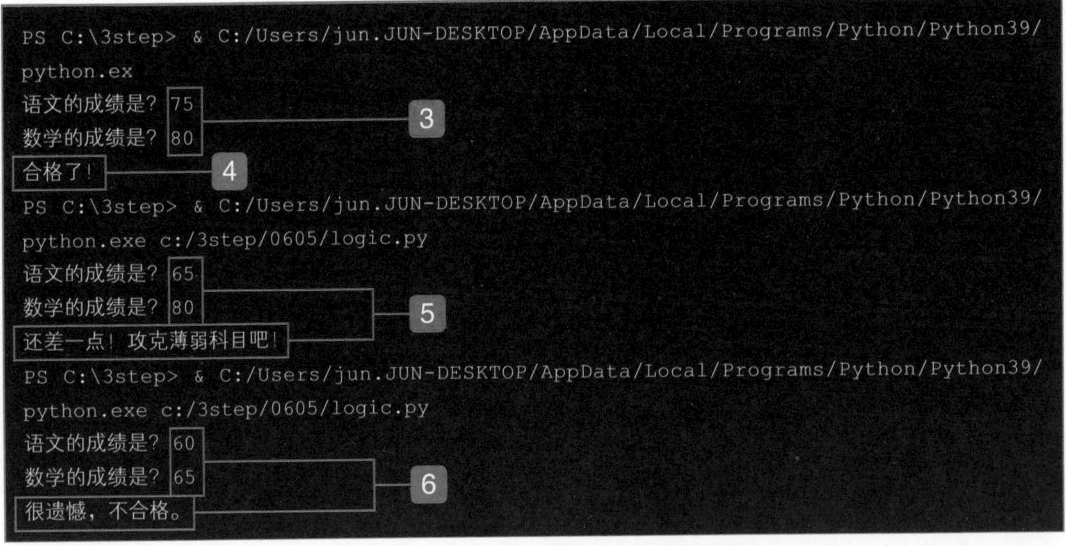

理解 逻辑运算符

什么是逻辑运算符

逻辑运算符是用于连接返回 True 或 False 的表达式（条件表达式）的运算符。例如，在本节体验❶中，逻辑运算符 and 连接了条件表达式 ch >= 70（变量 ch 大于等于 70）和条件表达式 ma >= 70（变量 ma 大于等于 70），表示“变量 ch 大于等于 70 且变量 ma 大于等于 70”（这里的“且”可以理解成“同时满足”）。

在上述条件表达式中，只有当 ch >= 70 和 ma >= 70 同时为 True 时，表达式才返回 True。

可以替代嵌套使用

我们还能使用逻辑运算符达到 6.4 节提到的嵌套的效果。比如，下面的代码在本质上是一样的。

```
if ch >= 70 and ma >= 70:
    print('合格了！')
```

```
if ch >= 70:
    ■ ←❶
    if ma >= 70:
        print('合格了！')
    ■ ←❷
```

但是，嵌套层数越多，代码就越难理解。从上面这个例子可以看出，使用逻辑运算符可以写出更加简洁的条件表达式。

COLUMN 什么时候使用嵌套

如果上面这个例子中的 ❶❷ 处有代码，那就必须使用嵌套了。换句话说，如果有只在 ch >= 70 为 True 时执行的操作，就要使用嵌套。

如果代码块中只有别的代码块，那么可以考虑改进条件表达式。

>>> 表示“或”的运算符

与“●○且■□”（and 条件）相对，“●○或■□”称为 or 条件。or 条件是指，如果任意一方为 True，则整个条件表达式为 True。

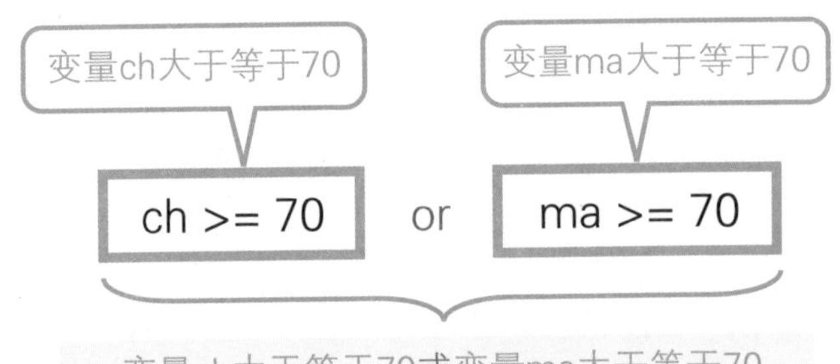

以本节体验❷的代码为例，通过将条件表达式 ch >= 70 和 ma >= 70 用逻辑运算符 or 连接，条件表达式就表示“变量 ch 大于等于 70 或变量 ma 大于等于 70”。

显然，如果变量 ch 和 ma 均小于 70，则不满足上述条件表达式。此外，在本节体验❷中，因为两个变量 ch 和 ma 均大于等于 70 的情况已经匹配了前一个条件表达式，所以只有 ch 或 ma 大于等于 70 的情况匹配这个条件表达式。

>>> 逻辑运算符的规则

现在让我们总结一下 and 和 or 的规则。

左侧表达式	右侧表达式	and	or
True	True	True	True
True	False	False	True
False	True	False	True
False	False	False	False

这些规则也可以使用维恩图表示。and 就表示两者的重叠部分，or 就表示任意一方，如下图所示。

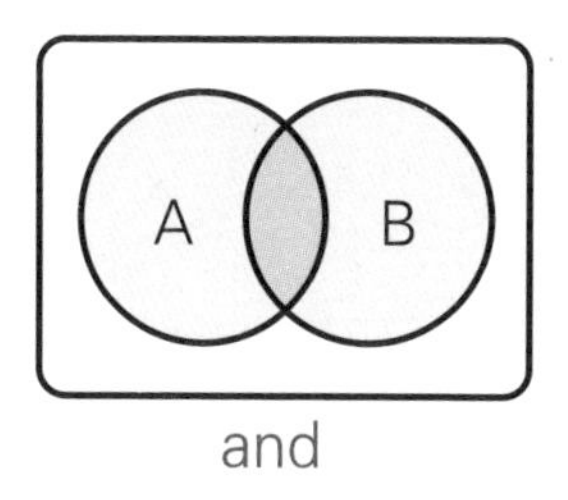

and

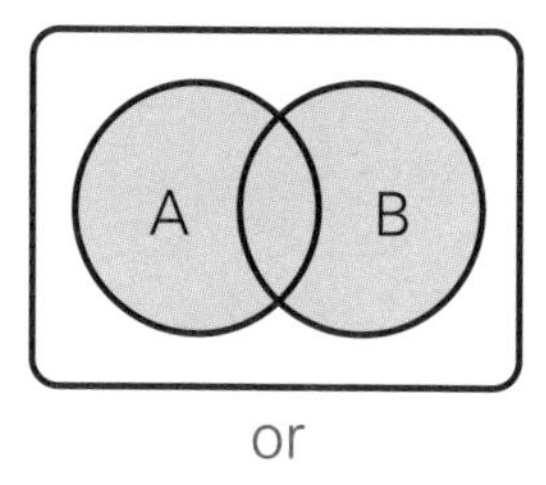

or

COLUMN 另一个逻辑运算符——not

除了在本节体验部分介绍的 and 和 or，还存在一个逻辑运算符 not。not 可以反转表达式的结果（把 True 变成 False，把 False 变成 True）。

```
flag = True
print(not flag) # 结果: False
```

在上面这个例子中，变量 flag 为 True，因此在加上运算符 not 后，结果为 False。

小 结

◎ 可以使用逻辑运算符组合多个条件表达式。

◎ 只有当两侧的表达式均为 True 时，and 运算符才返回 True。

◎ 只要两侧的表达式中的任意一个为 True，or 运算符就返回 True。

第 6 章　练习题

■练习题 1

下面是一个根据成绩输出评价的程序。当分数为 90 分及以上、70 分 ~ 89 分、50 分 ~ 69 分，以及低于 50 分时，分别输出优、良、中、差。请在空白处填入适当的代码，并完成程序。

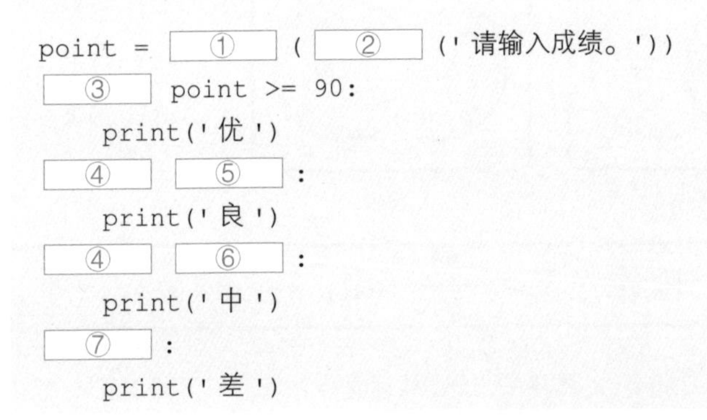

■练习题 2

右侧是一个判断变量 answer1 和 answer2 是否为 1 或 5 的程序。程序将根据输入的答案，返回“两个答案都对”“只有答案 1 是对的”“只有答案 2 是对的”和“两个答案都不对”。代码中存在 4 处错误，请将它们改正，使程序正常运行。

```
# answer.py

answer1 = input('练习题 1 的答案是？ ')
answer2 = input('练习题 2 的答案是？ ')

if answer1 == 1 or answer2 == 5:
    print('两个答案都对')
else:
    if answer1 == 1:
        print('只有答案 1 是对的')
elif answer2 == 5:
    print('只有答案 2 是对的')
else:
    print('两个答案都不对')
```

循环

7.1 仅在满足条件时执行操作

7.2 按顺序取出列表和字典中的值

7.3 指定循环次数

7.4 强制终止循环

7.5 跳出当前循环

第 7 章 循环

7.1 仅在满足条件时执行操作

示例程序 | [0701] → [while.py]

预习 什么是循环

在编程时，我们可能需要把同样的操作重复多次。比如想把某个字符串显示 10 次，那么以我们现在所学的知识，需要执行 10 次 `print` 函数。

即便执行 10 次，也没什么不便，但如果要重复执行 1000 次就很棘手了。为此，我们可以利用循环结构。

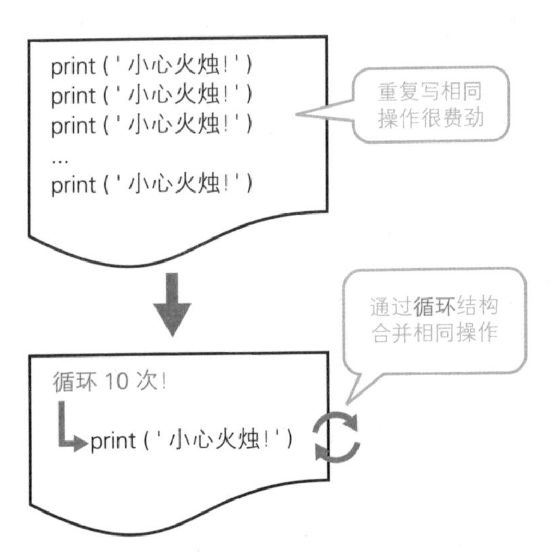

通过循环语句，可以重复执行某个固定的操作。循环和条件测试一样重要，是编写程序时必不可少的控制语句之一。

体验 使用循环执行相同操作

1 准备代码

参考 3.2 节体验①～②的操作，在 0701 文件夹中新建一个名为 while.py 的文件。打开编辑器，输入如右图所示的代码。仅当变量 num 小于 10 时，输出"●○只羊……"1。

在输入完毕后，单击（全部保存）按钮保存文件。

新建文件

```
01: num = 1
02:
03: while num < 10:
04:     print(num, '只羊……')
05:     num += 1
```

2 运行代码

在"资源管理器"面板中，右键单击 while.py 文件1，从弹出的菜单中选择"在终端中运行 Python 文件"2。运行结果如下图所示，信息输出了 9 次。

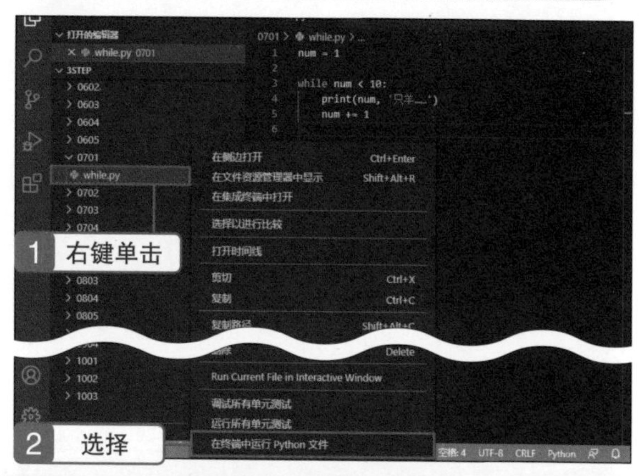

运行结果

```
PS C:\3step> & C:/Users/jun.JUN-DESKTOP/AppData/Local/Programs/Python/Python39/
python.exe  c:/3step/0701/while.py
1 只羊……
2 只羊……
3 只羊……
4 只羊……
5 只羊……
6 只羊……
7 只羊……
9 只羊……
```

理解　循环的基础知识

如何使用 while 语句

while 语句的用法如下。

[语法] while 语句

```
while 条件表达式：
    当条件表达式为 True 时执行的命令
```

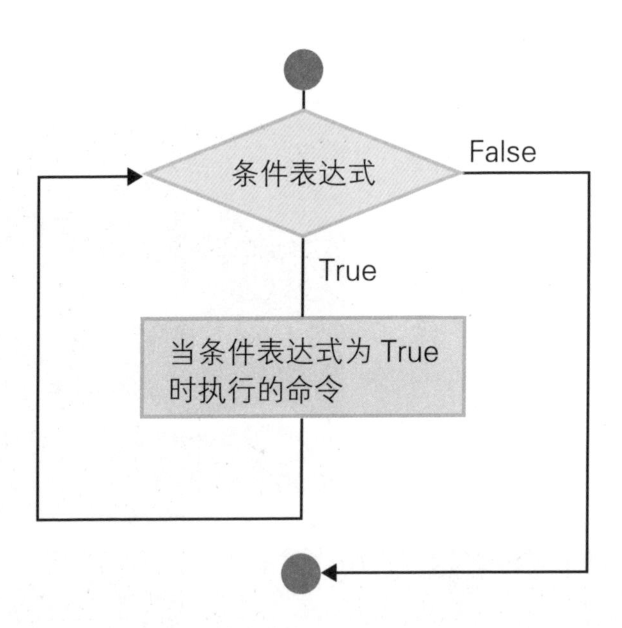

while 语句会重复执行代码块中定义的操作。但是，如果代码中只有重复执行的语句，那么程序将永远不会终止。

因此，我们需要使用条件表达式来设定结束循环的条件。在本节体验❶的例子中，num < 10 就是条件表达式，循环只会在变量 num 小于 10 时重复执行。换句话说，当变量 num 大于等于 10 时，循环结束。

>>> 赋值运算符

我们将结合了赋值和其他运算功能的运算符称为复合赋值运算符。比如，`num += 1` 和 `num = num +1` 的含义相同，它将“给变量 num 的值加 1”与“将结果赋给变量 num”这两个操作结合到了一个运算符中。

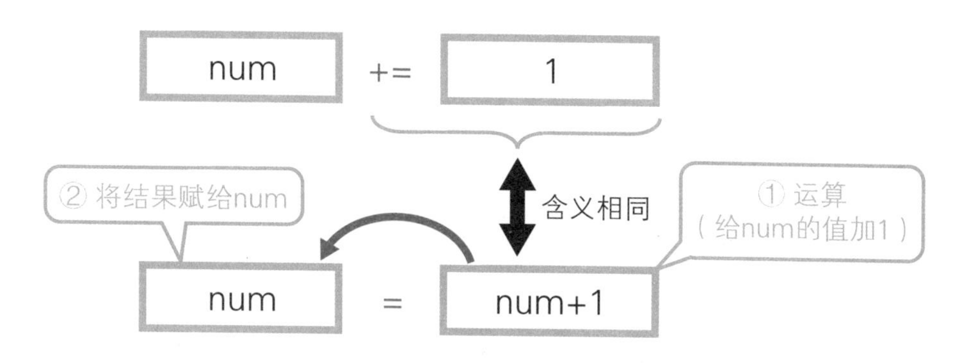

除了 += 以外，-=、*=、/= 也都是复合赋值运算符（比如，`num -= 2` 就相当于 `num = num - 2`）。

通常我们会在需要对变量本身进行加减运算时使用复合赋值运算符。

小　结

◎ `while` 语句仅在条件表达式为 `True` 时执行循环操作。

◎ 通过复合赋值运算符，可以同时执行运算和赋值操作。

第 7 章　循环

7.2 按顺序取出列表和字典中的值

示例程序 | [0702] → [for.py]、[for_dict.py]

预习　字典与循环

在处理列表或字典时，经常会用到循环。正如 5.1 节和 5.3 节提到的那样，列表和字典是一种统一管理多个数据的数据类型。通过统一管理，Python 可以方便地执行相同的操作，比如显示列表中的所有数据、处理字典中的所有数据等。

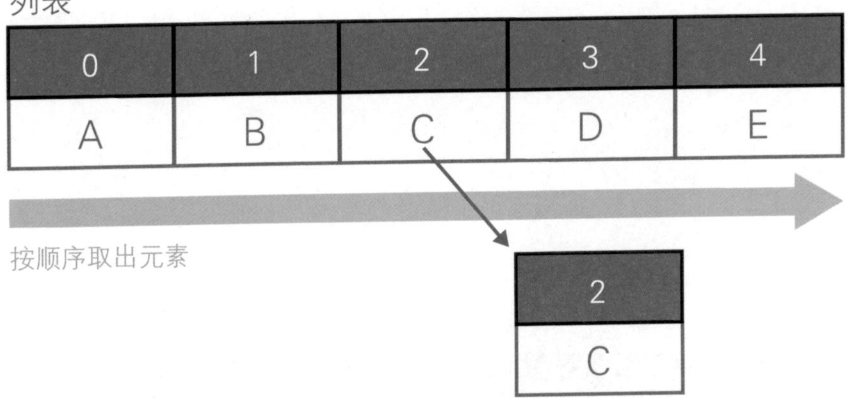

使用 `for` 语句可以按顺序取出列表和字典中的数据。

下面，我们将使用 `for` 语句分别按顺序取出列表和字典中的元素。

体验 从列表和字典中按顺序取出值

1 准备列表

参考 3.2 节体验❶ ~ ❷的操作，在 0702 文件夹中新建一个名为 for.py 的文件。打开编辑器，输入如右图所示的代码，定义一个字符串列表❶。

在输入完毕后，单击 （全部保存）按钮保存文件。

>>> Tips

如果列表中的元素过长，则最好在适当的地方换行。在换行的情况下，要将第二行和后续行的元素缩进，使之与第一行对齐。

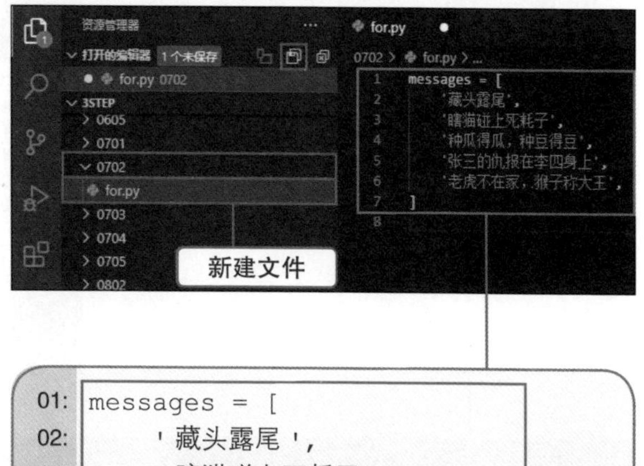


```
01: messages = [
02:         '藏头露尾',
03:         '瞎猫碰上死耗子',
04:         '种瓜得瓜，种豆得豆',
05:         '张三的仇报在李四身上',
06:         '老虎不在家，猴子称大王',
07: ]
```

2 从列表中取出值

如右图所示，在本节体验❶的代码后添加代码，遍历列表，并按顺序输出元素的值❶。

在输入完毕后，单击 （全部保存）按钮保存文件。

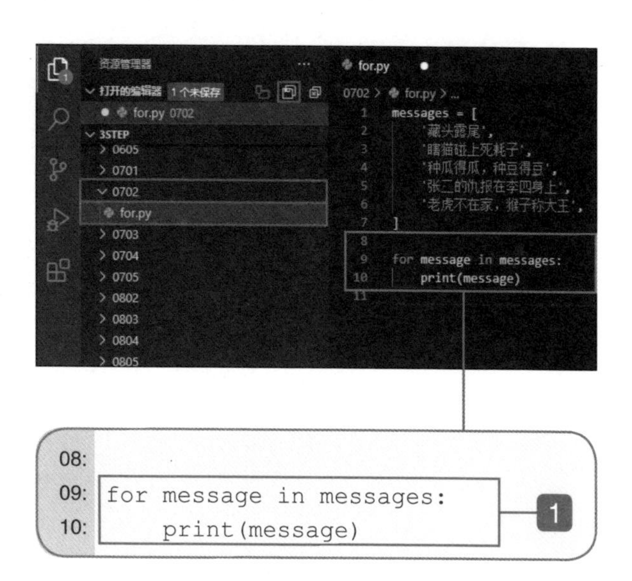

```
08:
09: for message in messages:
10:     print(message)
```

3 运行代码

在“资源管理器”面板中，右键单击 for.py 文件1，从弹出的菜单中选择“在终端中运行 Python 文件”2。运行结果如下图所示，程序按顺序输出了列表中的数据。

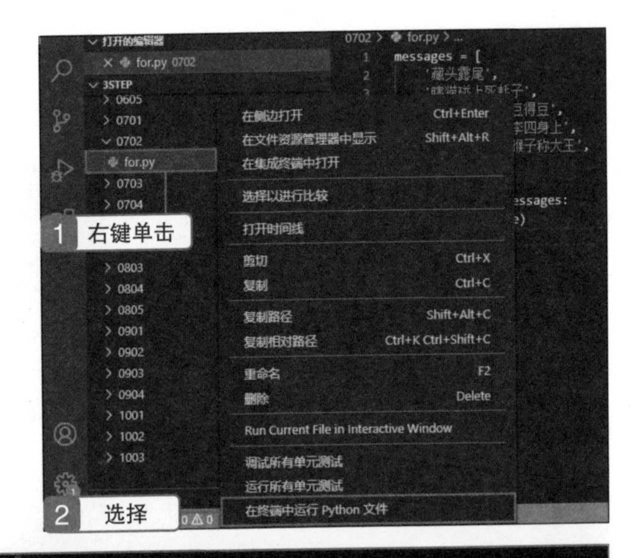

运行结果

```
PS C:\3step> & C:/Users/jun.JUN-DESKTOP/AppData/Local/Programs/Python/Python39/
python.exe  c:/3step/0702/for.py
藏头露尾
瞎猫碰上死耗子
种瓜得瓜，种豆得豆
张三的仇报在李四身上
老虎不在家，猴子称大王
```

4 准备字典

参考本节体验1的操作，在 0702 文件夹中新建一个名为 for_dict.py 的文件。打开编辑器，输入如右图所示的代码，创建一个保存了字符串的字典1。

在输入完毕后，单击（全部保存）按钮保存文件。

新建文件

```
01: addresses = {
02:     '名无权兵卫': '千叶县千叶市美芳町1-1-1',
03:     '山田太郎': '东京都练马区藏王町2-2-2',
04:     '铃木花子': '埼玉县所泽市大竹町3-3-3',
05: }
```

5 从字典中取出数据

如右图所示，在本节体验④的代码后添加代码，遍历字典，按顺序以“键：值”的形式取出数据并输出1。

在输入完毕后，单击▣（全部保存）按钮保存文件。

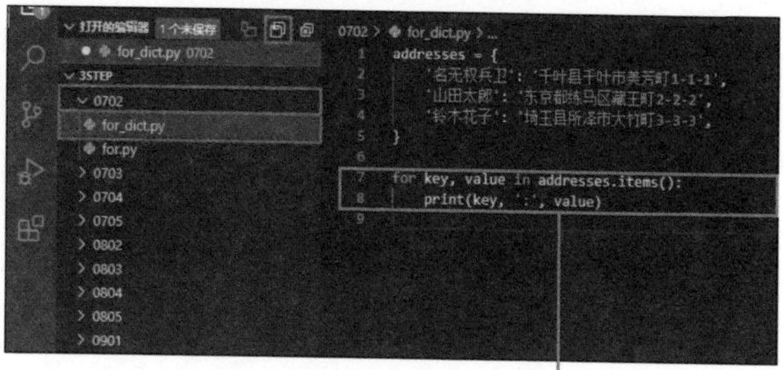

```
06:
07: for key, value in addresses.items():
08:     print(key, ': ', value)
```

6 运行代码

参考本节体验③运行 for_dict.py 文件。可以看到程序按顺序输出了字典中的数据。

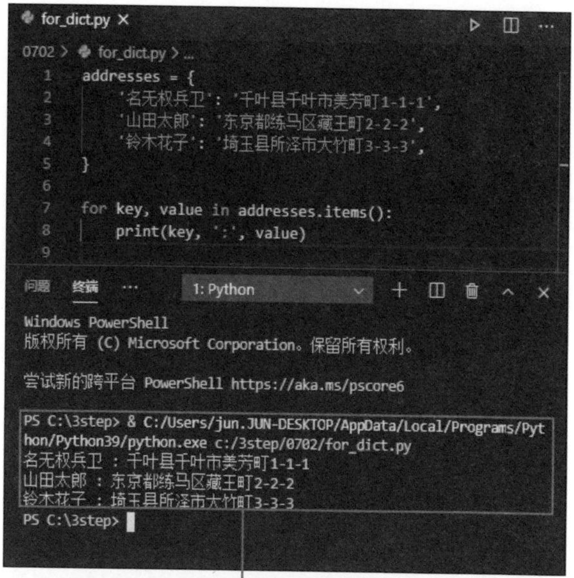

```
PS C:\3step> & C:/Users/jun.JUN-DESKTOP/AppData/Local/Programs/Python/Python39/python.exe  c:/3step/0702/for_dict.py
名无权兵卫 ： 千叶县千叶市美芳町1-1-1
山田太郎 ： 东京都练马区藏王町2-2-2
铃木花子 ： 埼玉县所泽市大竹町3-3-3
```

运行结果

理解 for 语句

for 语句的用法（列表）

`for` 语句的用法如下。

[语法] for 语句（列表）

```
for 临时变量 in 列表：
    用来处理列表中的数据的命令
```

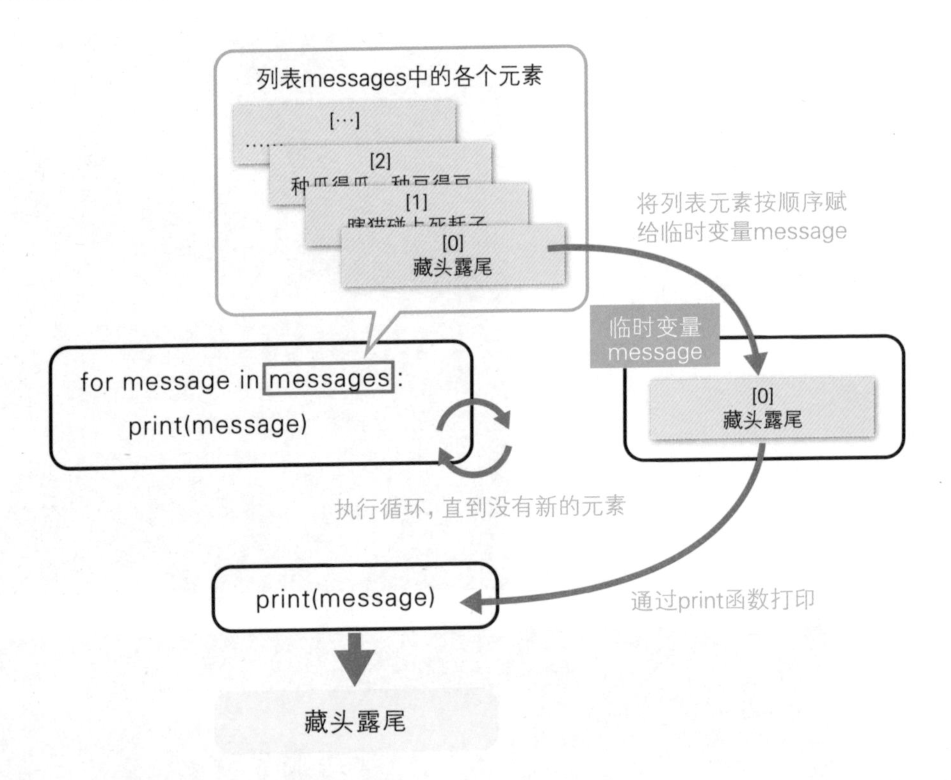

首先，从指定的列表中按顺序取出元素，并赋给临时变量。然后，在 `for` 块中，使用临时变量对取出的元素进行处理。

本节体验❷中直接显示了各个元素的值，但是在通常情况下，我们会对取出的元素进行一定的处理或计算。临时变量拿到的只是元素的副本，因此在代码块中对临时变量进行的处理并不会影响到原始的列表。

for 语句会重复执行，直到将列表中的所有数据读完为止。

>>> for 语句的用法（字典）

我们可以通过下面的语法，从字典中取出所有的键值对。

[语法] for 语句（字典）

```
for 键的临时变量，值的临时变量 in 字典 .items():
    用来处理字典中的数据的命令
```

items 是字典中可以使用的方法，能将字典中的数据以“（键， 值）”形式的元组列表返回。

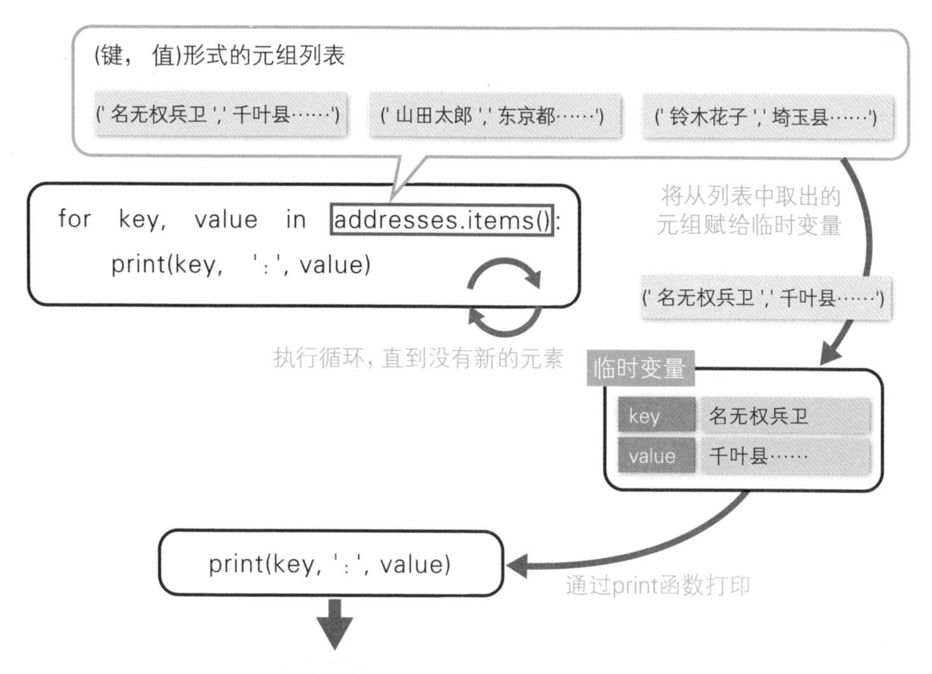

上面的语法用来将字典中的键和值以元组列表的形式取出，并分别赋给相应的临时变量进行处理。因为元组中包含两个值，所以接收部分的临时变量也有两个。

>>> 从字典中取出键或值

我们也可以通过 keys 或 values 方法从字典中仅取出键或仅取出值。

[语法] for 语句（字典的键）

```
for 临时变量 in 字典 .keys():
    用来处理字典中的数据的命令
```

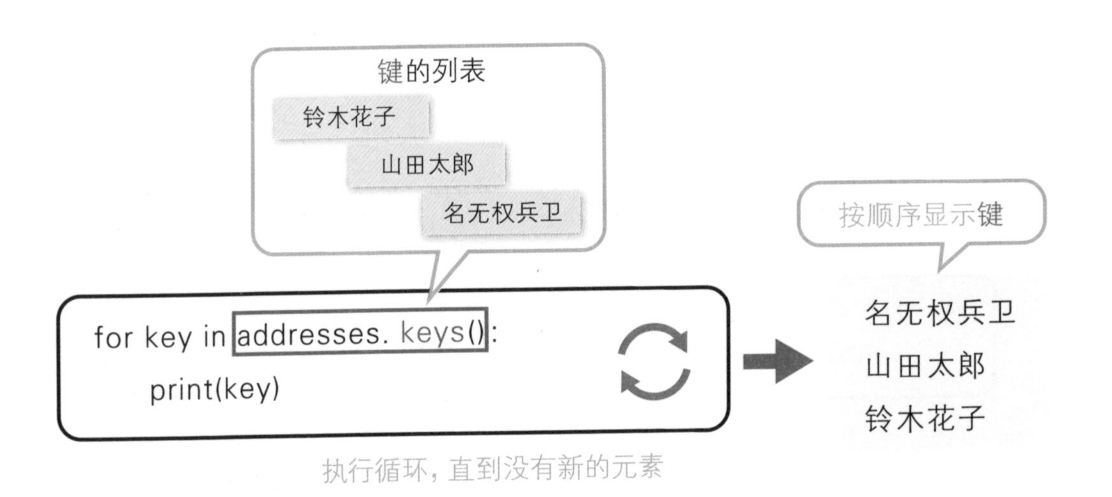

[语法] for 语句（字典的值）

```
for 临时变量 in 字典 .values():
    用来处理字典中的数据的命令
```

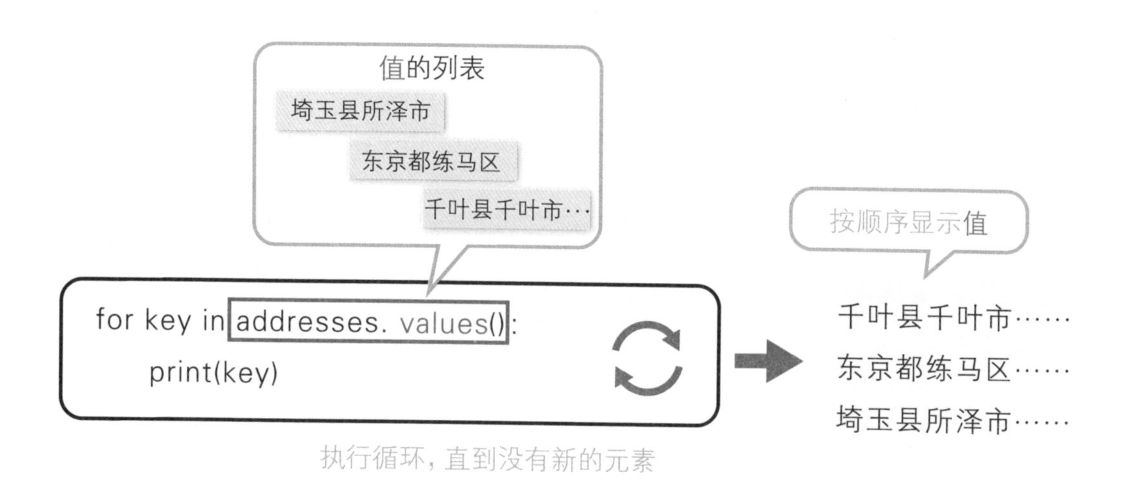

使用 keys 或 values 方法可以将字典中所有的键或值以列表的形式返回。因为列表中仅包含键和值中的任意一个，所以只需使用一个临时变量就可以了。

小　结

◎ 使用 for 语句可以从列表或字典中按顺序取出所有元素。

◎ 使用 items 方法可以从字典中取出所有的键值对。

◎ 使用 keys 或 values 方法可以从字典中仅取出键或仅取出值。

第 7 章　循环

7.3 指定循环次数

示例程序 | [0703] → [range.py]

预习　第三种循环语句

循环主要由“需要重复执行的操作”和“继续循环的条件”组成。“需要重复执行的操作”在所有循环语句中通用，而“继续循环的条件”则根据语法的不同而改变 。

例如，7.1 节的 `while` 循环根据条件表达式的 `True` 或 `False` 来控制循环，这是一种最简单的循环语句。此外，7.2 节的 `for` 循环则重复执行操作，直到读取了列表或字典中的所有元素为止。

本节介绍的循环语句可以指定循环次数。

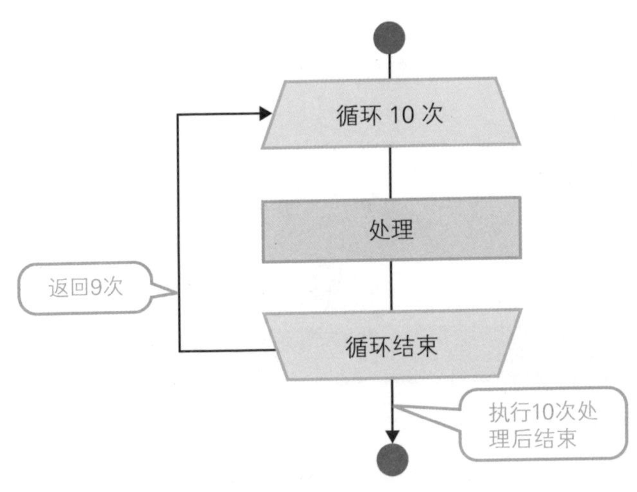

这里将介绍一个与 7.1 节一样重复输出“●○只羊……”的例子。大家可以留意一下两种方法在语法上的差别。

体验 创建可以指定循环次数的循环

1 准备工作

参考 3.2 节体验❶ ~ ❷的操作，在 0703 文件夹中新建一个名为 range.py 的文件。打开编辑器，输入如右图所示的代码，让程序输出 10 次“●○只羊……”❶。

在输入完毕后，单击（全部保存）按钮保存文件。

新建文件

```
01: for num in range(10):
02:     print(num, '只羊……')
```

2 运行代码

在“资源管理器”面板中，右键单击 range.py 文件❶，从弹出的菜单中选择“在终端中运行 Python 文件”❷。运行结果如下图所示，信息输出了 10 次。

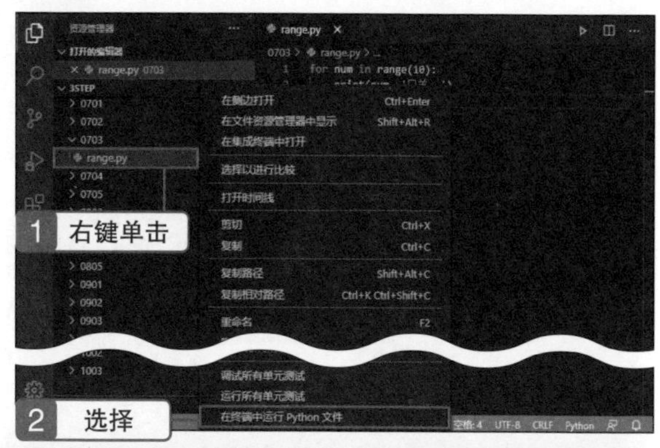

运行结果

```
PS C:\3step> & C:/Users/jun.JUN-DESKTOP/AppData/Local/Programs/Python/Python39/
python.exe c:/3step/0703/range.py
0 只羊……
1 只羊……
2 只羊……
3 只羊……
4 只羊……
5 只羊……
6 只羊……
7 只羊……
8 只羊……
9 只羊……
```

3 修改范围

如右图所示修改本节体验❶的代码。这样一来，循环会在 5 ~ 9 之间重复执行 5 次[1]。

```
… range.py ●
0703 > range.py > ...
1  for num in range(5, 10):
2      print(num, '只羊……')
3
```

```
01: for num in range(5, 10):
02:     print(num, '只羊……')
```

[1]

4 运行代码

参考本节体验❷运行 range.py 文件。确认信息是否输出了 5 次，以及数值是否从 5 开始依次递增。

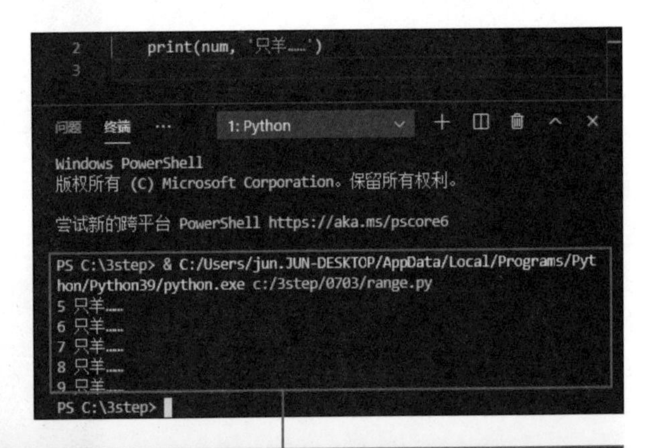


```
PS C:\3step> & C:/Users/jun.JUN-DESKTOP/AppData/Local/Programs/Python/Python39/
python.exe  c:/3step/0703/range.py
5 只羊……
6 只羊……
7 只羊……
8 只羊……
9 只羊……
```

运行结果

5 修改增量

如右图所示修改本节体验❸的代码。将范围修改为 0 ~ 9，每次递增 3，如此循环会重复执行 4 次[1]。

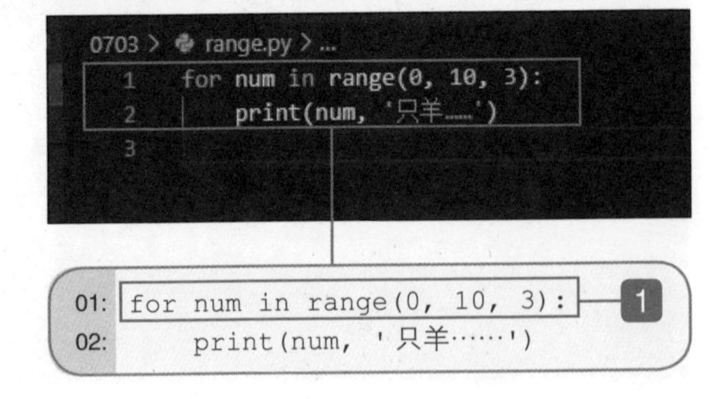

6 运行代码

参考本节体验❷运行 range.py 文件。确认信息是否输出了 4 次，且数值是否每次递增 3。

```
PS C:\3step> & C:/Users/jun.JUN-DESKTOP/AppData/Local/Programs/Python/Python39/python.exe c:/3step/0703/range.py
0 只羊……
3 只羊……
6 只羊……
9 只羊……
PS C:\3step>
```

```
PS C:\3step> & C:/Users/jun.JUN-DESKTOP/AppData/Local/Programs/Python/Python39/
python.exe  c:/3step/0703/range.py
0 只羊……
3 只羊……
6 只羊……
9 只羊……
```

运行结果

7 将增量修改为负数

如右图所示修改本节体验❺的代码。在将范围修改为 10 ~ 1 后，循环会重复执行 10 次❶。

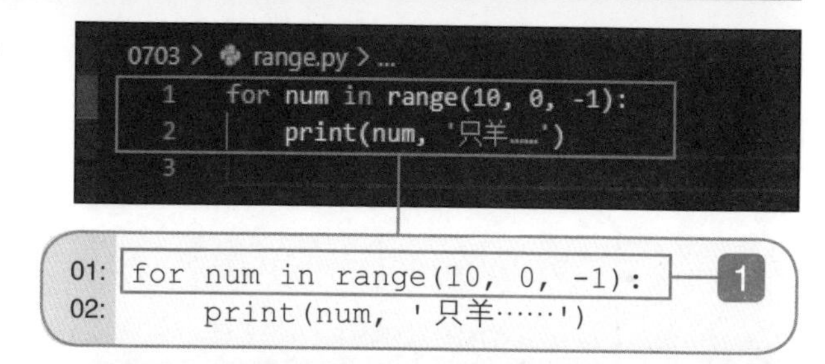

8 运行代码

参考本节体验❷运行 range.py 文件。确认信息是否输出了 10 次，且数值是否从 10 开始依次递减。

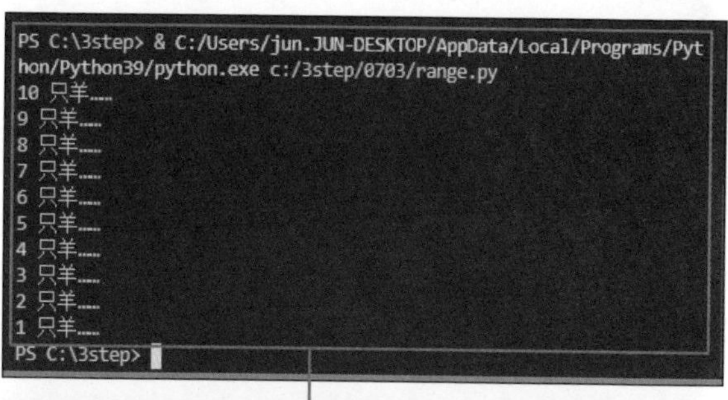


```
PS C:\3step> & C:/Users/jun.JUN-DESKTOP/AppData/Local/Programs/Python/Python39/
python.exe  c:/3step/0703/range.py
10 只羊……
9 只羊……
8 只羊……
7 只羊……
6 只羊……
5 只羊……
4 只羊……
3 只羊……
2 只羊……
1 只羊……
```

运行结果

理解 如何循环 *n* 次

for 语句的另一种写法

虽然本节的循环语句在写法上略有不同，但是它和 7.2 节的写法实际上都是“传递列表并按顺序取出元素”。不同的是，这次循环不是基于现成的列表，而是基于一个由 range 函数创建的伪列表。

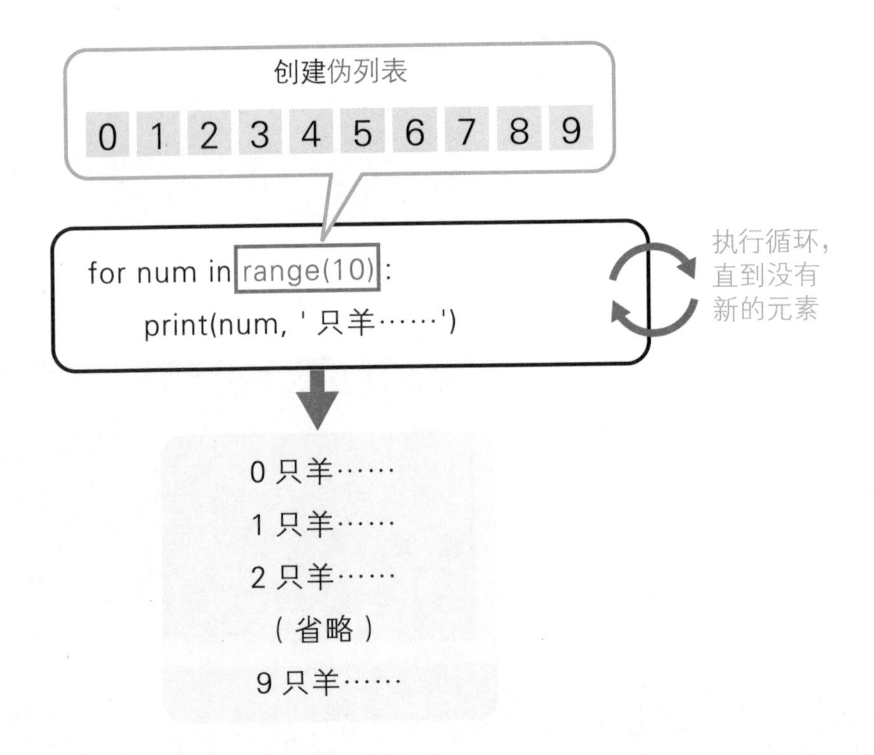

通过 range(10)，可以创建 [0, 1, 2, 3, 4, 5, 6, 7, 8, 9] 这样一个数值列表。然后，只要把这个列表传递给 for 语句，就能创建一个可以指定重复次数的循环。

COLUMN 没有专门用来指定循环次数的语句

在 Python 以外的编程语言中，经常使用下面的语法指定循环次数（下面是 Visual Basic 语言的例子）。

```
For i = 0 To 9
    Console.WriteLine(i)
Next
```

但是，Python 中并没有这样的语法，它是通过数值列表进行类似的操作的。接触过其他编程语言的人可能有一些不适应，这一点大家知道就可以了。

更改 range 函数的起始值

在默认情况下，range 函数会创建一个从 0 到指定数值的列表。但是，我们可以通过自定义起始值来创建"$m \sim n$ 的数值列表"。

比如，在本节体验❸中，通过 range(5, 10) 创建了一个范围为 5～9 的列表。

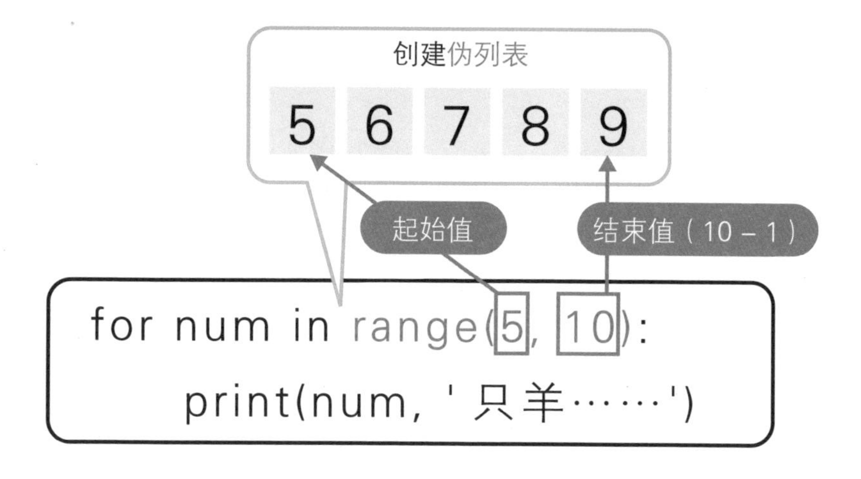

更改 range 函数的增量

此外，range 函数还允许修改数值的增量。比如，在本节体验❺中，通过 range(0, 10, 3) 创建了 [0, 3, 6, 9] 这样的列表。表达式中的 3 就是列表中数值的增量。

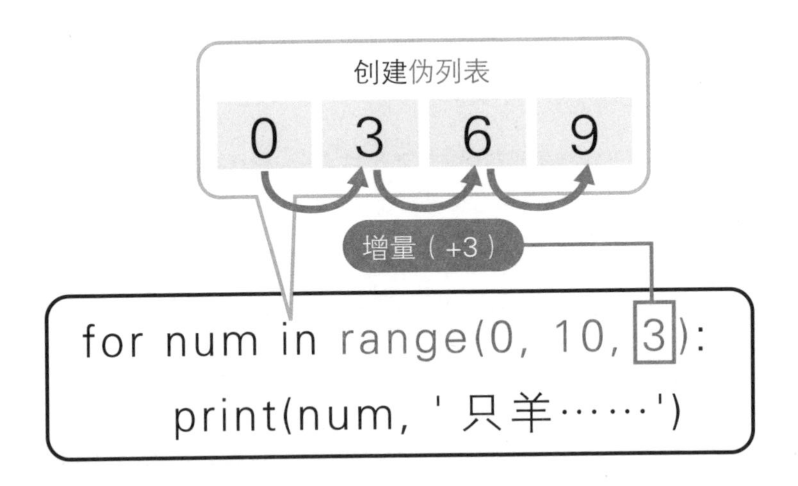

我们也可以将增量设为负数。比如，在本节体验❼中，通过 range(10, 0, -1) 创建了列表 [10, 9, 8, 7, 6, 5, 4, 3, 2, 1]。

由此可见，只要巧用 range 函数，就能创建数值范围各式各样的列表。

选择合适的循环语句

到这里我们可以发现，while 语句和 for 语句能实现几乎相同的功能。

使用for语句和range函数

```
for num in range(10):
    print(num, '只羊……')
```

使用while语句

```
num = 1
while num < 10:
    print(num, '只羊……')
    num += 1
```

初始化变量
结束条件
给变量加上值
循环处理较为分散

只是，在 while 语句中，“初始化用于控制循环的变量”“给变量加上值”“检查是否满足结束条件”是分别执行的，因此代码会显得有些冗长，这往往会导致一些错误或疏漏。

通常来说，在使用连续的数值来控制循环的情况下，就使用 for 语句和 range 函数；在根据条件表达式或函数的返回值（True 或 False）来控制循环的情况下，则使用 while 语句。

小 结

◎ 使用 range 函数可以创建范围为 $m \sim n$ 的数值列表。

◎ 结合使用 for 语句和 range 函数，可以创建指定循环次数的循环语句。

◎ 虽然使用 while 语句也能创建指定循环次数的循环语句，但应优先使用 for 语句。

7.4 强制终止循环

示例程序 | [0704] → [break.py]

预习 终止循环

while 和 for 语句会在满足预设的结束条件时结束循环，但有时我们也会希望在特定条件下终止循环。

在这种情况下，可以使用 break 语句。

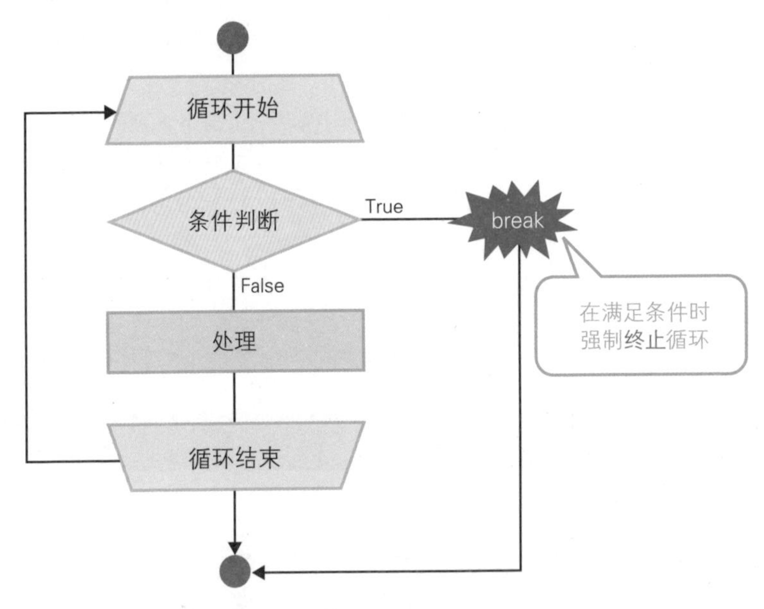

下面我们介绍一个例子：在按顺序获取列表中的数据时，如果遇到元素 ×，就终止循环。

体验 在指定条件下终止循环

1 按顺序取出列表中的数据

参考 3.2 节体验1 ~ 2的操作，在 0704 文件夹中新建一个名为 break.py 的文件。打开编辑器，输入如右图所示的代码，创建一个列表1，然后使用 for 语句按顺序输出列表中的数据2。

在输入完毕后，单击（全部保存）按钮保存文件。

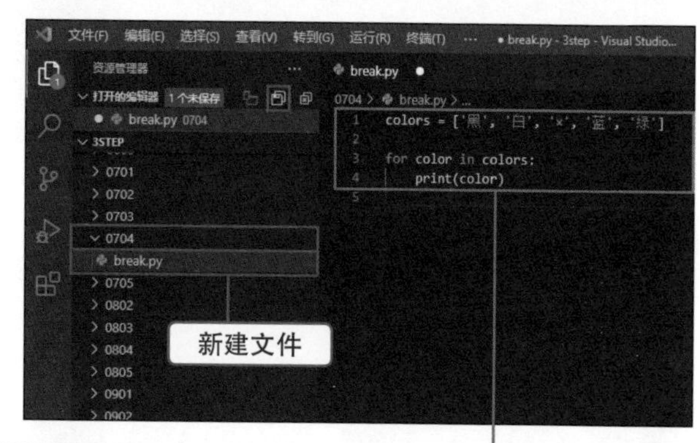


```
01: colors = ['黑', '白', 'x', '蓝', '绿']
02:
03: for color in colors:
04:     print(color)
```

2 运行代码

在“资源管理器”面板中，右键单击 break.py 文件1，从弹出的菜单中选择“在终端中运行 Python 文件”2。运行结果如下图所示，程序按顺序输出了列表中的数据。

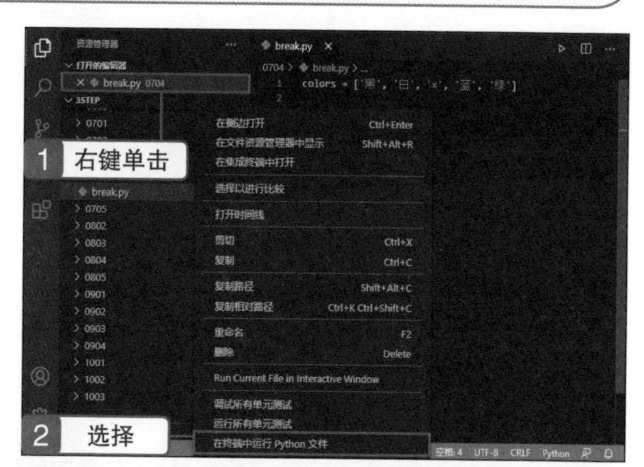

```
PS C:\3step> & C:/Users/jun.JUN-DESKTOP/AppData/Local/Programs/Python/Python39/python.exe  c:/3step/0704/break.py
黑
白
x
蓝
绿
```

3 添加循环终止条件

如右图所示修改本节体验①的代码，让程序在遇到元素 x 后立即终止循环1。

```
colors = ['黑', '白', 'x', '蓝', '绿']

for color in colors:
    if color == 'x':
        break
    print(color)
```

```
03: for color in colors:
04:     if color == 'x':
05:         break
06:     print(color)
```

1

>>> Tips

前面提到过，在 for 块中添加 if 语句称为嵌套。6.4 节介绍了在 if 语句中嵌套 if 语句的例子，其实在条件测试和循环之间也可以相互嵌套。

4 运行代码

参考本节体验②运行 break.py 文件。可以看到，与本节体验②的输出结果不同，这里没有输出 x 及其后的元素。

```
版权所有 (C) Microsoft Corporation。保留所有权利。

尝试新的跨平台 PowerShell https://aka.ms/pscore6

PS C:\3step> & C:/Users/jun.JUN-DESKTOP/AppData/Local/Programs/Python/Python39/python.exe c:/3step/0704/break.py
黑
白
PS C:\3step>
```

```
PS C:\3step> & C:/Users/jun.JUN-DESKTOP/AppData/Local/Programs/Python/Python39/
python.exe c:/3step/0704/break.py
黑
白
```

运行结果

5 添加循环结束后的处理

如右图所示，在本节体验③的代码后添加代码，让程序在循环正常结束（未强制终止）时输出相应的信息1。

```
colors = ['黑', '白', 'x', '蓝', '绿']

for color in colors:
    if color == 'x':
        break
    print(color)
else:
    print('处理结束。')
```

```
07: else:
08:     print('处理结束。')
```

1

6 运行代码

参考本节体验②运行 break.py 文件。可以看到运行结果与本节体验④相同。

```
PS C:\3step> & C:/Users/jun.JUN-DESKTOP/AppData/Local/Programs/Python/Python39/python.exe c:/3step/0704/break.py
黑
白
PS C:\3step>
```

```
PS C:\3step> & C:/Users/jun.JUN-DESKTOP/AppData/Local/Programs/Python/Python39/
python.exe  c:/3step/0704/break.py
黑
白
```

运行结果

7 修改列表元素

如右图所示修改本节体验⑤的代码，使列表中不存在元素 x 1。

```
0704 > break.py > ...
1  colors = ['黑', '白', '红', '蓝', '绿']
2
3  for color in colors:
4      if color == 'x':
5          break
6      print(color)
7  else:
8      print('处理结束。')
9
```

```
01: colors = ['黑', '白', '红', '蓝', '绿']
02:
03: for color in colors:
04:     if color == 'x':
05:         break
06:     print(color)
07: else:
08:     print('处理结束。')
```

8 运行代码

参考本节体验②运行 break.py 文件。可以看到运行结果与本节体验⑥不同，程序输出了全部元素以及循环结束时相应的信息 1。

```
PS C:\3step> & C:/Users/jun.JUN-DESKTOP/AppData/Local/Programs/Python/Python39/python.exe c:/3step/0704/break.py
黑
白
红
蓝
绿
处理结束。
PS C:\3step>
```

```
PS C:\3step> & C:/Users/jun.JUN-DESKTOP/AppData/Local/Programs/Python/Python39/
python.exe  c:/3step/0704/break.py
黑
白
红
蓝
绿
处理结束。
```

理解 **终止循环的方法**

通过 break 语句终止循环

在 for 或 while 的代码块中调用 break 语句后，无论当前循环的结束条件如何，都能强制终止循环。

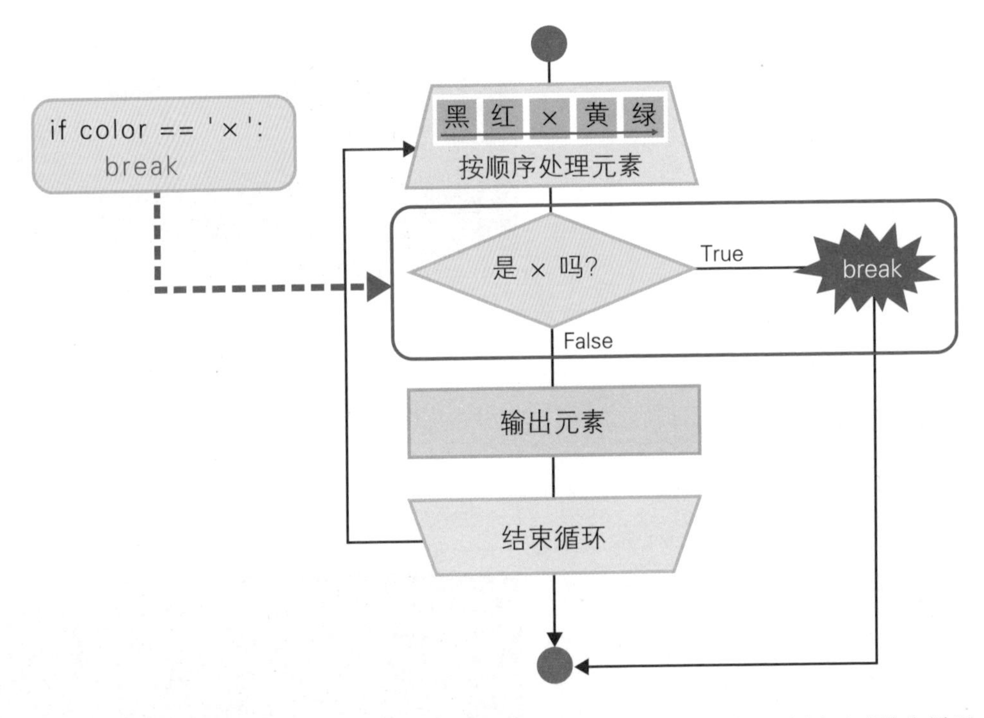

但是，如果只是单纯地调用 break 语句，那么程序将无条件地在第一次循环时跳出循环。为避免这种情况发生，我们通常会像本节体验❸中的代码那样，将 break 语句与 if 等条件判断语句一起使用。

在循环结束时执行处理

6.2 节引入的 else 块也可以在 for 语句或 while 语句中使用，此时的 else 块表示“在循环结束时应该执行的处理”。

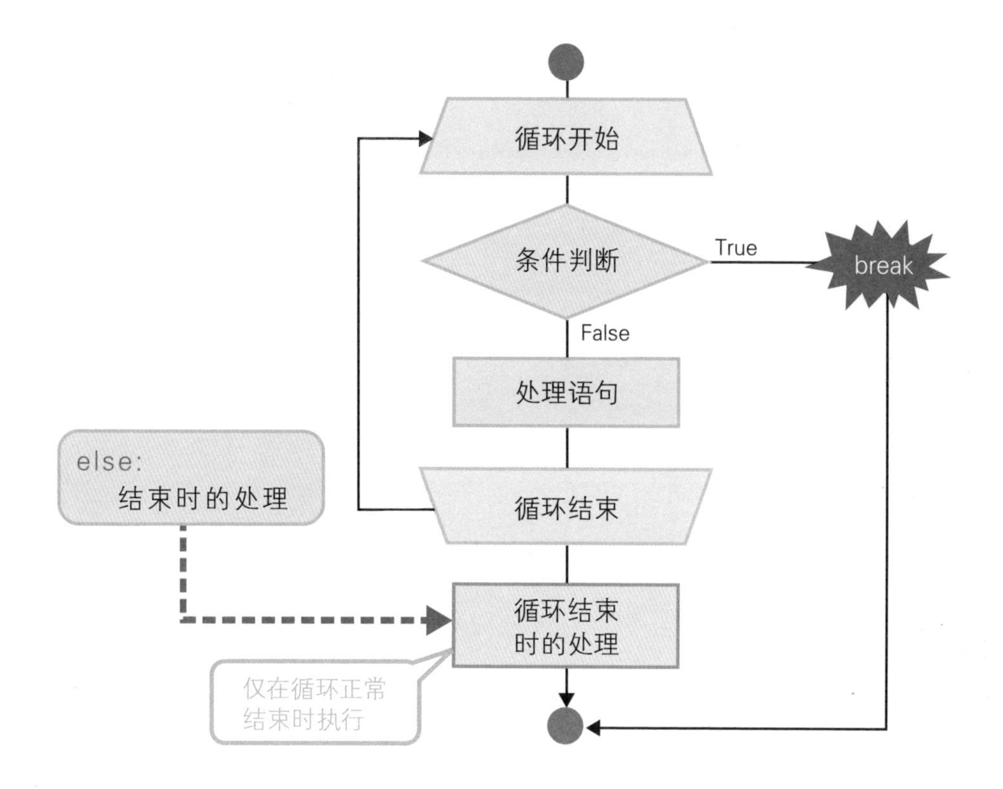

需要注意的是，这里的“循环结束时”并不包括使用 `break` 强制终止循环的情况。`else` 语句仅在循环正常结束时才会被执行。正因为如此，在本节体验❻中，在循环终止时没有显示相应的信息。

小　结

◎ `break` 语句用于强制终止循环。

◎ `break` 语句一般与 `if` 等条件判断语句一起使用。

◎ 通过在 `for` 语句或 `while` 语句中指定 `else`，可以设定循环正常结束时执行的代码块。

第7章 循环

7.5 跳出当前循环

示例程序 | [0705] → [continue.py]

预习 跳出循环

break 语句一般用来跳出整个循环，而 continue 语句则用来跳出当前循环，继续进行下一个循环。

下面我们介绍一个例子：在按顺序获取列表中的数据时，如果遇到元素 x，就跳出当前循环。

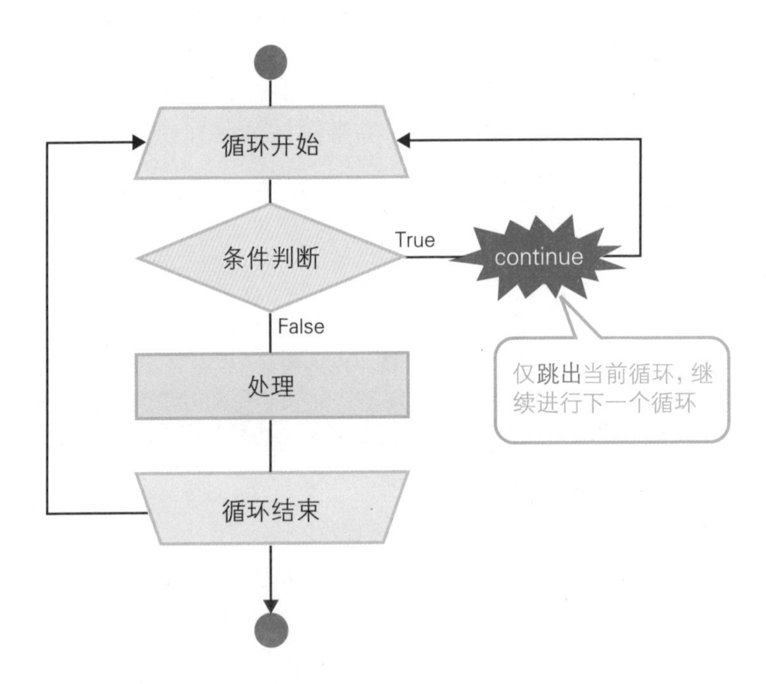

体验 在指定条件下跳出当前循环

1 加入跳出当前循环的条件

参考 3.2 节体验❶ ~ ❷的操作，在 0705 文件夹中新建一个名为 continue.py 的文件。打开编辑器，输入如右图所示的代码，创建一个列表❶，然后使用 for 语句按顺序输出列表中的数据❷。但是，当遇到元素 × 时，跳出当前循环❸。

在输入完毕后，单击 （全部保存）按钮保存文件。

新建文件

```
01: colors = ['黑', '白', '×', '蓝', '绿']    ❶
02:
03: for color in colors:                      ❷
04:     if color == '×':                      ❸
05:         continue
06:     print(color)
```

2 运行代码

在“资源管理器”面板中，右键单击 continue.py 文件❶，从弹出的菜单中选择“在终端中运行 Python 文件”❷。运行结果如下图所示，程序输出了除 × 之外的所有元素。

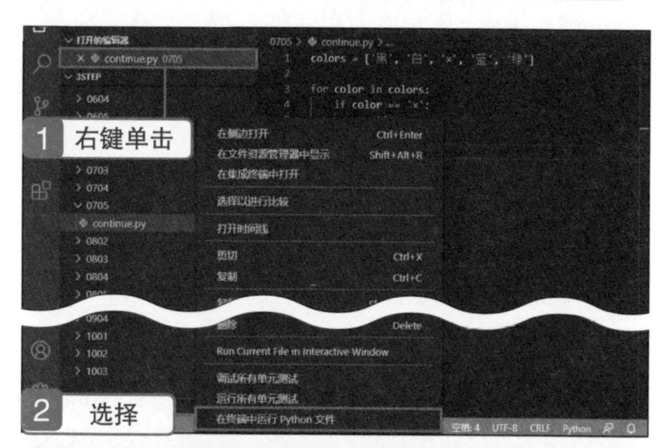


```
PS C:\3step> & C:/Users/jun.JUN-DESKTOP/AppData/Local/Programs/Python/Python39/
python.exe  c:/3step/0704/break.py
黑
白
蓝
绿
```

没有显示 ×

理解 如何跳出当前循环

continue 语句的动作

continue 是用于跳出当前循环的语句。为了让大家更加直观地理解它与 break 语句的不同，这里对比一下两者的流程图。

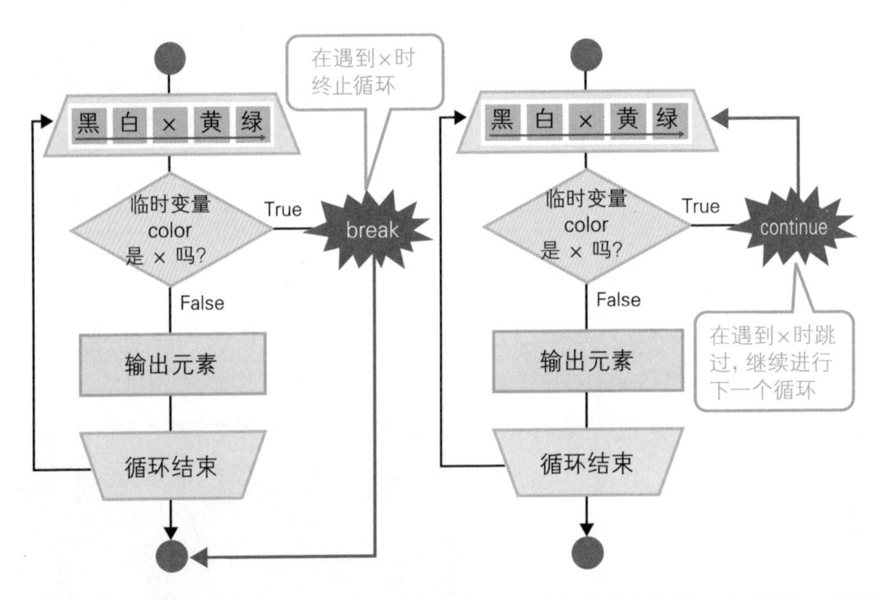

与 break 语句一样，continue 语句也应该与 if 等条件判断语句一起使用，否则在每次执行循环时，都会无条件地跳出当前循环。这样一来，循环就没有意义了。

实现 continue 的效果的另一种代码

值得一提的是，本节体验部分的代码也可以按照下面的方式重写。

```
for color in colors:
    if color != '×':
        print(color)
```

这段代码表示，仅当临时变量 color 不为 x 时，程序才输出变量 color 的值。

但是，在这种情况下，原本用于输出的代码将被移至更深的缩进位置。如果是上面示例中的代码量，则问题不是很大。但是，通常缩进越深，代码越难读。因此，还是建议使用 continue 语句跳出当前循环。

```
代码
    if 条件1:
        代码
        if 条件2:
            代码
            if 条件3:
                代码
```

缩进越深，代码越难读！

小 结

◎ 使用 continue 语句可以跳出当前循环。

◎ continue 语句一般与 if 等条件判断语句一起使用。

第 7 章 练习题

练习题 1

下面的代码用于求从 1 加到 100 的总和。请在空格处填入适当的内容，完成代码。

```
# while.py

num = 1
result = [ ① ]

while [ ② ] :
    result [ ③ ] num
    num [ ③ ] 1

print('从 1 加到 100 的总和是', [ ④ ])
```

练习题 2

使用 `for` 语句重写练习题 1 的代码。

练习题 3

下面的代码用于依次输出列表中除了 × 以外的所有元素。不过，代码中存在 3 处错误，请将它们改正，使程序正常运行。

```
# repeat.py

list = {'A', 'B', '×', 'C', 'D'}

for str to list:
    if str == '×':
        break
    print(str)
```

基本库

第 8 章 基本库

8.1 字符串的操作

示例程序 | 无

预习 什么是标准库

为了使程序开发更便捷，Python 准备了各种各样的便利工具，比如本书中已经多次登场的 `print` 函数、用于数据类型转换的 `str` 和 `int` 函数，以及在列表类型中使用的 `pop` 和 `remove` 等方法。

这些一开始就准备好的工具统称为标准库。Python 中内置了丰富的标准库，可以用来处理多种任务，比如从字符串中查找特定字符，将数值四舍五入取整，以指定形式表示日期数据。将这些标准库中的工具组合起来使用，可以更直观地表示自己想要完成的操作。

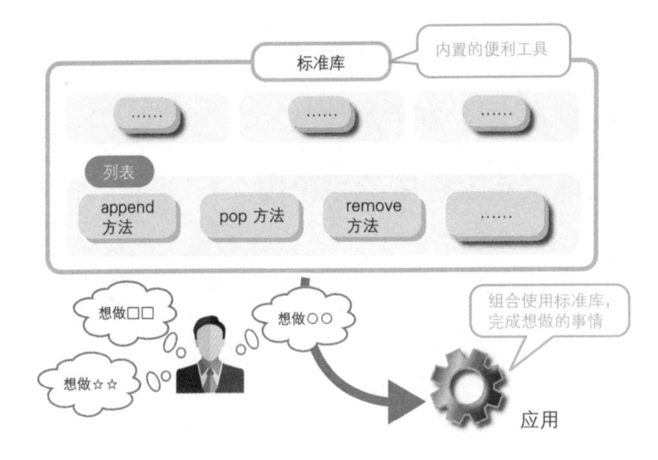

本章将讲解常用的标准库。

我们先从与字符串相关的标准库讲起，然后在体验部分进行实际操作，介绍几个利用标准库的处理，最后在理解部分讲解主要内容。

体验 处理字符串

1 在字符串中搜索

启动 PowerShell，在命令行中执行 python 命令。如果是 Mac 用户，则在启动终端后执行 python3 命令。

检查字符串中是否包含指定的子字符串1。可以看到程序返回了结果 1 2。

接着，我们在指定范围（第 10 ~ 14 个字符）内进行搜索3。这次的运行结果变为 11 4。

```
Windows PowerShell
>>> str = '吃葡萄不吐葡萄皮，不吃葡萄倒吐葡萄皮'
>>> str.find('葡萄')
1
>>> str.find('葡萄', 10, 15)
11
>>>
```

```
>>> str = '吃葡萄不吐葡萄皮，不吃葡萄倒吐葡萄皮'
>>> str.find('葡萄')            1
1                               2
>>> str.find('葡萄', 10, 15)    3
11                              4
```

2 使用分隔符分隔字符串

使用制表符分隔字符串1。可以看到程序返回了列表 ['面包', '牛奶', '沙拉', '炸鸡'] 2。

> **Tips**
>
> 制表符可以通过 Tab 键输入。

```
Windows PowerShell
>>> str = '面包 牛奶     沙拉     炸鸡'
>>> str.split('\t')
['面包', '牛奶', '沙拉', '炸鸡']
>>>
```

```
>>> str = '面包 牛奶     沙拉     炸鸡'
>>> str.split('\t')                       1
['面包', '牛奶', '沙拉', '炸鸡']          2
```

3 格式化字符串

接着，在指定格式的字符串中嵌入字符串1。程序在运行后返回了字符串“苹果的英语是 apple。”2。

```
Windows PowerShell
>>> str = '{0}的英语是{1}。'
>>> str.format('苹果', 'apple')
'苹果的英语是apple。'
>>>
```

```
>>> str = '{0}的英语是{1}。'
>>> str.format('苹果', 'apple')     1
'苹果的英语是apple。'               2
```

理解 与字符串相关的方法

字符位置的计算方法

find 方法可以从字符串中搜索子字符串，并返回它首次出现的位置（本节体验❶）。

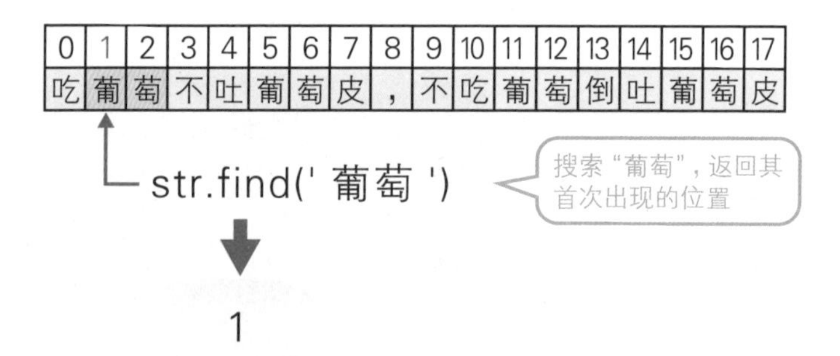

find 方法的返回值是子字符串首次出现时的字符位置。需要注意的是，此处的字符位置和列表下标的编号相同，都是从 0 开始算起的。

指定搜索范围

我们也可以在 find 方法中指定搜索范围。

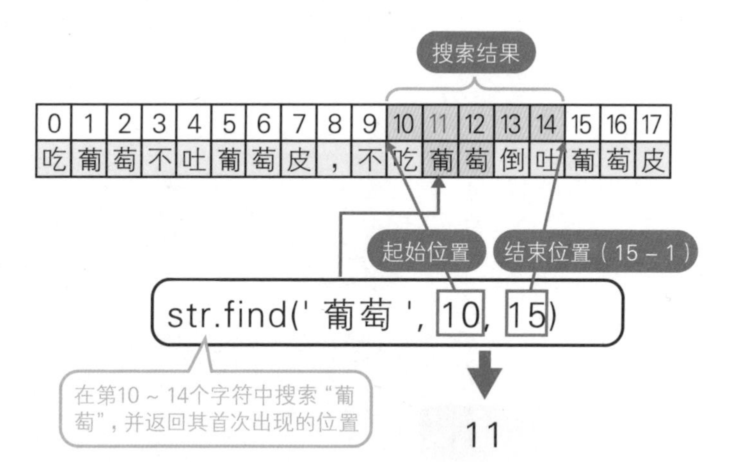

在这种情况下，字符串的起始位置同样从 0 开始算起。在上图的例子中，代码指定了在第 10 ~ 14 个字符中搜索字符串（搜索的结束位置正好在第 15 个字符之前）。要注意，此时得到的结果仍然是它在整个字符串中的位置。

COLUMN 可以使用 rfind 方法从后往前搜索

除了可以从前往后搜索字符串的 find 方法之外，还有可以从后往前搜索的方法——rfind。学有余力的读者可以使用 rfind 改写本节体验❶的代码，并检查返回结果是否变为“15”（此时的返回值仍然是从前往后计算的字符位置）。

除此之外，通过“r + 方法名”可以从末尾开始处理字符串，大家可以自己摸索一下。

分隔字符串

通过 split 方法，我们可以使用指定的分隔符分隔字符串。

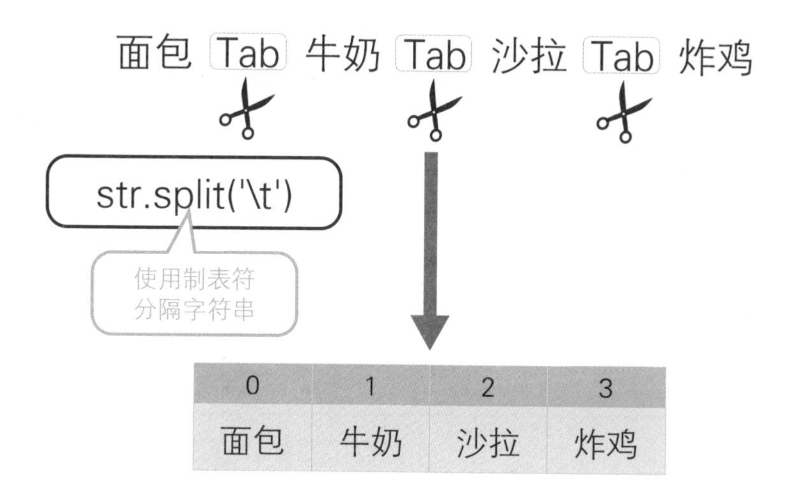

本节体验❷中的分隔符是字符 '\t'，这里的 '\t' 叫作转义字符。当想要表示某些特殊字符（无法在屏幕上显示的字符等）时，可以通过“\ + 字符”来表示。

下面总结了一些主要的转义字符。当然，我们不需要把它们全都记住，这里先记住 \t 和 \n 就足够了。

转义字符	描 述
\\	反斜杠
\'	单引号
\"	双引号
\f	换页
\r	回车
\n	换行
\t	水平制表
\0	NULL
\u××××	16 位的十六进制数 ×××× 的 Unicode 字符
\U××××××××	32 位的十六进制数 ×××××××× 的 Unicode 字符

通过上表可知，我们在 3.3 节使用的 \' 和 \" 其实也是转义字符的一种。

输出固定格式的字符串

使用 format 方法可以将字符串以指定的格式返回（本节体验❸）。

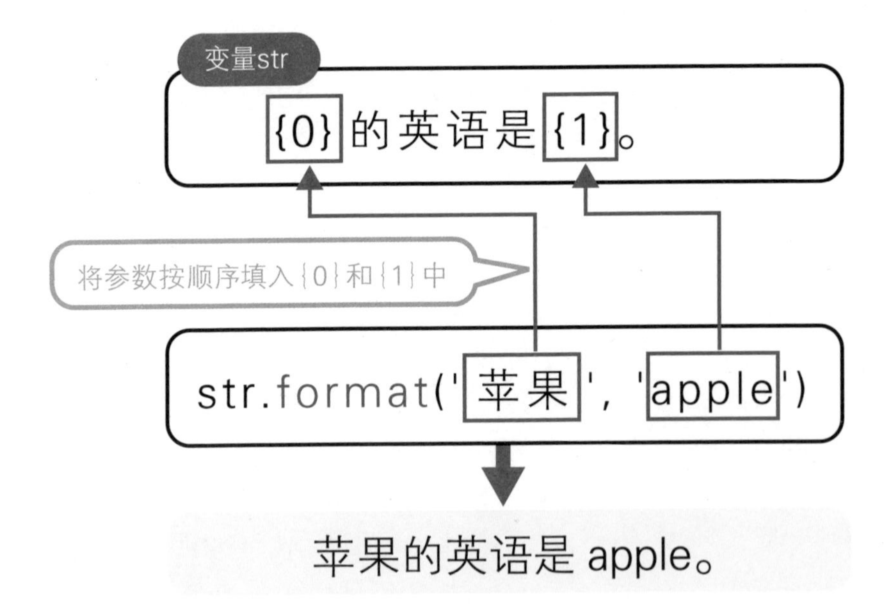

在指定字符串的格式时，`{0}`、`{1}` 是嵌入字符串的位置（占位符）。在上面的例子中，它们分别嵌入了字符串“苹果”和“apple”。此外，在指定格式时，`{0}`、`{1}` 也可以重复使用。

COLUMN 字符串的切片

读者或许会觉得奇怪，竟然没有一种专门从字符串中取出子字符串的方法。其实，我们可以使用 5.1 节的切片语法从字符串中取出子字符串。比如，要想从保存了 `ABCDE` 的变量 `str` 中取出第 1 ~ 3 个字符，只要使用 `str[1:4]` 就可以了。需要注意的是，字符位置的计算方法和 `find` 方法相同，将起始字符算作第 0 个字符。

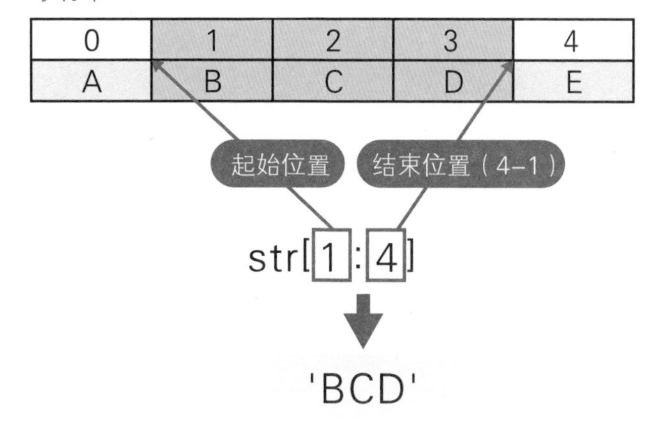

小　结

◎ Python 中提供了用于搜索、替换和分隔字符串的方法。

◎ 字符位置从 0 开始算起。

◎ 通过“\ + 字符”可以表示换行、制表符等具有特殊含义的字符。

第8章 基本库

8.2 简单的数学运算

示例程序 | [0802] → [bmi.py]

预习 用于数学运算的 math 模块

像 print 这样的内置函数或属于内置类型的方法，不需要什么准备工作就可以使用。但如果是其他库（包括某些标准库），则必须事先启动所需的模块才能使用。这里的模块可以看作相关功能的集合。

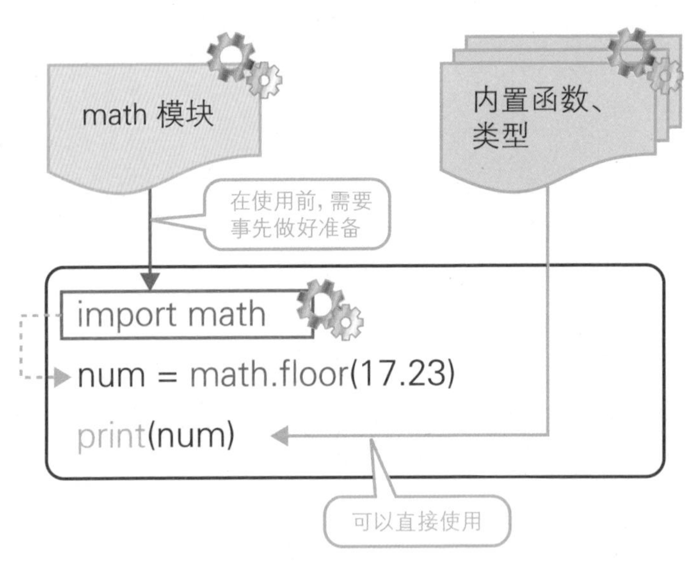

下面我们以 math 模块为例，来介绍如何启动模块。顾名思义，math 模块集合了与数学相关的函数。

体验 使用 math 模块

1 复制文件

在 VSCode 的“资源管理器”面板中，右键单击 0403 文件夹中的 bmi.py 文件1，从弹出的菜单中选择“复制”2。

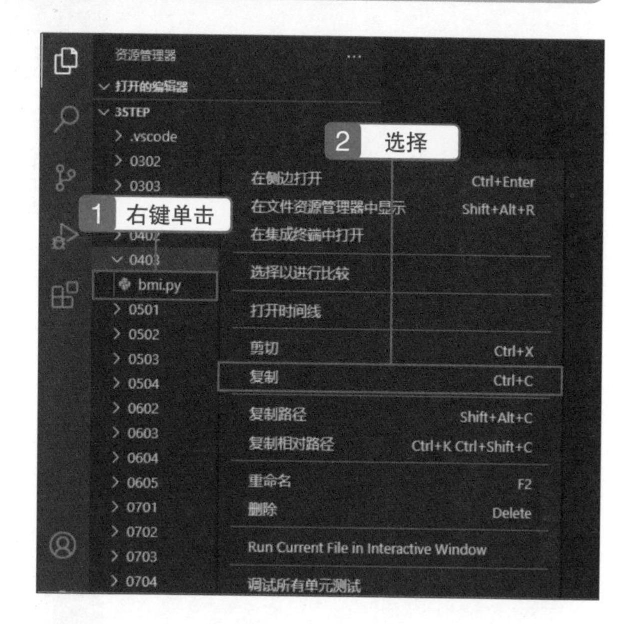

2 粘贴

右键单击 0802 文件夹1，从弹出的菜单中选择“粘贴”2。

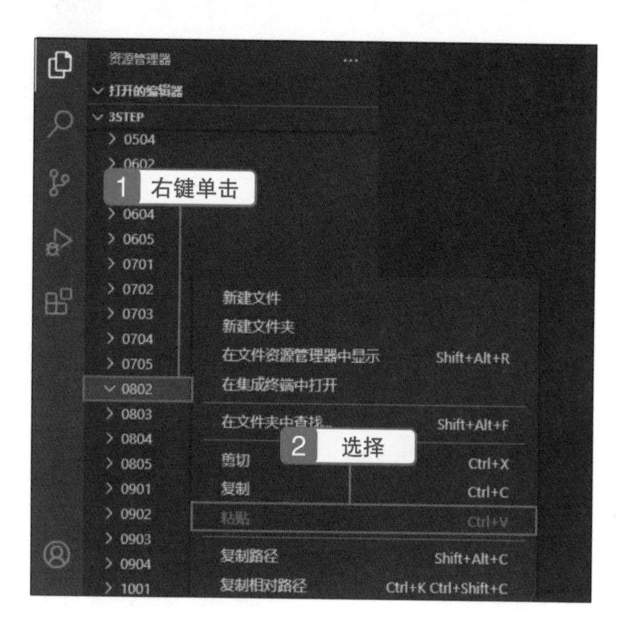

3 舍去小数点后的数值

打开通过本节体验❶ ~ ❷得到的文件，并如右图所示编辑代码。导入 math 模块❶，然后将计算结果（变量 bmi）四舍五入取整❷。

在编辑完毕后，单击（全部保存）按钮保存文件。

```
01: import math                                        ← 1
02:
03: weight = float(input('请输入体重(kg)：'))
04: height = float(input('请输入身高(m)：'))
05:
06: bmi = weight / (height * height)
07: print('结果：', math.floor(bmi))                   ← 2
```

4 运行代码

在“资源管理器”面板中，右键单击 bmi.py 文件❶，从弹出的菜单中选择“在终端中运行 Python 文件”❷。在运行文件后，根据提示信息输入体重❸和身高❹，最终会得到如下图所示的计算结果。

> **Tips**
>
> 需要注意的是，身高的单位不是厘米（cm），而是米（m）。

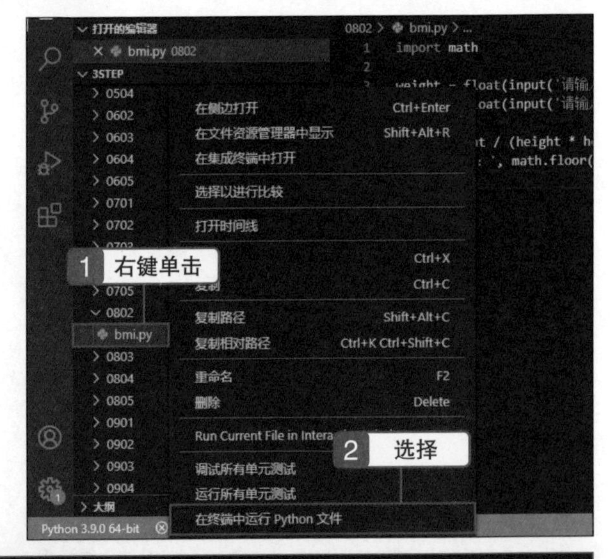


```
PS C:\3step> & C:/Users/jun.JUN-DESKTOP/AppData/Local/Programs/Python/Python39/
python.exe  c:/3step/0802/bmi.py
请输入体重(kg)：53.5          ← 3
请输入身高(m)：1.65           ← 4
结果： 19                     ← 运行结果
```

理解 模块的用法

导入模块

导入模块是指让当前程序可以使用某个模块的操作。Python 中使用 `import` 语句导入模块。

[语法] import 语句

```
import 模块名
```

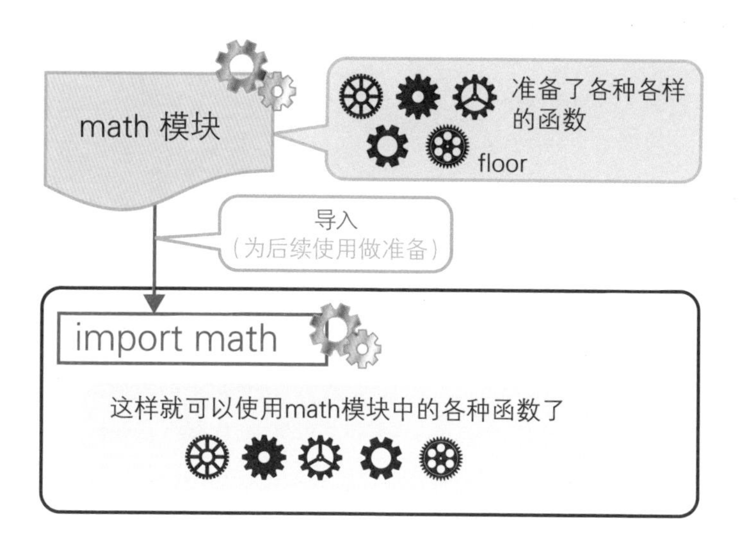

本节体验❸中的❶就是用来导入 `math` 模块的相关代码。在导入模块后，就可以通过“模块名 . 函数名 (...)”的形式使用 `math` 模块中定义的各种功能了。

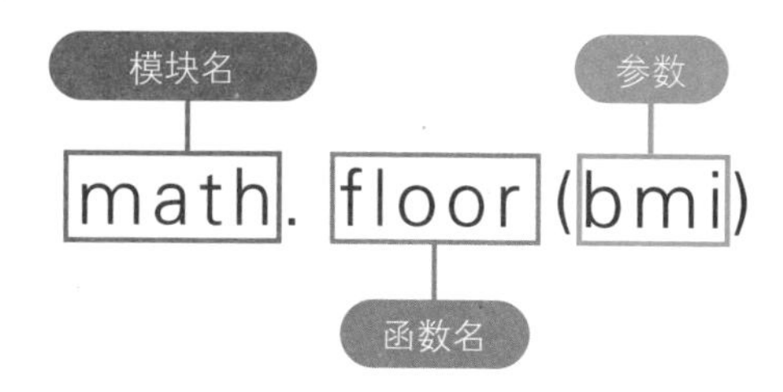

>>> 导入模块的方法

除了本节体验❸中的代码之外，还可以使用下面的方法导入模块。

1 设定模块的别名

如果需要多次访问一个名字很长的模块，代码会变得十分冗长。在这种情况下，我们可以通过下面的方法给模块设定别名。

```
import math as m
```

上面的代码给 math 模块设定了别名 m。在设定别名后，本节体验❸的代码可以改写成下面这样。

```
print('结果：', m.floor(bmi))
```

2 仅导入指定的函数

通过 from ... import 语句可以仅从模块中导入特定函数。

```
from math import floor
```

上面的代码表示“仅从 math 模块中导入 floor 函数”。在调用以这种方式导入的函数时，可以省略相应的模块名，示例如下。

```
print('结果：', floor(bmi))
```

虽然这种方法比方法1要简洁不少，但是随着程序规模变大，出现同名函数的风险也随之增加。因此，我们推荐使用本节体验部分的导入方法，如果使用方法2导入模块，则要格外注意函数名的管理。

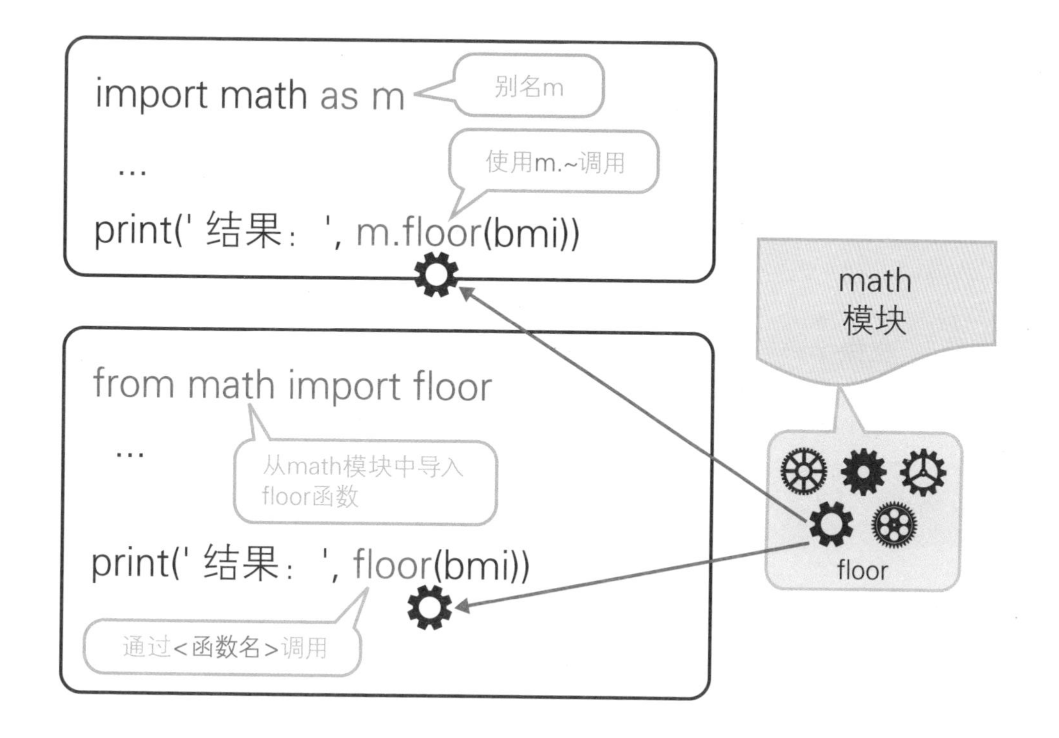

小　结

◎ 模块是 Python 中可以使用的函数和类型的集合。

◎ 在使用模块前，需要先使用 `import` 语句将其导入当前代码。

◎ 通过“模块名 . 函数 (...)”可以调用模块中的函数。

◎ 通过“`import...as`”可以给模块起别名。

◎ 通过“`from...import`”可以导入模块中的指定函数。

8.3 处理日期和时间数据

示例程序 | [0803] → [date.py]

预习 模块和类型

模块中不只有特定的函数，还包括一些特定的数据类型。

在前面的章节中出现的字符串、整数、列表和字典等，都是基本数据类型（也称为内置数据类型）。正如我们在 4.1 节和 5.2 节等看到的那样，在 Python 中，根据数据类型的不同，运算符的功能和可以使用的函数（方法）也有所不同。

本节将导入 datetime 模块，并介绍时间和日期等类型的数据的处理方法。大家在学习时可以注意一下它们和基本数据类型的差别。

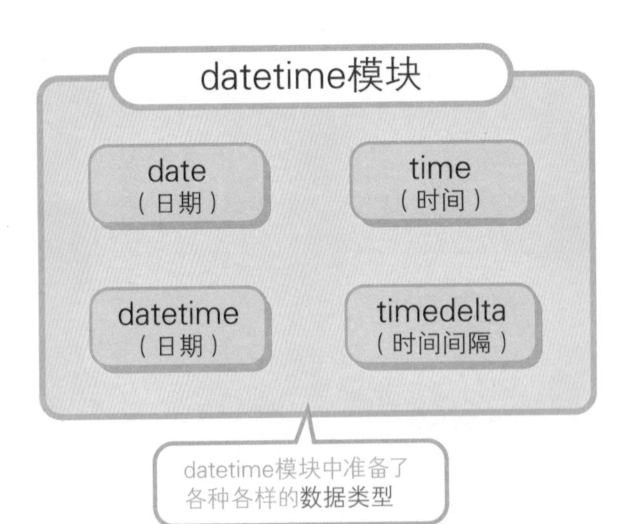

体验 使用 datetime 模块

1 生成今天的日期

参考 3.2 节体验❶ ~ ❷的操作，在 0803 文件夹中新建一个名为 date.py 的文件。打开编辑器，输入如右图所示的代码，以生成今天的日期❶，并确认结果❷。

在输入完毕后，单击 （全部保存）按钮保存文件。

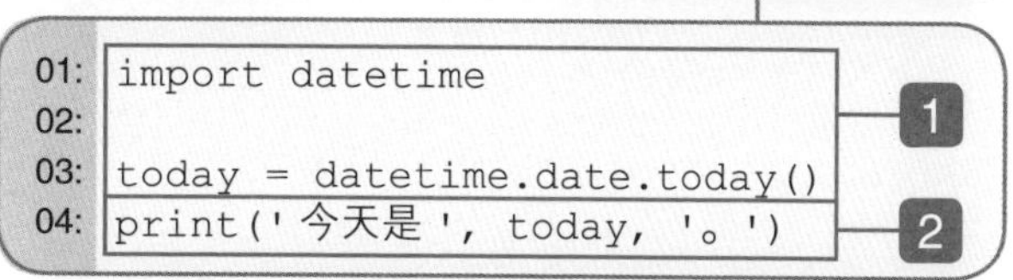

2 运行代码

在“资源管理器”面板中，右键单击 date.py 文件❶，从弹出的菜单中选择“在终端中运行 Python 文件”❷。在运行文件后，程序会显示当前日期。

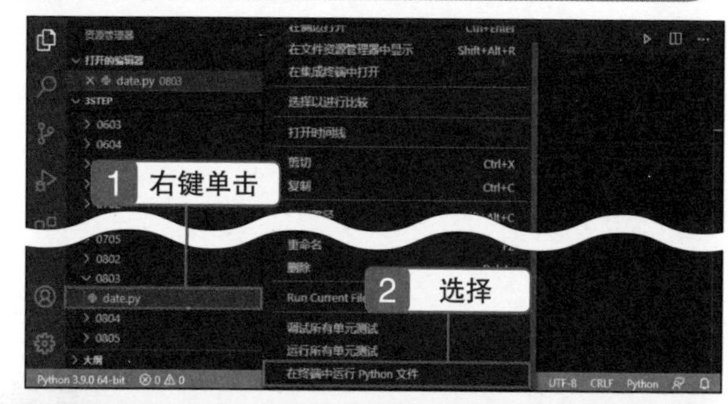

> **Tips**
>
> 最终的运行结果根据系统时间而不同。

```
PS C:\3step> & C:/Users/jun.JUN-DESKTOP/AppData/Local/
Programs/Python/Python39/python.exe  c:/3step/0803/date.py
今天是 2021-02-27。
```

运行结果

3 生成今年的生日

如右图所示，在本节体验❶的代码后添加代码，生成今年的生日❶，并计算今天与生日当天的天数差❷。

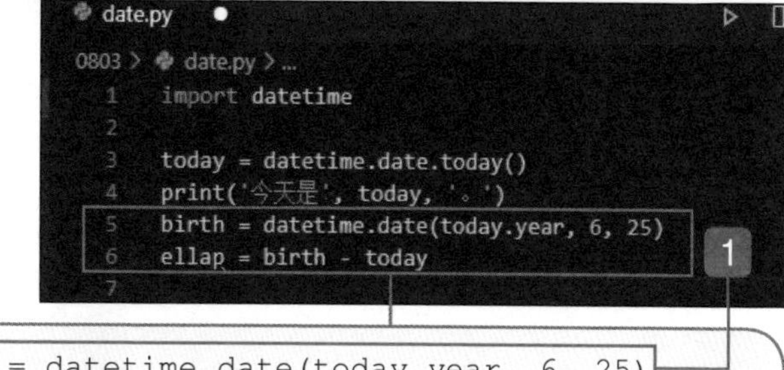

> **Tips**
>
> 这里以 6 月 25 日为例进行讲解，读者可以根据自己的生日调整“6, 25”部分的值。

4 根据与生日当天的天数差改变输出信息

如右图所示，在本节体验❸的代码后添加代码❶。如果今天与生日当天的天数差为 0，则输出“今天过生日！”；如果为正数，则输出“还有●○天”；如果为负数，则输出“已经过去●○天了”。

```
date.py
0803 > date.py > ...
1   import datetime
2
3   today = datetime.date.today()
4   print('今天是', today, '。')
5   birth = datetime.date(today.year, 6, 25)
6   ellap = birth - today
7   if ellap.days == 0:
8       print('今天过生日！')
9   elif ellap.days > 0:
10      print('距离今年的生日还有', ellap.days, '天。')
11  else:
12      print('今年的生日已经过去', -ellap.days, '天了。')
13
```

```
07: if ellap.days == 0:
08:     print('今天过生日！')
09: elif ellap.days > 0:
10:     print('距离今年的生日还有', ellap.days, '天。')
11: else:
12:     print('今年的生日已经过去', -ellap.days, '天了。')
```

❶

Tips

第 12 行代码之所以使用 -ellap.days，是因为当今年的生日已经过去时，日期的差值将是负数。为了将其转换成正数，我们在前面添加了 -。

5 运行代码

参考本节体验❷的操作运行 date.py 文件。可以看到程序返回了今天的日期（结果会根据运行当天的日期而改变）。

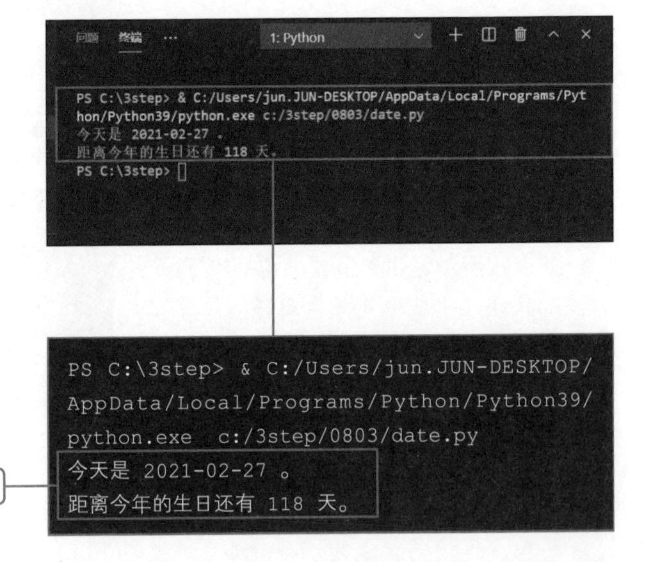

```
PS C:\3step> & C:/Users/jun.JUN-DESKTOP/AppData/Local/Programs/Python/Python39/python.exe c:/3step/0803/date.py
今天是 2021-02-27 。
距离今年的生日还有 118 天。
PS C:\3step>
```

运行结果

Tips

如果想改变输出信息，可以改变生日日期或系统时间。Windows 用户可以右键单击画面右下角的任务栏中的时间与日期，并从弹出的菜单中选择“调整日期 / 时间”，来修改系统时间。

理解 如何使用 datetime 模块

生成日期

我们可以使用 datetime 模块中的 date 类型表示日期。需要注意的是，date 类型与基本数据类型不同，没有专门的写法。它通过“模块名 . 类型名 (参数 , ...)”来创建具体数据。

在使用不同的类型时，需要的参数也不一样。如果是 date 类型，需要以年、月、日的顺序传递参数。

像这样，在创建数据时用到的“与数据类型同名的函数或方法”称为初始化方法或构造函数。另外，通过调用构造函数得到的数据称为实例。

> **COLUMN 字面量**
>
> 基本数据类型的值都支持字面量表示，比如，数值可以直接写作 13；字符串可以用引号表示，写作“'你好'”；列表可以用方括号表示，写作 [1, 2, 3]。
>
> 这种根据数据类型表示值的方法，或者值本身称为字面量。因为基本数据类型使用频繁，如果每次都要写成“类型名 (值 , ...)”，就会很麻烦，所以 Python 准备了这种特殊的表示方式。

生成今天的日期

我们不仅可以通过调用构造函数来创建一个 date 类型的数据，还可以像本节体验❶那样调用 today 方法。today 方法不需要传递参数，就可以生成今天的日期。

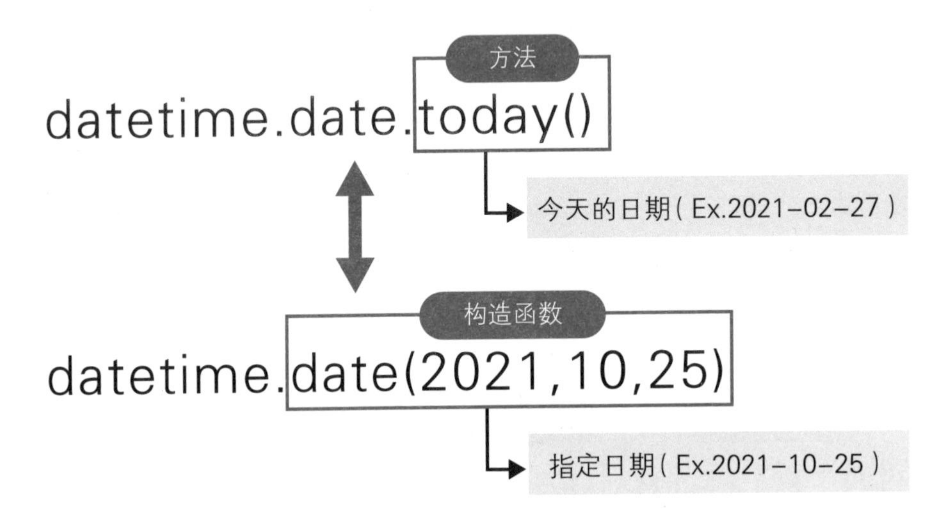

以上图为例，today前面的datetime是模块名，date是类型名。5.2节的names.append('山田太郎')以“类型的具体对象.方法名(...)”形式调用了相应的方法。与之不同的是，获取today(今天的日期)并不需要额外的数据，“类型名.方法名(...)”就足够了。因为这种方法属于某个特定的类(类型)，所以称为类方法。

COLUMN 实例方法

与类方法对应的是实例方法，类方法通过类(类型)进行调用，而实例方法则通过实例(类型的具体对象)进行调用。5.2节的append、pop和remove等方法都是实例方法。

date类型的属性

有时Python的数据类型也包括了与类相关的信息，我们可以像访问变量一样访问这些信息。

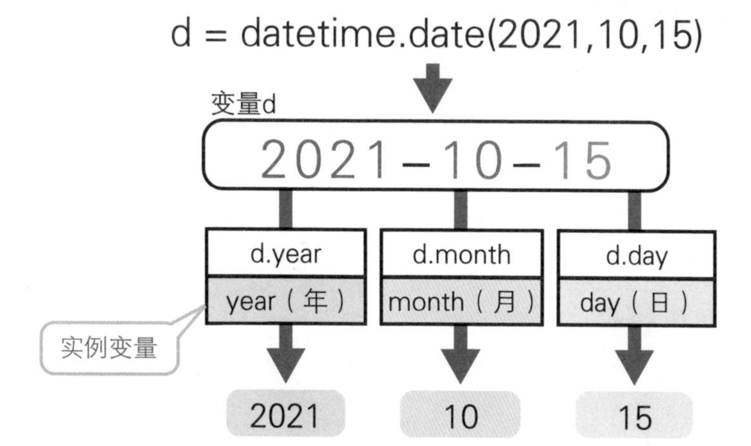

这种与类型相关的变量称为实例变量或属性。比如，date 类型中就有 year（年份）、month（月）、day（日）这样的实例变量。我们可以看一下本节体验❸中的如下代码。

```
birth = datetime.date(today.year, 6, 25)
```

这行代码可以用来获取“today（表示今天的日期的 date 类型变量）的 year（年）”。换句话说，这行代码先获取今年的年份，再基于这个年份值生成“今年的生日”。

>>> 日期的计算

与数值型和字符型一样，date 类型的值也可以使用运算符求得。在本节体验❸中，我们将生日当天的日期（bitrh）和今天的日期（today）相减，求得了两个日期之间的差值。

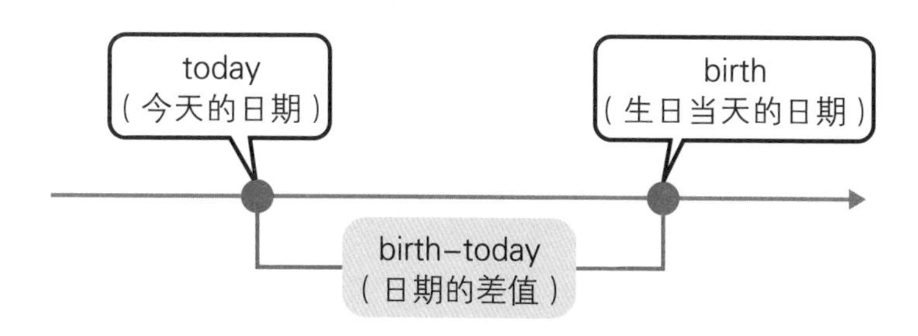

COLUMN 日期的加法

我们还可以对日期进行加法运算。如下所示，可以将 date 类型的值与 timedelta 类型的值相加，求得 30 天后的日期。

```
# date 类型的值
today = datetime.date.today()
# timedelta 类型的值
delta = datetime.timedelta(days=30)      1
print(today + delta) # 结果：2021-03-29（假设今天是 2021-02-27）
```

代码1创建了一个 timedelta 类型的值，用来表示 30 天的时间间隔。days= 使用了关键字参数。在 Python 中，在向函数传递参数时，不仅可以指定传递的值，还可以通过“名称 = 值”来指定参数的传递对象。

使用关键字参数虽然会增加代码量，但有利于我们理解代码。具体请参考 9.3 节。

>>> datetime 模块中提供的类型

除了表示日期的 date 类型，datetime 模块中还有表示时间的 time 类型，以及同时表示日期和时间的 datetime 类型。下面简单整理了它们的用法。

1 创建任意的时间数据

我们可以通过下面的代码表示 13:37:45。

```
current = datetime.time(13, 37, 45)
print(current.minute) # 结果：37
```

time 类型中还有 hour（小时）、minute（分钟）和 second（秒）等实例变量，可以方便地访问不同的时间要素。

2 创建任意的日期数据

我们可以通过下面的代码表示 2021 年 8 月 5 日 13:37:45。

```
dt = datetime.datetime(2021, 8, 5, 13, 37, 45)
print(dt.month) # 结果: 8
```

datetime 类型中可以同时使用 date 类型和 time 类型的实例变量，例如 year、month、day、hour、minute 和 second 等。

3 创建当前日期和时间数据

与 date 类型的 today 方法类似，我们可以通过 datetime 类型的 now 方法创建表示当前日期和时间的 datetime 类型的数据。

```
current = datetime.datetime.now()
print(current) # 结果: 2021-02-27 15:05:08.623875
```

小 结

◎ datetime 模块中具有 date（日期）、time（时间）和 datetime（日期时间）等数据类型。

◎ 类型的具体对象称为实例。我们可以通过“类型名（参数, ...）”创建实例。

◎ 可以直接从类型调用的方法称为类方法，需要从类型的具体对象调用的方法称为实例方法。

◎ 可以通过实例访问的数据叫作实例变量或属性。

8.4 向文本文件写入数据

示例程序 | [0804] → [write.py]

预习 保存数据的方法

到目前为止，我们都是使用变量来保存数据的。变量的优点是便于存取，而且不需要提前准备就可以直接使用。但是，由于变量的数据是保存在内存中的，所以当程序结束后，数据便会消失。

在正式开发应用程序时，需要一个能够存储数据的地方，使得在程序结束后仍可以保留数据。Python 中的文件功能正好可以满足以上需求，且相对容易使用。

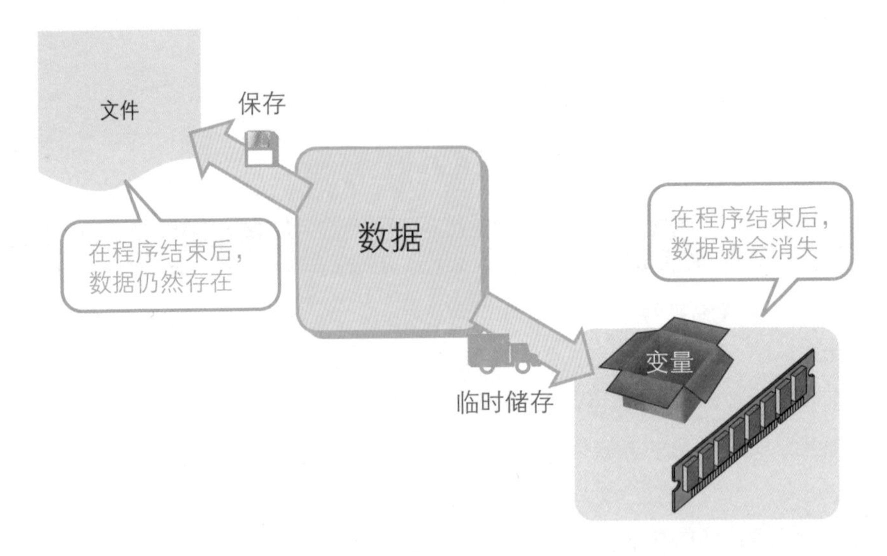

下面，我们将介绍一个使用文本文件保存当前时间的例子。文本文件是非常常用的一种保存手段。

体验 使用文本文件保存数据

1 在文件中保存当前时间

参考 3.2 节体验❶ ~ ❷的操作，在 0804 文件夹中新建一个名为 write.py 的文件。打开编辑器，输入如右图所示的代码。打开文本文件，将当前时间记录在文件中❶。

在输入完毕后，单击（全部保存）按钮保存文件。

新建文件

```
01: import datetime
02:
03: file = open('0804/hoge.txt', 'w', encoding='UTF-8')
04: file.write(str(datetime.datetime.now()) + '\n')
05: file.close()
06: print('文件已保存。')
```

>>> **Tips**

str 函数可以将传递给它的数据转换成字符串。因为 now 方法的返回值是 datetime 类型的数据，所以如果不使用 str 函数将它们转换成字符串，就不能使用 + 运算符进行连接。

2 运行代码

在“资源管理器”面板中，右键单击 write.py 文件❶，从弹出的菜单中选择“在终端中运行 Python 文件”❷。在运行文件后，程序会返回“文件已保存。”

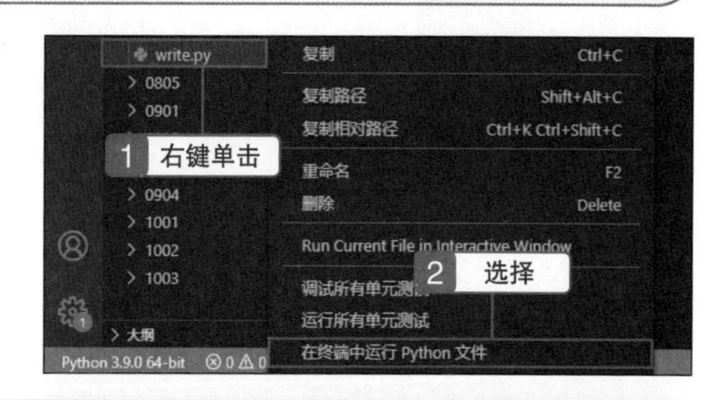


```
PS C:\3step> & C:/Users/jun.JUN-DESKTOP/AppData/
Local/Programs/Python/Python39/python.exe
c:/3step/0804/write.py
文件已保存。
```

3 确认文件内容

如果本节体验❷的代码能够按预期运行，0804 文件夹中将创建一个 hoge.txt 文件。我们在“资源管理器”面板中找到它，并双击打开。可以看到文件中保存了如右图所示的时间数据。

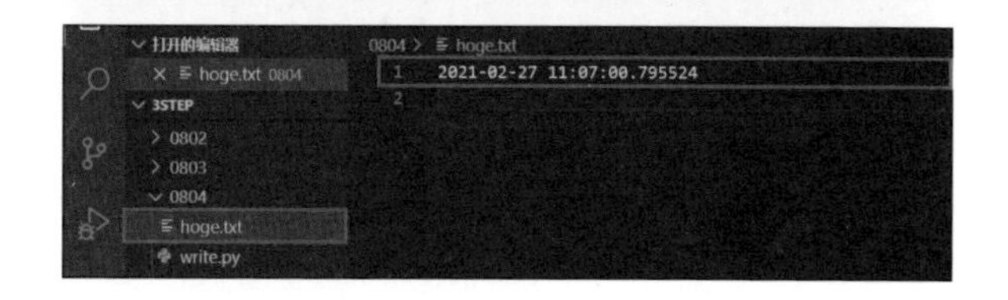

理解 如何向文件写入数据

打开文件

在使用 Python 处理文件前，必须先打开需要使用的文件。这就像是从架子上取出文件并在桌上摊开，准备随时读写。在 Python 中，可以使用 open 函数执行这一系列操作。

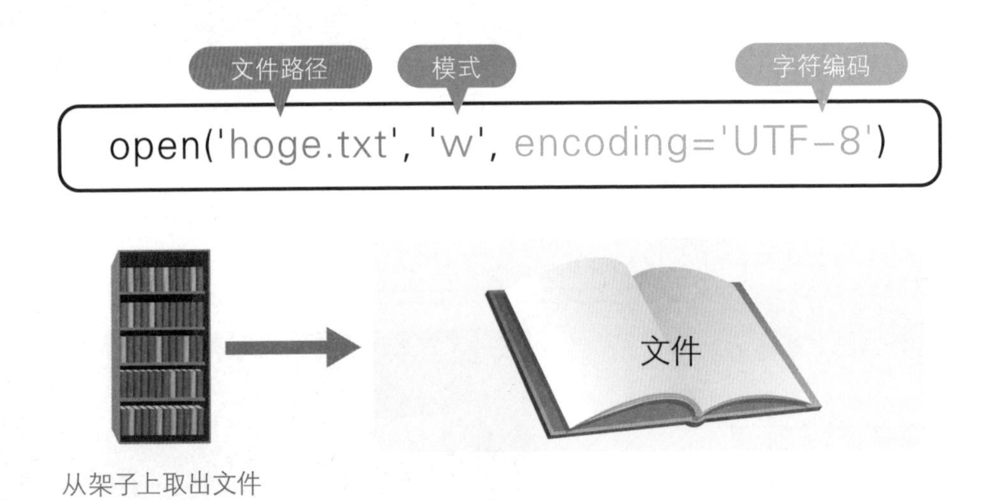

“模式”决定了可以对文件进行什么样的处理。w 代表英文中的 write，表示可以写入数据。如果指定的文件不存在，那么程序会自动创建一个新的空文件。

此外，“字符编码”用于指定在写入文件时使用的编码。默认使用系统设定的字符编码，Windows 中使用 GBK，macOS 中使用 UTF-8。因为我们不希望代码随着运行环境而改变，所以通常需要写明使用的字符编码。

COLUMN 文件路径

open 函数中使用的路径通常以当前文件夹（3.2 节）为起点。本节体验部分的指定路径是 0804/hoge.txt，而在执行 python 命令时的路径是 C: \3step，所以最终的文件路径为 C: \3step\0804\hoge.txt。

向文件写入数据

open 函数返回的是一个 file 类型的值（实例），我们可以用它来操作文件。本节体验❶中的变量 file 就是 file 类型的一个实例。在创建实例后，就可以使用 write 方法将字符串写入文件了。

末尾的 \n 是转义字符，通常用来表示换行。

但是，如果在 open 函数中使用 "w" 模式打开文件，那么文件将总是被清空，并从头开始被写入。因此，如果想在原有文件的基础上新增内容，需要使用 "a" 模式（append 模式）。

下面是将体验部分的代码改写成 "a" 模式并运行几次后的结果。在 VSCode 中打开新建的 hoge.txt 文件后，可以看到文件中记录了多个日期时间。

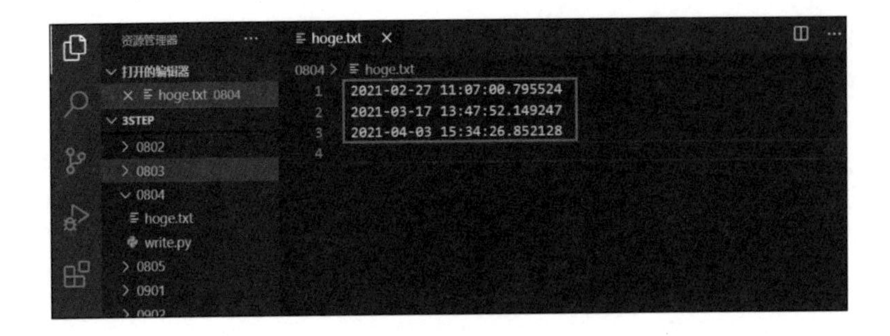

关闭文件

在使用完文件后，只需调用 close 方法将其关闭即可。我们可以把这一操作想象成把打开的文件合上，并放回到原来的架子上。

在关闭文件后，无论以何种模式打开，都不能继续进行读写。

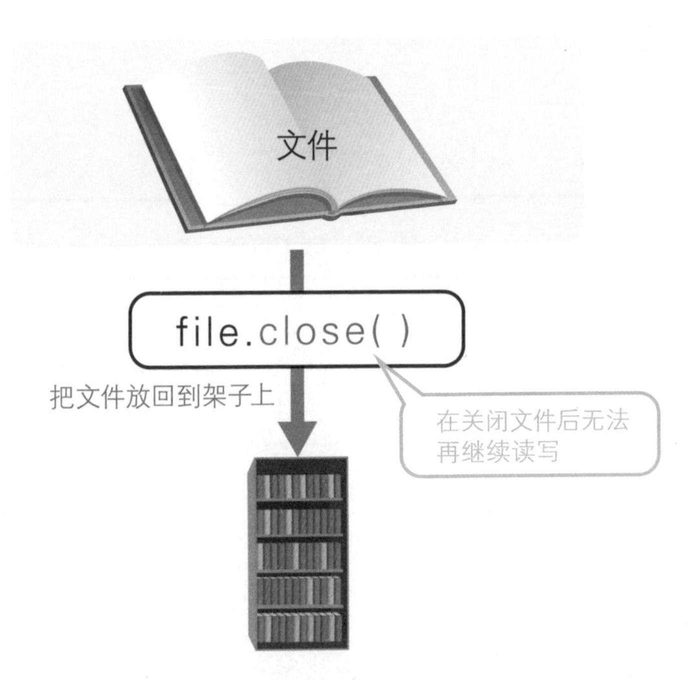

程序（脚本）在结束时会自动关闭打开的文件，因此在小型的程序（脚本）中，并非总是需要特意关闭文件。但是，我们仍然有必要养成“使用后就整理（关闭文件）”的好习惯，为以后设计更大的应用打好基础。

>>> 补充：自动关闭文件

使用 with 块，可以创建在退出代码块时自动关闭的文件对象。

[语法] with 语句

```
with open(...) as 文件对象 :
    处理文件的命令
```

比如，将本节体验❶中的代码用 with 语句改写后，可以得到下面的代码。

```
import datetime


with open('0804/hoge.txt', 'w', encoding='UTF-8') as file:
    file.write(str(datetime.datetime.now()) + '\n')
print(' 文件已保存。')
```

改写后文件的使用范围更加明确，而且我们也不必担心忘记使用 close 方法关闭文件了。

小　结

◎ 在开始读写文件之前，需要使用 open 函数将其打开。

◎ 要想将数据写入文件，需要使用 "w" 模式或 "a" 模式打开文件。

◎ 通过调用 write 方法向文件中写入数据。

◎ 对于使用后的文件，必须使用 close 方法关闭。

8.5 读取文本文件中的字符串

示例程序 | [0805] → [read.py]、[readline.py]、[readline2.py]

预习 读取文件的方法

程序不仅可以写入文件，也可以读取文件。读取文件的过程与写入过程相同，通常为“打开文件”→“处理（读取）文件”→“关闭文件”。唯一的区别是，必须以读取模式打开文件。

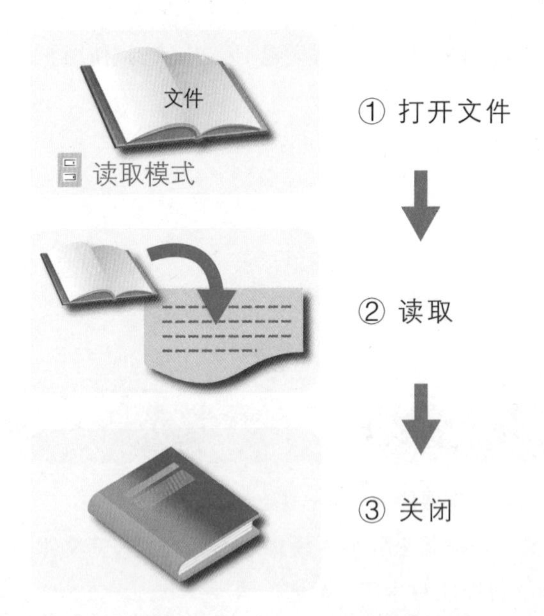

下面，我们将读取事先准备好的文本文件，并将其输出到屏幕上。我们将通过几种不同的方法来完成这个任务，请留意每种方法的优缺点。

体验 从文本文件读取数据

1 准备文件

需要读取的文件可以从我们在 2.3 节下载的示例文件夹中找到。请将其中的 /complete/0805/sample.txt 文件复制到 0805 文件夹。

在继续下一步之前，让我们通过 VSCode 确认一下 sample.txt 中都有什么。

```
01: WINGS 正在招募新成员!
02: 你想与我们一起工作吗?
03: 请联系我们的人事负责人!
```

2 读取文件内容

参考 3.2 节体验❶～❷的操作，在 0805 文件夹中新建一个名为 read.py 的文件。打开编辑器，输入如右图所示的代码。打开文件，读取所有内容❶。

在输入完毕后，单击 （全部保存）按钮保存文件。

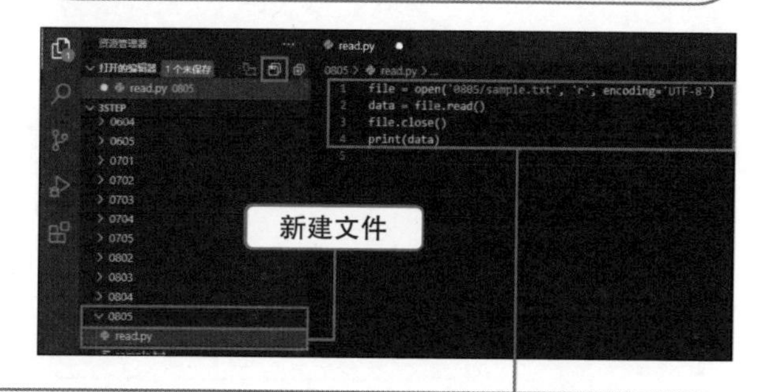


```python
01: file = open('0805/sample.txt', 'r', encoding='UTF-8')
02: data = file.read()
03: file.close()
04: print(data)
```

3 运行代码

在“资源管理器”面板中，右键单击 read.py 文件❶，从弹出的菜单中选择“在终端中运行 Python 文件”❷。在运行文件后，程序会显示 sample.txt 中的内容。

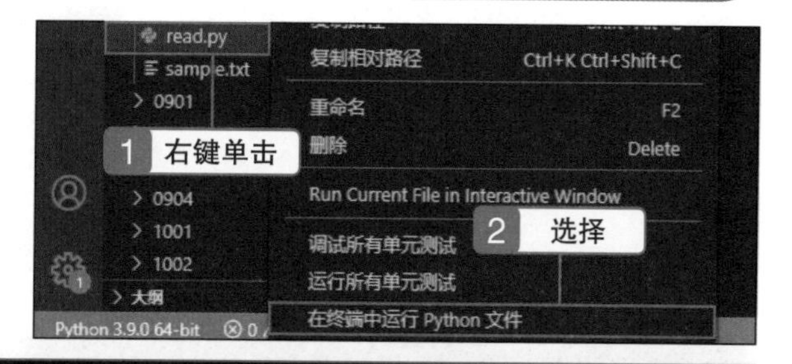


```
PS C:\3step> & C:/Users/jun.JUN-DESKTOP/AppData/Local/Programs/Python/Python39/
python.exe  c:/3step/0805/read.py
WINGS正在招募新成员!
你想与我们一起工作吗?
请联系我们的人事负责人!
```

运行结果

4 以行为单位读取文件（其一）

参考本节体验❷的操作，在 0805 文件夹中新建一个名为 readline.py 的文件。打开编辑器，输入如右图所示的代码。打开文件，以行为单位读取文件，并将文件内容保存到列表 data 中❶。然后，使用 for 语句按顺序输出列表中的数据❷。

在输入完毕后，单击（全部保存）按钮保存文件。

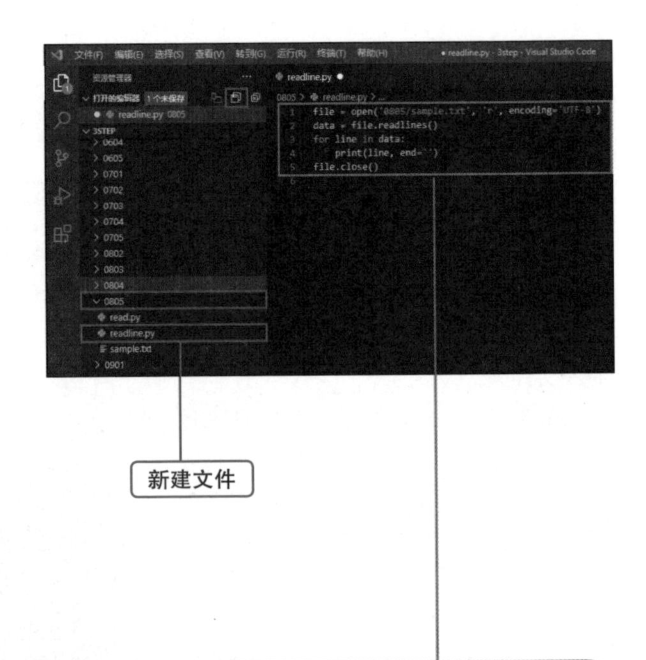

>>> **Tips**
>
> 打开变量 file 中设定的文件这一处理与本节体验❷中的内容相同，可以直接从 read.py 中将相关代码复制并粘贴过来使用。

```
01: file = open('0805/sample.txt', 'r', encoding='UTF-8')
02: data = file.readlines()          ❶
03: for line in data:                ❷
04:     print(line, end='')
05: file.close()
```

5 运行代码

参考本节体验❸运行 readline.py 文件。可以看到运行结果与本节体验❸中一样。

```
尝试新的跨平台 PowerShell https://aka.ms/pscore6

PS C:\3step> & C:/Users/jun.JUN-DESKTOP/AppData/Local/Programs/Python/Python39/python.exe c:/3step/0805/readline.py
WINGS正在招募新成员！
你想与我们一起工作吗？
请联系我们的人事负责人！
PS C:\3step>
```

```
PS C:\3step> & C:/Users/jun.JUN-DESKTOP/AppData/Local/Programs/Python/Python39/
python.exe  c:/3step/0805/readline.py
WINGS正在招募新成员！
你想与我们一起工作吗？
请联系我们的人事负责人！
```

运行结果

6 以行为单位读取文件（其二）

参考本节体验❷的操作，在 0805 文件夹中新建一个名为 readline2.py 的文件。打开编辑器，输入如右图所示的代码。打开文件❶，并使用 `for` 语句按顺序输出文件中的数据❷。

在输入完毕后，单击 （全部保存）按钮保存文件。

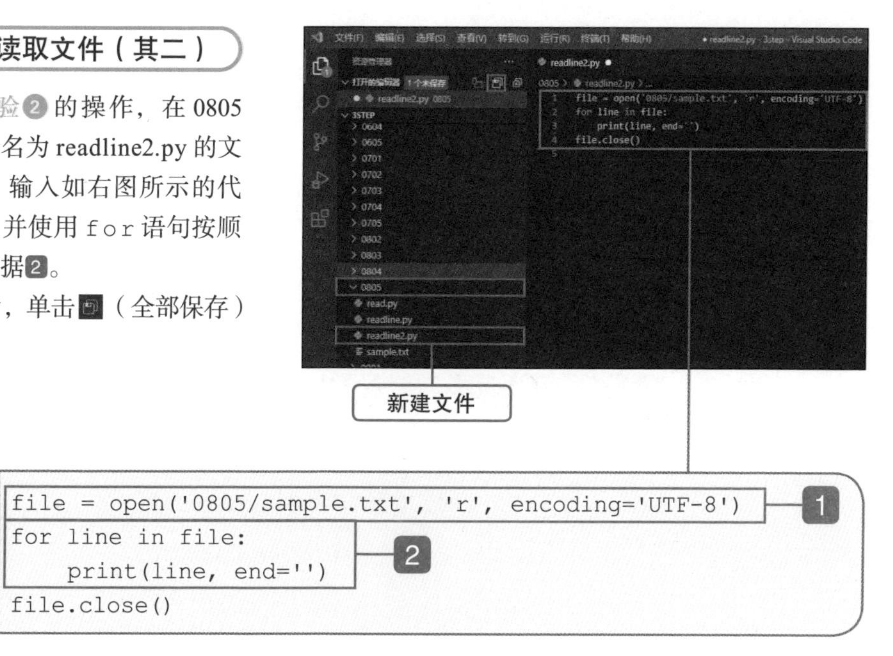

7 运行代码

参考本节体验❸运行 readline2.py 文件。可以看到运行结果与本节体验❸中一样。

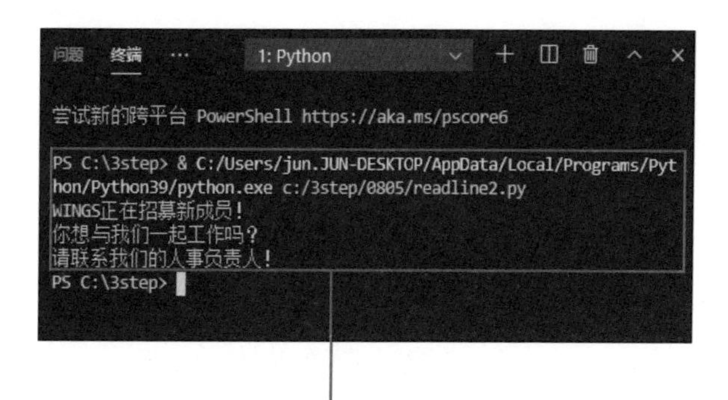


```
PS C:\3step> & C:/Users/jun.JUN-DESKTOP/AppData/Local/Programs/
Python/Python39/python.exe  c:/3step/0805/readline2.py
WINGS正在招募新成员！
你想与我们一起工作吗？
请联系我们的人事负责人！
```

运行结果

理解 从文件读取数据的方法

以读取模式打开文件

读取文件的大致流程和写入时相同，都是“打开文件”→“处理文件”→“关闭文件”。只是，这次通过 open 函数打开文件时使用的模式不是 "w"（write），而是 "r"（read）。下表总结了一些 open 函数中常见的模式。

模式	描述
r	只读模式（当文件不存在时报错。这是默认模式）
w	只写模式（当文件不存在时创建新文件）
a	追加模式（当文件不存在时创建新文件）
r+	读写模式（当文件不存在时报错）
w+	读写模式（当文件不存在时创建新文件）
a+	读写、追加模式（当文件不存在时创建新文件）

像 r+ 和 w+ 这样将加号 + 与其他模式组合使用，可以同时进行读写操作。

读取文件中的所有内容——read 方法

读取文本文件的方法有好几种，其中最简单的就是 read 方法（本节体验❷）。

[语法] read 方法

```
文件对象 .read( 大小 )
```

使用 read 方法可以从当前文件返回指定大小的文本。如果省略大小，则一次性读取整个文件。

本节体验❷中使用 print 函数直接输出了 read 方法读取的文本。

以行为单位读取文件——readlines 方法

使用 `readlines` 方法可以以行为单位读取文件，并以列表形式返回读取结果。

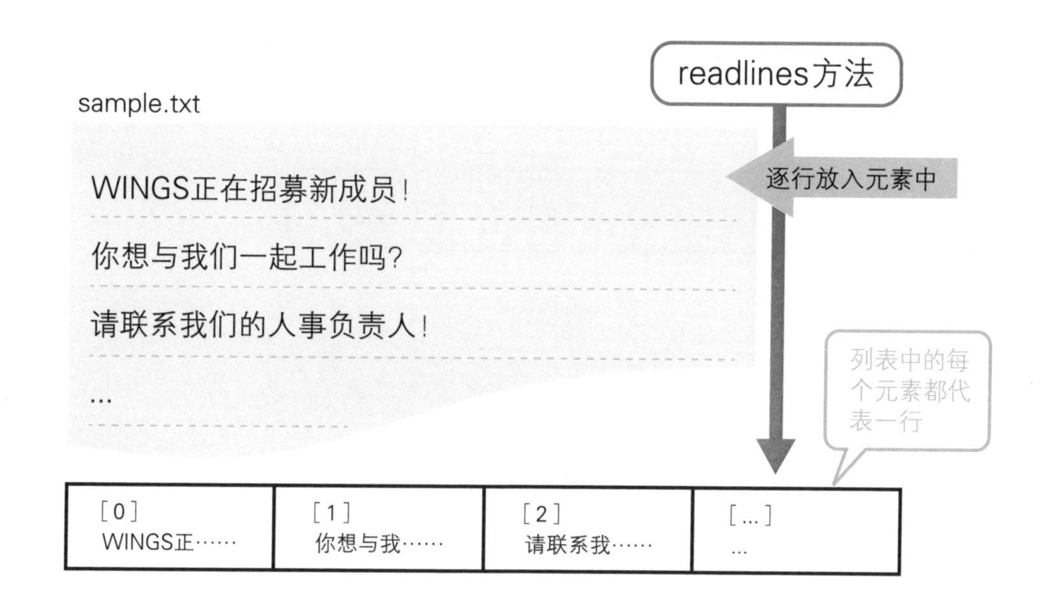

因为行是列表的元素，所以我们可以方便地处理或加工读取的文本。

删除末尾的换行符

在使用 `readlines` 方法读取文本时，每个元素的末尾都包含换行符。因此，在使用 `print` 函数输出 `readlines` 方法的返回值时，需要注意避免出现多个换行符。

通过readlines方法创建的列表

0	WINGS正在招募新成员！↵
1	你想与我们一起工作吗？↵
2	请联系我们的人事负责人！↵
⋮	⋮

各行末尾的换行符不变

按顺序输出

print(WINGS 正在招募新成员！↵)

使用print输出

print函数也会添加换行符

WINGS 正在招募新成员！↵↵

如果直接输出，那么返回的结果中会同时包含元素末尾的换行符和使用 `print` 函数输出时的换行符。然而，这并不是我们想要的结果。因此，本节体验❹中使用 `end=''` 去除了 `print` 函数创建的换行符。

参数 `end` 代表使用 `print` 函数输出时添加到末尾的字符，将它设置为空字符（`''`），可以使 `print` 函数末尾不添加换行符。

COLUMN 删除字符串末尾的换行符

另一种方法是使用 `rstrip` 方法。`rstrip` 方法可以从字符串末尾（下面例子中的变量 `line`）删除指定的字符。

```
print(line.rstrip('\n'))
```

在 for 块中处理文件对象

通过将文件对象传递给 `for` 语句，可以逐行读取文件中的内容。

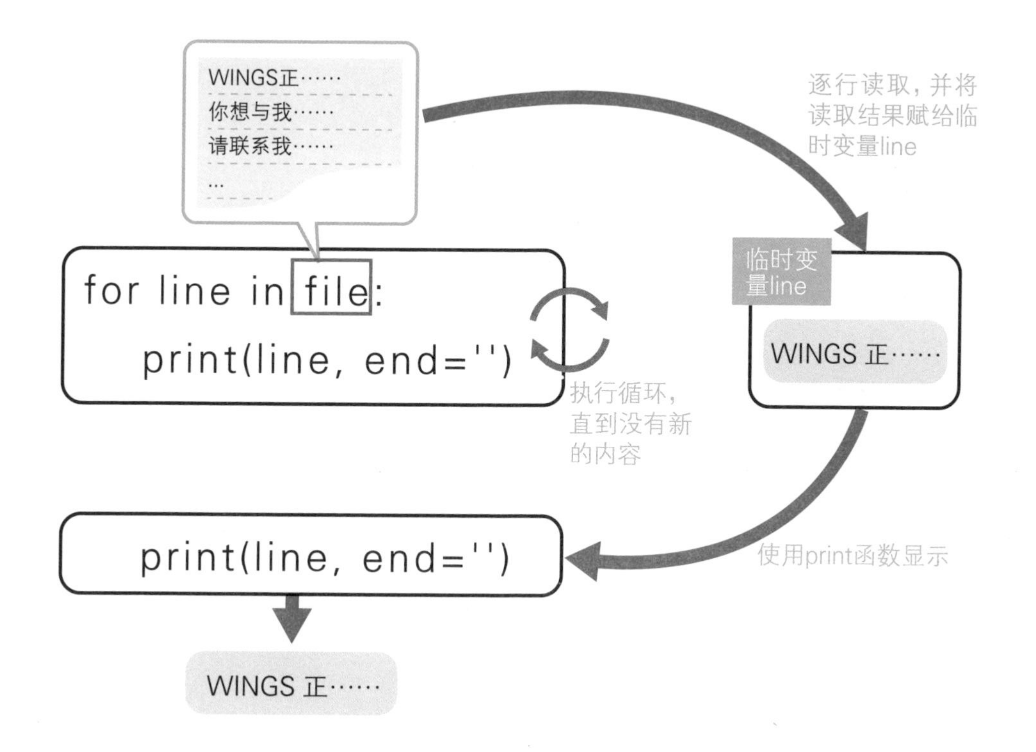

这种方法看起来与 `readlines` 方法很相似，不同的是 `readlines` 会在一开始就将整个文件加载到列表中。而这里则是将文件对象传递给 `for` 语句，一边读取文件，一边进行处理。这样就不需要一次性提取所有文件，从而减轻了内存的负担。

小 结

◎ 如果只想读取文件，可以用 `"r"` 模式打开文件。

◎ 通过调用 `read` 方法或 `readlines` 方法，可以从文件中读取数据。

◎ 将文件对象传递给 `for` 语句，可以逐行读取文件。

第 8 章 练习题

练习题 1

请尽可能地使用简短的代码实现下面的内容。

1. 从字符串变量 str 中取出第 2 ~ 4 个字符（开头是第 0 个字符）。
2. 以逗号为分隔符分隔字符串变量 str。
3. 使用 "{0} 是 {1}。" 创建字符串 "小樱是仓鼠。"
4. 从 math 模块中显式地导入 floor 函数。

练习题 2

下面的代码用于求从今年 6 月 25 号算起 60 天后的日期。请在空格处填入适当的内容，完成代码。

```
# date.py

[   ①   ] datetime

today = datetime.date. [   ②   ]
six = datetime.date( [   ③   ] , 6, 25)
delta = [   ④   ] (days=60)

print(six [   ⑤   ] delta)
```

练习题 3

下面的代码用于逐行读取 0805/sample.txt，并按顺序输出读取结果。不过，代码中存在 3 处错误，请将错误指出并改正。

```
# readline.py

file = open('0805/sample.txt', 'w', 'UTF=8')
for line in file:
    print(line)
```

第 9 章

用户自定义函数

9.1 基本函数

9.2 理解变量的作用域

9.3 设定参数的默认值

9.4 将函数保存成文件

9.1 基本函数

示例程序 | [0901] → [func.py]

预习 什么是函数

正如前面提到的那样，Python 有多种内置函数。但是，仅有内置函数是不够的。在需要多次进行相同的操作，却没有对应的内置函数时，我们可以自己定义函数。这样的函数称为自定义函数。

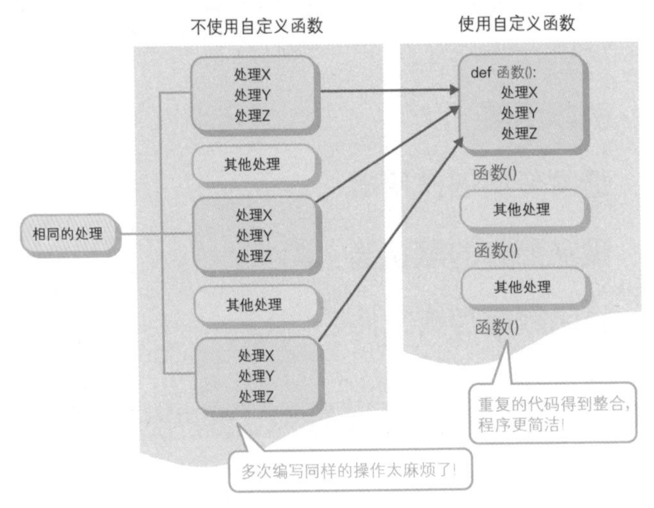

自定义函数可以把执行类似操作的代码整合到一起，让代码更加精简。除此之外，因为在修改代码时只需要修改函数即可，所以更容易防止漏改和误改的情况发生。也正因为如此，对于具有一定规模的程序开发来说，自定义函数是不可或缺的。

下面，我们将定义一个名为 `get_triangle` 的函数，用来根据给出的三角形的底边和高求三角形的面积。

体验 定义并调用用户自定义函数

1 定义函数

参考 3.2 节体验❶～❷的操作，在文件夹 0901 中新建一个名为 func.py 的文件。打开编辑器，输入如右图所示的代码，定义根据输入的底边（base）和高（height）求三角形面积的函数 get_triangle ❶。

在输入完毕后，点击按钮（全部保存）保存文件。

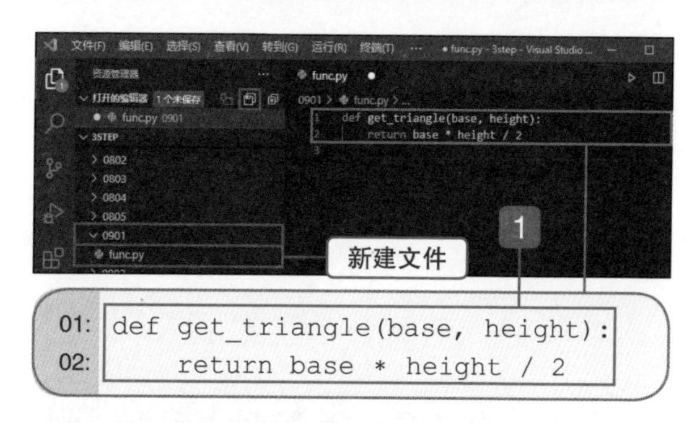

2 添加用来调用函数的代码

如右图所示，在本节体验❶的代码后添加代码，以调用 get_triangle 函数❶，并输出结果❷。

在输入完毕后，点击按钮（全部保存）保存文件。

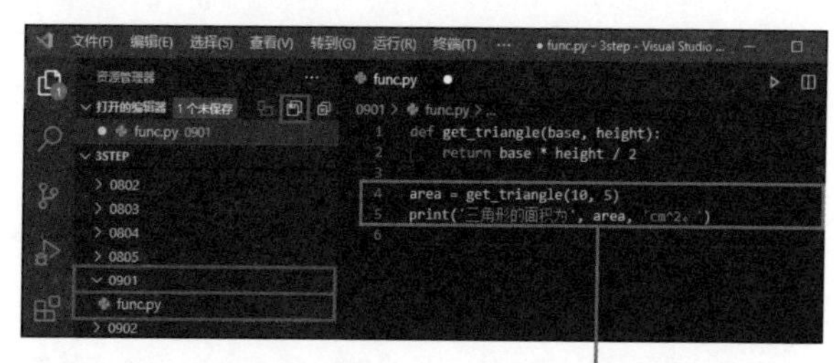

```
04: area = get_triangle(10, 5)
05: print('三角形的面积为', area, 'cm^2。')
```

3 运行代码

在“资源管理器”面板中，右键单击 func.py 文件❶，从弹出的菜单中选择“在终端中运行 Python 文件”❷。在运行文件后，可以看到终端中显示了计算得出的三角形面积。

```
PS C:\3step> & C:/Users/jun.JUN-DESKTOP/AppData/Local/Programs/Python/Python39/
python.exe  c:/3step/0901/func.py
三角形的面积为 25.0 cm^2。
```

运行结果

理解 什么是用户自定义函数

定义用户自定义函数

在定义用户自定义函数时，要使用 def 语句。

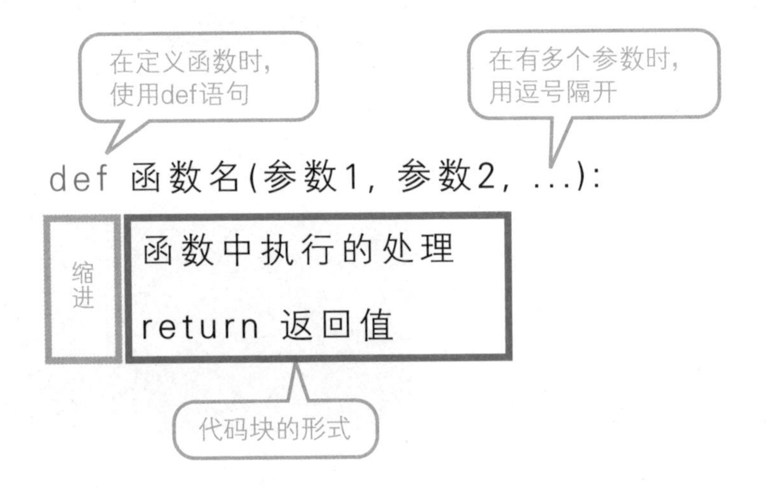

参数的个数因函数而异。在有多个参数时，要用半角逗号（,）将它们分别列出；在没有参数时，只需写上空的圆括号（括号本身不能省略）。

与 if、while 类似，用缩进表示函数体。函数通过输入的参数来执行指定的任务。拿本节体验❶的例子来说，函数根据底边（base）和高（height）来计算三角形的面积。

return 语句的作用是将函数结果返回到函数调用源。在本节体验❶的例子中，就是返回通过 base * height / 2 计算得到的三角形面积。若没有结果（返回值），也可以省略 return 语句。

COLUMN 函数的命名规则

函数的命名规则和变量（4.2 节）相同，需要使用英文小写字母和数字，并在单词与单词之间加入下划线（_）。虽然不是强制规定，但我们推荐使用 get_triangle 这种“动词 + 名词”的组合，来提高代码可读性。

››› 运行用户自定义函数

与调用内置函数的方法相同，可以通过“函数名（参数，...）”这样的形式来调用用户自定义函数。

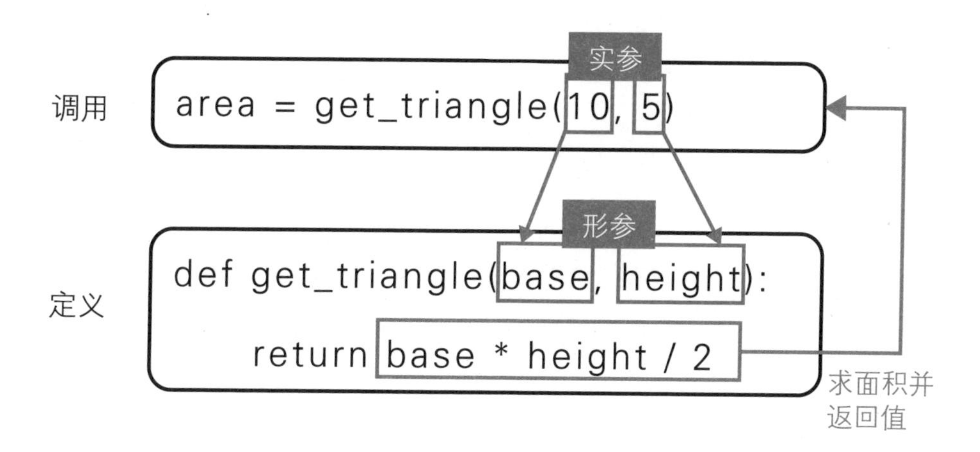

为了区分调用函数时的参数和定义函数时的参数，我们通常将前者称为实参，将后者称为形参。在调用时，实参的值将被传递给形参，以供函数使用。

小　结

◎ 在定义函数时，要使用 def 语句。

◎ return 语句的作用是将函数结果返回到函数调用源。

◎ 在函数中定义的参数叫作形参，传递给函数的参数叫作实参。

第 9 章 用户自定义函数

9.2 理解变量的作用域

示例程序 | [0902] → [scope.py]

预习 什么是变量的作用域

在使用函数的过程中，我们一定会遇到变量作用域的问题。作用域就是指变量可以使用的区域（范围）。

具体来说，在函数外定义的变量可以在文件中的任何位置调用，称为全局变量，而在函数内部定义的变量只能在函数中调用，称为局部变量。

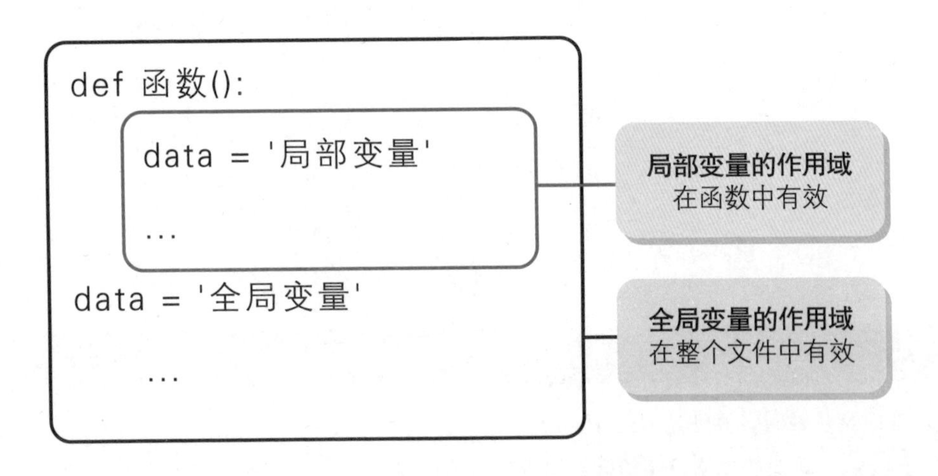

下面，我们将分别在函数内和函数外定义变量 num，并通过调用它们来理解变量的作用域。

体验 确认变量的作用域

1 在函数内外定义同名变量

参考 3.2 节体验❶ ~ ❷的操作，在 0902 文件夹中新建一个名为 scope.py 的文件。打开编辑器，输入如右图所示的代码。在 test_scope 函数中定义变量 num，并将变量值打印出来❶。此外，在函数外定义一个同名变量 num❷，也将变量值打印出来❸。

在输入完毕后，单击▣（全部保存）按钮保存文件。

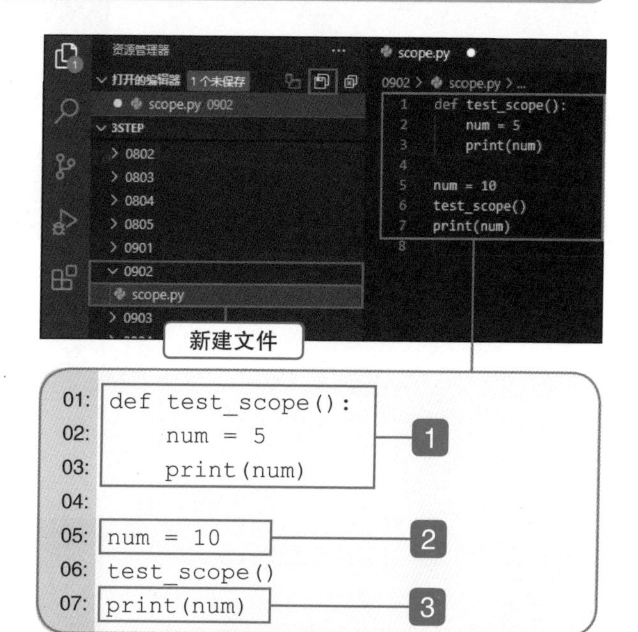

2 运行代码

在“资源管理器”面板中，右键单击 scope.py 文件❶，从弹出的菜单中选择“在终端中运行 Python 文件”❷。在运行文件后，可以看到终端中分别输出了局部变量 num 的值❸和全局变量 num 的值❹。

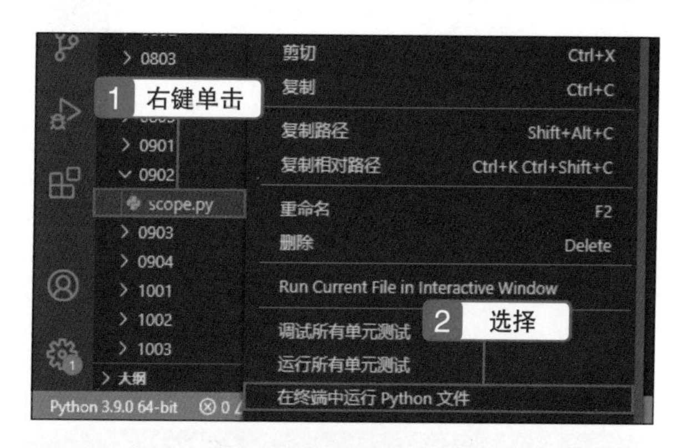


```
PS C:\3step> & C:/Users/jun.JUN-DESKTOP/AppData/Local/
Programs/Python/Python39/python.exe  c:/3step/0902/scope.py
5      ❸
10     ❹
```

3 注释掉局部变量

如右图所示编辑本节体验①的代码，使局部变量 num 无效❶。

在编辑完毕后，单击 (全部保存) 按钮保存文件。

> **Tips**
>
> 通过将代码变成注释使代码无效，称为注释掉（comment out）；反之，删除注释使代码有效，则称为取消注释（comment in）。

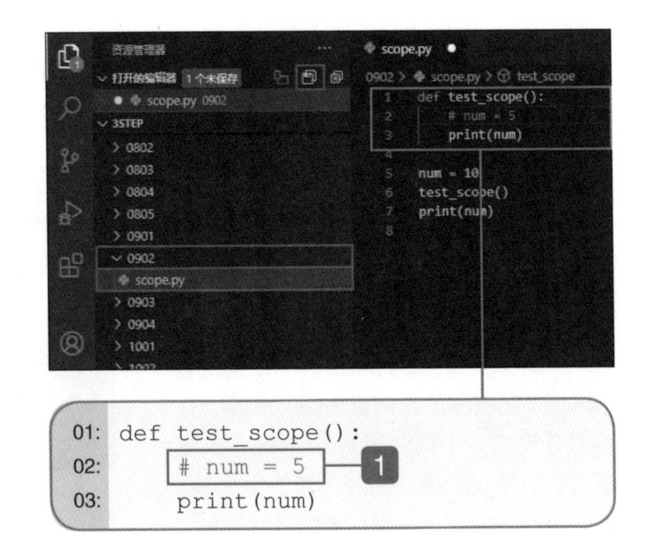

4 运行代码

参考本节体验②运行 scope.py 文件。可以看到终端中的❶和❷均输出了全局变量 num 的值。

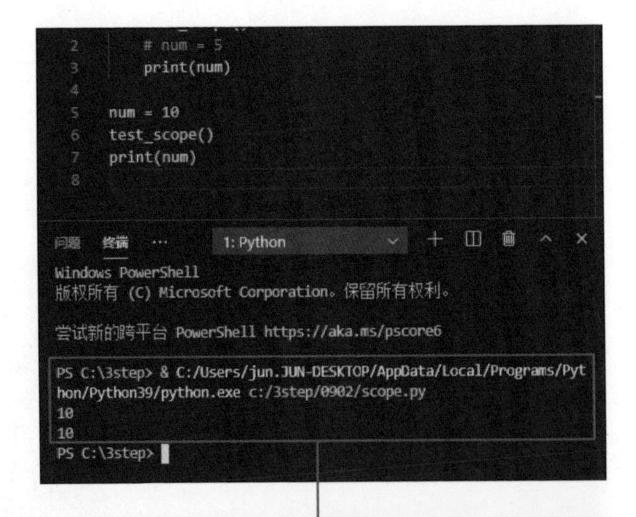


```
PS C:\3step> & C:/Users/jun.JUN-DESKTOP/AppData/Local/Programs/Python/Python39/
python.exe  c:/3step/0902/scope.py
10   ❶
10   ❷
```

5 注释掉全局变量

如右图所示编辑本节体验❸的代码，使局部变量 num 有效❶，同时注释掉全局变量 num❷。

在编辑完毕后，单击▣（全部保存）按钮保存文件。

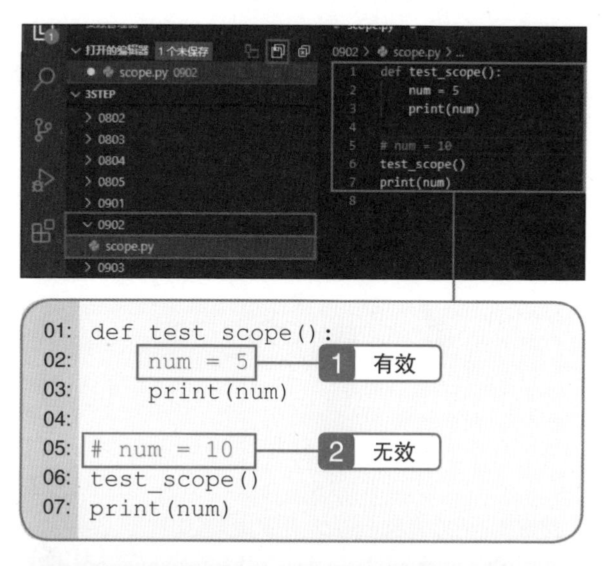

6 运行代码

参考本节体验❷运行 scope.py 文件。可以看到终端中的❶输出了局部变量的值，而❷则报错。

```
0902 > scope.py > ...
1  def test_scope():
2      num = 5
3      print(num)
4
5  # num = 10
6  test_scope()
7  print(num)
8
```

```
PS C:\3step> & C:/Users/jun.JUN-DESKTOP/AppData/Local/Programs/Python/Python39/python.exe c:/3step/0902/scope.py
5
Traceback (most recent call last):
  File "c:\3step\0902\scope.py", line 7, in <module>
    print(num)
NameError: name 'num' is not defined
PS C:\3step>
```

```
PS C:\3step> & C:/Users/jun.JUN-DESKTOP/AppData/Local/Programs/Python/Python39/
python.exe  c:/3step/0902/scope.py
5                                                        1
Traceback (most recent call last):
  File "c:\3step\0902\scope.py", line 7, in <module>     2
    print(num)
NameError: name 'num' is not defined
```

作用域

>>> 作用域的基本概念

首先，变量的作用域是由“声明变量的位置”决定的。

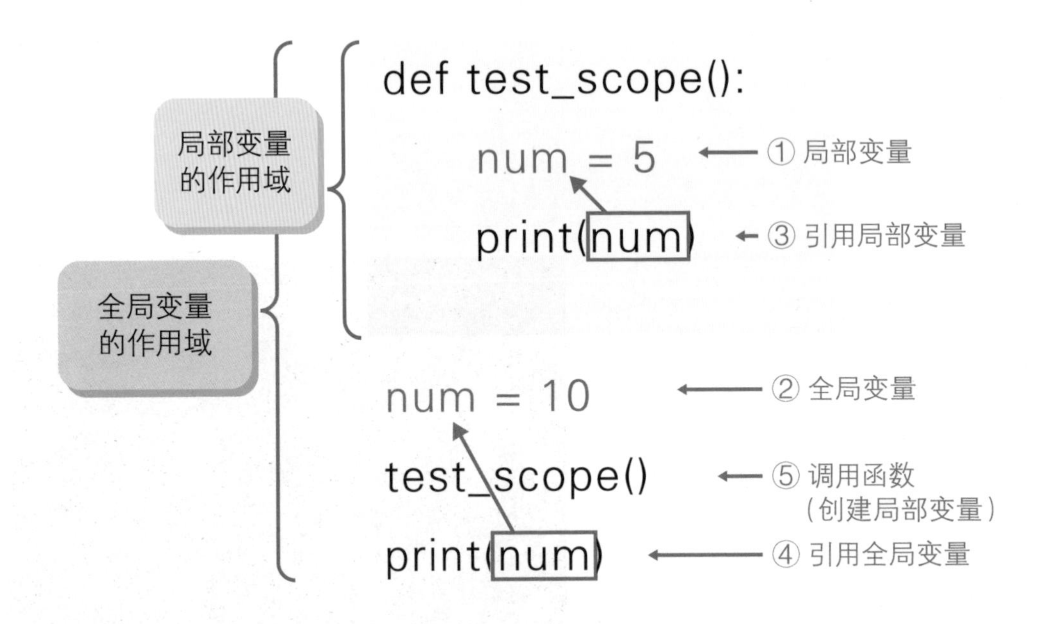

以本节体验❶为例，在 `test_scope` 函数内部定义的变量 `num`（①）是局部变量，而在函数外定义的变量 `num`（②）是全局变量。

需要注意的是，只要变量的作用域不同，那么即使变量名相同，也会被认为是不同的变量。因此，③返回了局部变量 `num` 的值，而④返回了全局变量 `num` 的值。也就是说，全局变量的值并不会因为函数调用（⑤）而被覆盖（换句话说，10 不会变成 5）。

当引用不存在的局部变量时

在本节体验❸中，当函数中指定的局部变量不存在时，程序会自动访问全局变量。

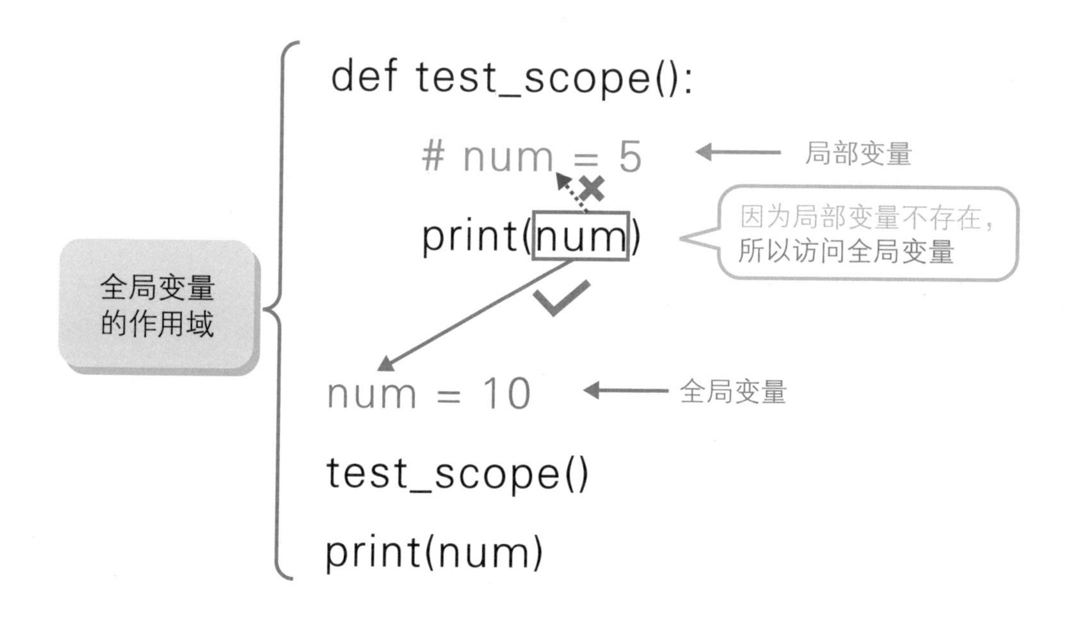

全局变量也能在函数中使用。本节体验❶中的 `test_scope` 函数调用中之所以没有使用全局变量，是因为有一个同名的局部变量存在，这导致了全局变量暂时失效。

COLUMN　什么是 UnboundLocalError

在本节体验❸的例子中，如果执行下面的代码，就会出现 UnboundLocalError（未初始化局部变量）这样的报错。

```
def test_scope():
    # num = 5
    print(num)  ②
    num = 13    ①
```

这是因为，通过在函数中给变量 num 赋值（①），从而创建了局部变量 num。局部变量在函数下的所有区域有效。这就导致了②中引用的变量 num 也会被认为是局部变量。但是，当程序运行到②时，局部变量 num 还没有被赋值，所以程序才会因为“没有初始化”而报错。

为了防止类似错误，我们可以使用 global 语句。

```
def test_scope():
    # num = 5
    global num
    print(num)  ③
    num = 13    ④
```

这样就能告诉 Python“函数中的变量 num 是全局变量”。最终，当程序运行到③时，会引用全局变量；当运行到④时，会给全局变量 num 赋值。

>>> 当访问不存在的全局变量时

在本节体验❺中，当指定的全局变量不存在时，程序会报出 `NameError: name 'num' is not defined`（变量 num 不存在）的错误。

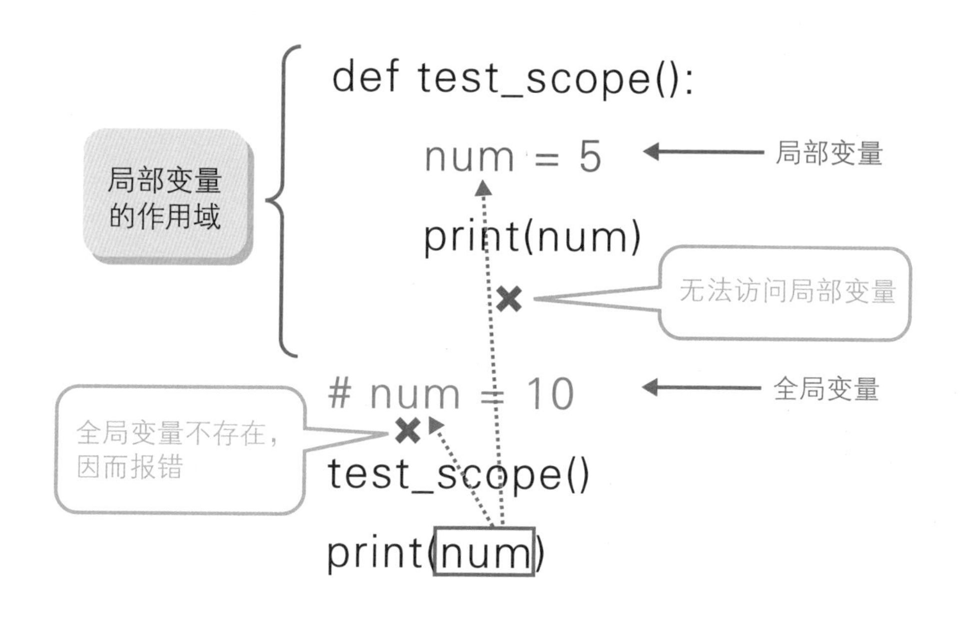

需要再次注意的是，与本节体验❸不同，局部变量 num 仅在函数内部有效，因此不能从函数外部引用。

小 结

◎ 变量的作用域由声明变量的位置决定。

◎ 局部变量只能在函数中访问。

◎ 当引用函数中并不存在的局部变量时，程序会尝试访问全局变量。

9.3 设定参数的默认值

示例程序 | [0903] → [func.py]

预习 什么是参数的默认值

函数中的参数还可以设定默认值。如果在调用函数时没有输入参数，那么就使用默认值。也就是说，如果设定过参数的默认值，那么在调用函数时就可以不用特意输入参数的值（在没有默认值时必须输入参数的值）。

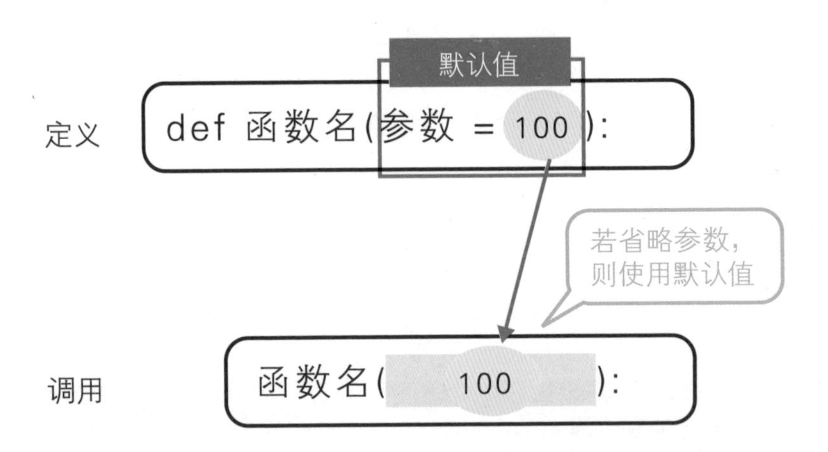

下面，我们将改写 9.1 节创建的 `get_triangle` 函数，并将底边（`base`）和高（`height`）的默认值设为 1。

另外，在设定默认值的过程中，我们还会介绍关键字参数的用法，它可以将值传递给指定参数。

体验 设定参数的默认值

1 复制文件

在“资源管理器”面板中，右键单击0901文件夹中的func.py文件①，从弹出的菜单中选择“复制”②。

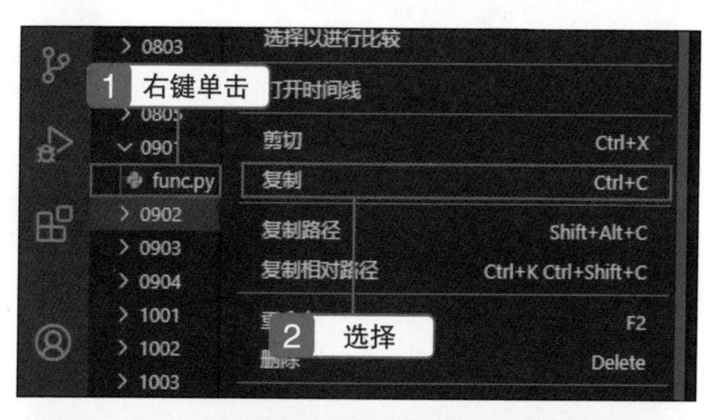

2 粘贴

右键单击0903文件夹①，从弹出的菜单中选择“粘贴”②。

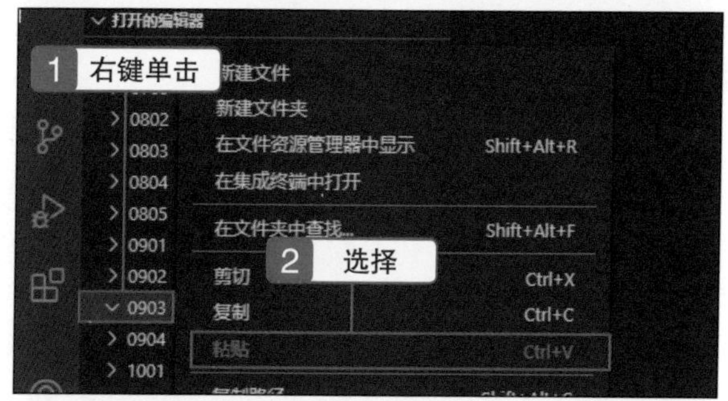

3 调用时省略参数

打开通过本节体验①～②得到的文件，如右图所示编辑代码，使程序在调用get_triangle函数时不指定任何参数①。

在编辑完毕后，单击（全部保存）按钮保存文件。

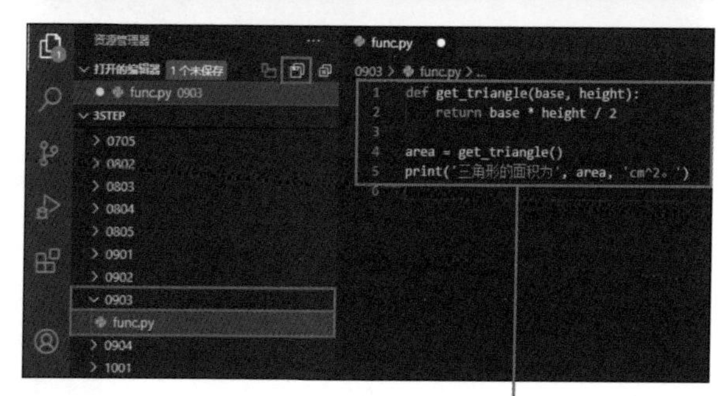

```
01: def get_triangle(base, height):
02:     return base * height / 2
03:
04: area = get_triangle()
05: print('三角形的面积为', area, 'cm^2。')
```

4 运行代码

在“资源管理器”面板中，右键单击 func.py 文件 1 ，从弹出的菜单中选择“在终端中运行 Python 文件” 2 。在运行文件后，可以看到终端中出现了如下错误信息：TypeError: get_triangle() missing 2 required positional arguments: 'base' and 'height'（缺少参数）。

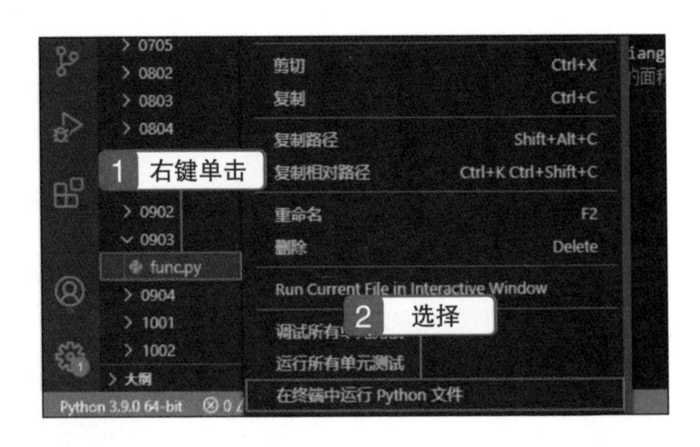

>>> Tips

get_triangle 函数的参数 base 和 height 都不存在默认值，因此它们都是必需的，不可以省略。

运行结果

```
PS C:\3step> & C:/Users/jun.JUN-DESKTOP/AppData/Local/
Programs/Python/Python39/python.exe  c:/3step/0903/func.py
Traceback (most recent call last):
  File "c:\3step\0903\func.py", line 4, in <module>
    area = get_triangle()
TypeError: get_triangle() missing 2 required positional
arguments: 'base' and 'height'
```

5 设定参数的默认值

如右图所示编辑本节体验 3 的代码，将参数 base 和 height 的默认值都设为 1 1 。

在编辑完毕后，单击（全部保存）按钮保存文件。

```
01: def get_triangle(base=1, height=1):
02:     return base * height / 2
```

1

6 运行代码

参考本节体验4运行 func.py 文件。在运行文件后，可以看到终端中显示了“三角形的面积为 0.5 cm^2。”。也就是说，程序使用了参数的默认值进行计算。

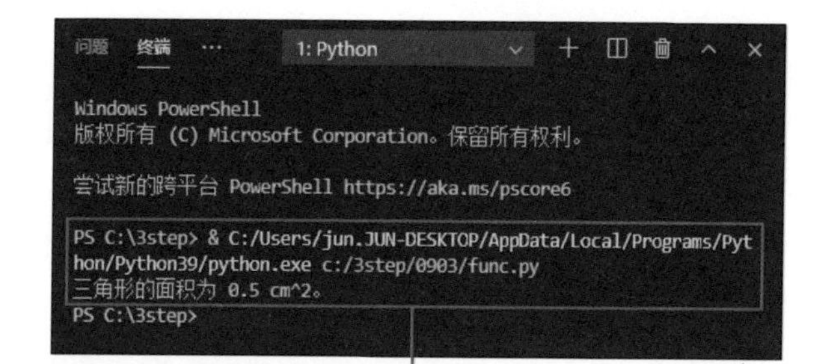


```
PS C:\3step> & C:/Users/jun.JUN-DESKTOP/AppData/Local/
Programs/Python/Python39/python.exe c:/3step/0903/func.py
三角形的面积为 0.5 cm^2。
```

运行结果

7 使用关键字参数

如右图所示编辑本节体验5代码，在调用函数时，给参数 height 的值加上形参名1。

在编辑完毕后，单击（全部保存）按钮保存文件。

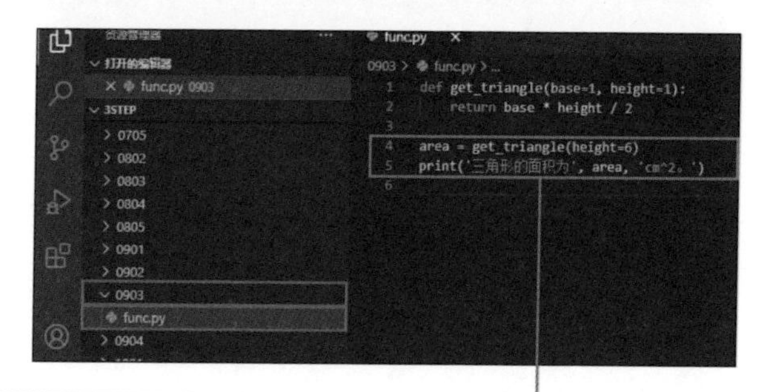


```
04: area = get_triangle(height=6)
05: print('三角形的面积为', area, 'cm^2。')
```

1

8 运行代码

参考本节体验4运行 func.py 文件。可以看到终端中显示了“三角形的面积为 3.0 cm^2。”，程序不仅对参数 height 进行了赋值，而且使用了参数 base 的默认值进行计算。

```
Windows PowerShell
版权所有 (C) Microsoft Corporation。保留所有权利。

尝试新的跨平台 PowerShell https://aka.ms/pscore6

PS C:\3step> & C:/Users/jun.JUN-DESKTOP/AppData/Local/Programs/Pyt
hon/Python39/python.exe c:/3step/0903/func.py
三角形的面积为 3.0 cm^2。
PS C:\3step>
```

```
PS C:\3step> & C:/Users/jun.JUN-DESKTOP/AppData/Local/
Programs/Python/Python39/python.exe  c:/3step/0903/func.py
三角形的面积为 3.0 cm^2。
```

运行结果

理解　理解参数的默认值

参数的默认值

在定义函数时，以"形参 = 默认值"的形式，在形参后给出默认值，即可设定参数的默认值。

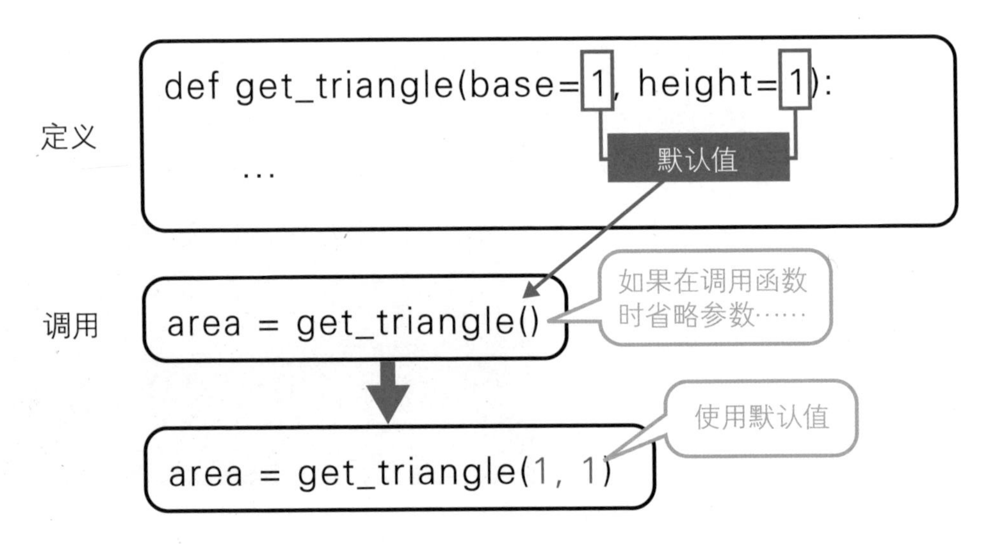

在本节体验❺中，参数 base 和 height 的默认值都设为了 1。与预想的一样，在本节体验❻中调用函数时，如果省略 base 和 height，就使用默认值计算 (1 × 1) ÷ 2，返回结果 0.5。我们也可以使用下面的代码，只省略参数 height。在这种情况下，程序计算 (10 × 1) ÷ 2，得到结果 5.0。

```
area = get_triangle(10)
```

省略参数时的注意事项

不可以只省略前面的参数 base，只有后面的参数才能单独省略。比如，打算省略参数 base 而写了如下代码：

```
area = get_triangle(5)
```

此时，程序不会把它视为：

```
area = get_triangle(1, 5)
```

而会认为省略的是参数 height，从而将其视为：

```
area = get_triangle(5, 1)
```

这一点请注意。

同样，在给形参设置默认值时，不能省略后面的参数的默认值（也就是说，不能在后面指定没有默认值的参数）。因此，在使用下面的语句定义函数时，程序会报错。

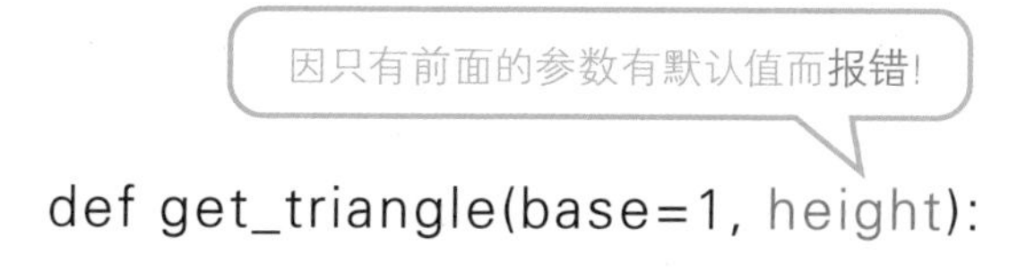

使用关键字参数

在调用函数时，还可以通过“形参名 = 值”的形式，使用名称来明确赋值对象。这种形式的参数称为关键字参数。

不知读者是否还记得，我们在 8.4 节使用过关键字参数，在调用 open 函数时指定了参数 encoding。

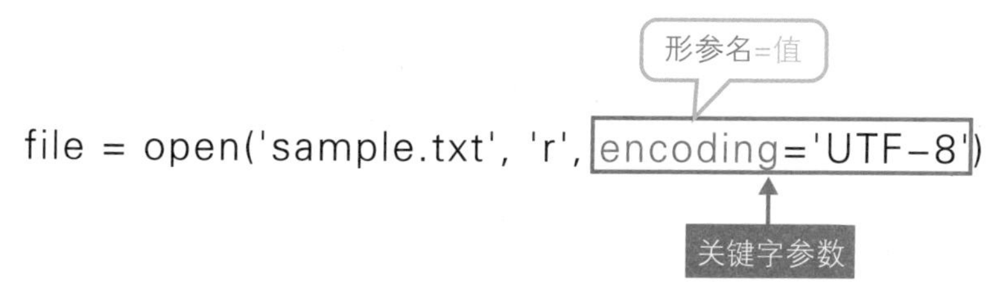

使用关键字参数有如下优点。

- **可以更加直观地理解参数的含义。**
- **可以更加灵活地设定所需的参数。**
- **可以在调用时自由调整参数顺序。**

以 get_triangle 函数为例，使用关键字参数可以进行如下调用。

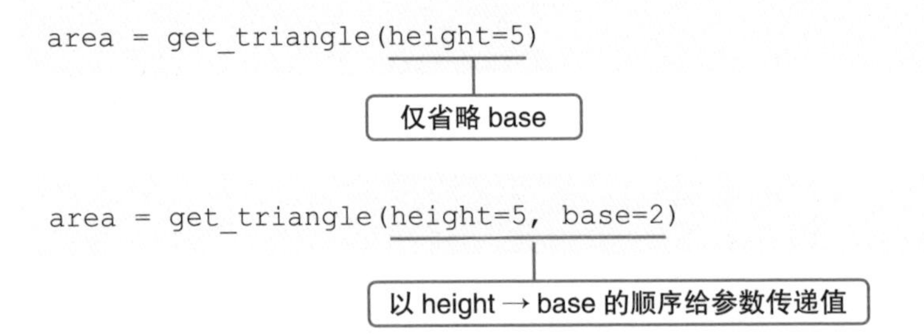

在调用函数时给出相应的形参名，虽然会导致代码冗长，但是在应对下面几种情况时十分有效。

- **参数的个数很多。**
- **有很多可省略的参数，而且在不同情况下要省略不同的参数。**

COLUMN open 函数

比如，open 函数为我们准备了许多参数（不知道每个参数的含义也不要紧）。

```
open(file, mode='r', buffering=-1, encoding=None, errors=None,
newline=None, closefd=True, opener=None)
```

如果想要在不使用关键字参数的情况下指定字符编码，就必须像下面的代码一样，给出一些不必要的参数的值（例如 mode、buffering 的值）。

```
open('test.txt', 'r', 10, 'UTF-8')
```

如何使用关键字参数

使用关键字参数并不需要在定义函数时进行额外的准备，我们可以直接使用形参名作为调用时的名称。

但是，使用关键字参数意味着，以前只是局部变量的形参在调用函数时会被用到。因此，除了要在命名上更下功夫之外，也要时刻注意下面这一点。

参数名称的改变会影响函数的调用。

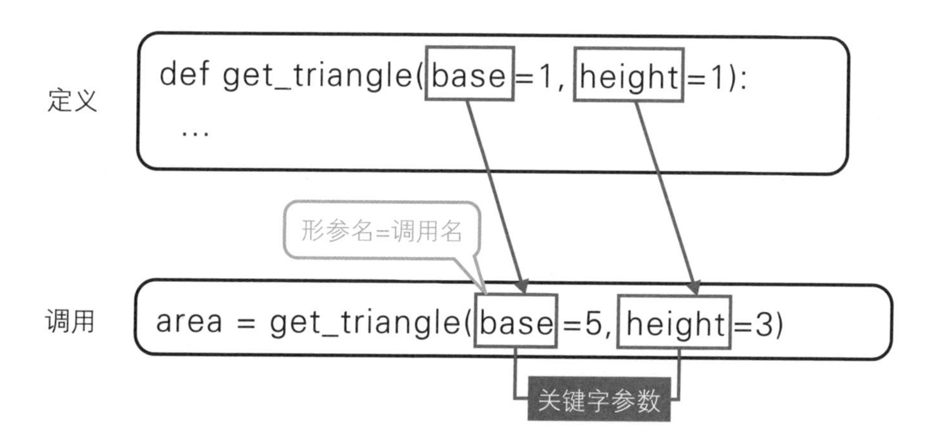

COLUMN 同时使用普通的参数和关键字参数

我们也可以同时使用普通（未命名）的参数和关键字参数。只是，在这种情况下，关键字参数必须写在普通的参数之后。

```
√  area = get_triangle(10, height=5)
×  area = get_triangle(base=10, 5)
```

关键字参数不可以写在前面

小　结

◎ 通过“形参名 = 值”的形式，可以给参数设定默认值。

◎ 拥有默认值的参数可以在调用时省略。

◎ 在给形参设置默认值时，后面的参数不能没有默认值。

◎ 在调用函数时，可以通过“形参名 = 值”的形式给出指定参数的值。

第 9 章 用户自定义函数

9.4 将函数保存成文件

示例程序 | [0904] → [area.py]、[area_client.py]

预习 文件形式的函数

自定义函数将多次进行的操作整合到了一起，因此很可能被多个代码文件调用。通常我们会将自定义函数单独保存成文件，以便多个代码文件导入并使用。

这也是模块提供的功能之一。8.2 节已经介绍了模块，我们不仅可以使用 Python 准备的内置模块，还可以使用自己制作的模块。通过将函数和类（第 10 章）模块化，可以更加方便地在应用中重复使用。

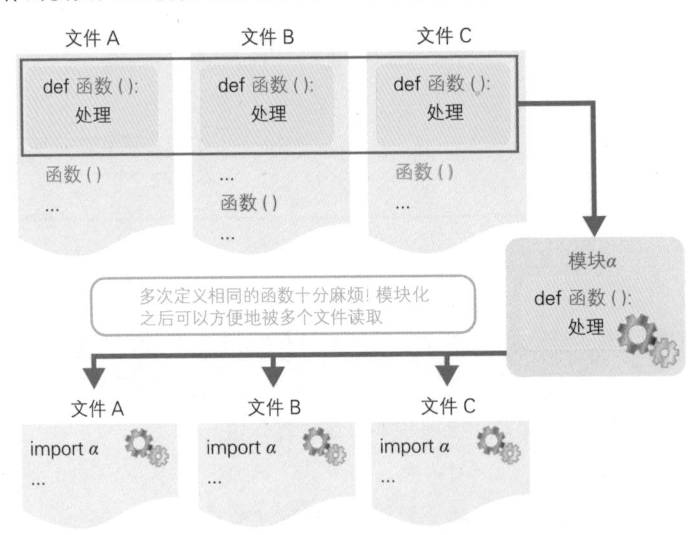

下面，我们将根据半径 `radius` 求圆的面积的 `get_circle` 函数定义成 `area` 模块，并对其进行调用。

体验　定义模块并调用

1 定义 area 模块

参考 3.2 节体验1 ~ 2的操作，在 0904 文件夹中新建一个名为 area.py 的文件。打开编辑器，输入如右图所示的代码，定义一个根据输入的半径（radius）的值求圆的面积的 get_circle 函数1。

在输入完毕后，单击（全部保存）按钮保存文件。

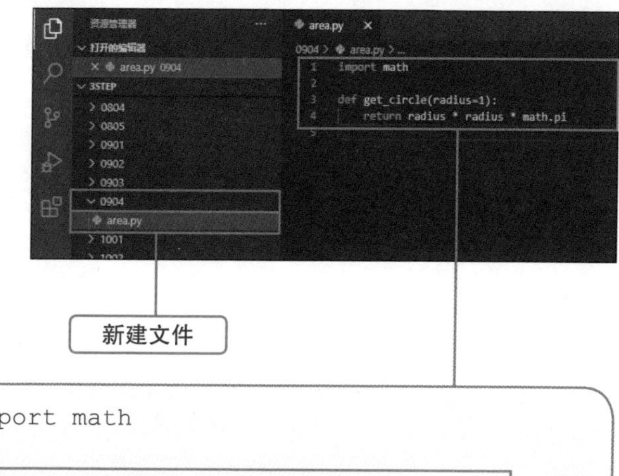


```
01: import math
02:
03: def get_circle(radius=1):
04:     return radius * radius * math.pi
```

2 调用 area 模块

参考本节体验1在 0904 文件夹中新建一个名为 area_client.py 的文件。打开编辑器，输入如右图所示的代码，导入 area 模块1，然后调用 get_circle 函数2。

在输入完毕后，单击（全部保存）按钮保存文件。

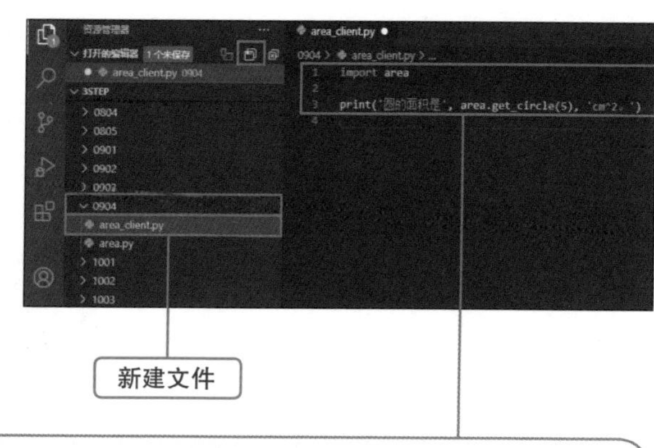


```
01: import area
02:
03: print('圆的面积是', area.get_circle(5), 'cm^2。')
```

3 运行代码

在“资源管理器”面板中，右键单击 area_client.py 文件1，从弹出的菜单中选择“在终端中运行 Python 文件”2。在运行文件后，可以看到终端中显示了圆的面积。

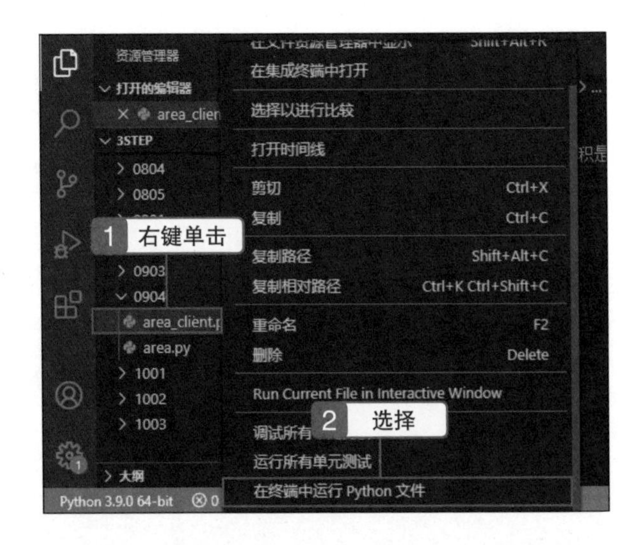

> **Tips**
>
> 在运行 area_client.py 后，程序会自动在 0904 文件夹中新建一个名为 __pycache__ 的文件夹。这个文件夹中保存有对模块进行编译后得到的文件，可以使下次的代码运行得更加迅速。

运行结果

```
PS C:\3step> & C:/Users/jun.JUN-DESKTOP/AppData/Local/Programs/
Python/Python39/python.exe  c:/3step/0904/area_client.py
圆的面积是 78.53981633974483 cm^2。
```

4 准备确认代码

如右图所示，在本节体验1的代码后添加代码1。这段代码仅在直接调用模块时运行。

```
area.py
0904 > area.py > ...
1  import math
2
3  def get_circle(radius=1):
4      return radius * radius * math.pi
5
6  if __name__ == "__main__":
7      print(get_circle(10), 'cm^2')
8      print(get_circle(7), 'cm^2')
9
```

```
06: if __name__ == "__main__":
07:     print(get_circle(10), 'cm^2')
08:     print(get_circle(7), 'cm^2')
```

1

5 运行代码

参考本节体验③运行 area_client.py 文件。请确认运行结果是否与本节体验③中相同。

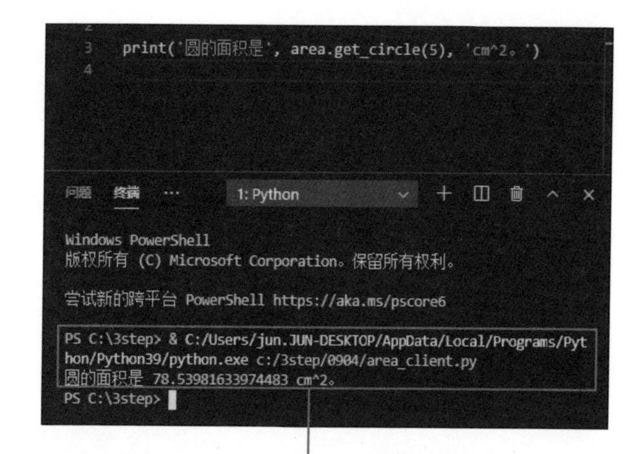


```
PS C:\3step> & C:/Users/jun.JUN-DESKTOP/AppData/Local/Programs/
Python/Python39/python.exe  c:/3step/0904/area_client.py
圆的面积是 78.53981633974483 cm^2。
```

运行结果

6 运行代码

参考本节体验③运行 area.py 文件。如下图所示，可以看到我们在本节体验④中添加的代码被运行，程序返回了“314.1592653589793 cm^2”和“153.93804002589985 cm^2”。

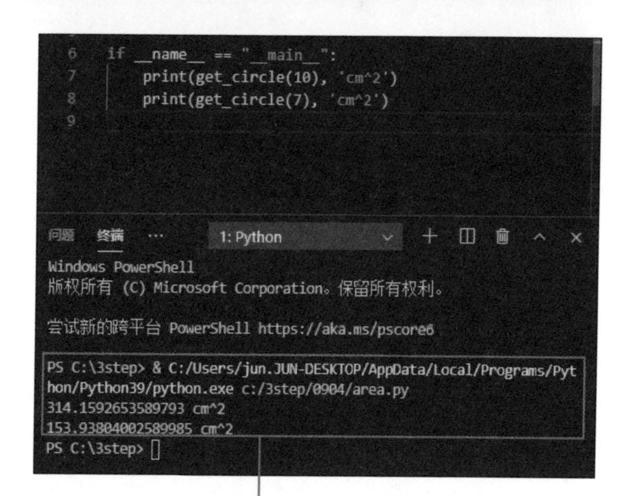


```
PS C:\3step> & C:/Users/jun.JUN-DESKTOP/AppData/Local/Programs/
Python/Python39/python.exe  c:/3step/0904/area.py
314.1592653589793 cm^2
153.93804002589985 cm^2
```

运行结果

理解 模块的基础知识

定义模块

模块与示例程序文件相同，扩展名都是“.py”。

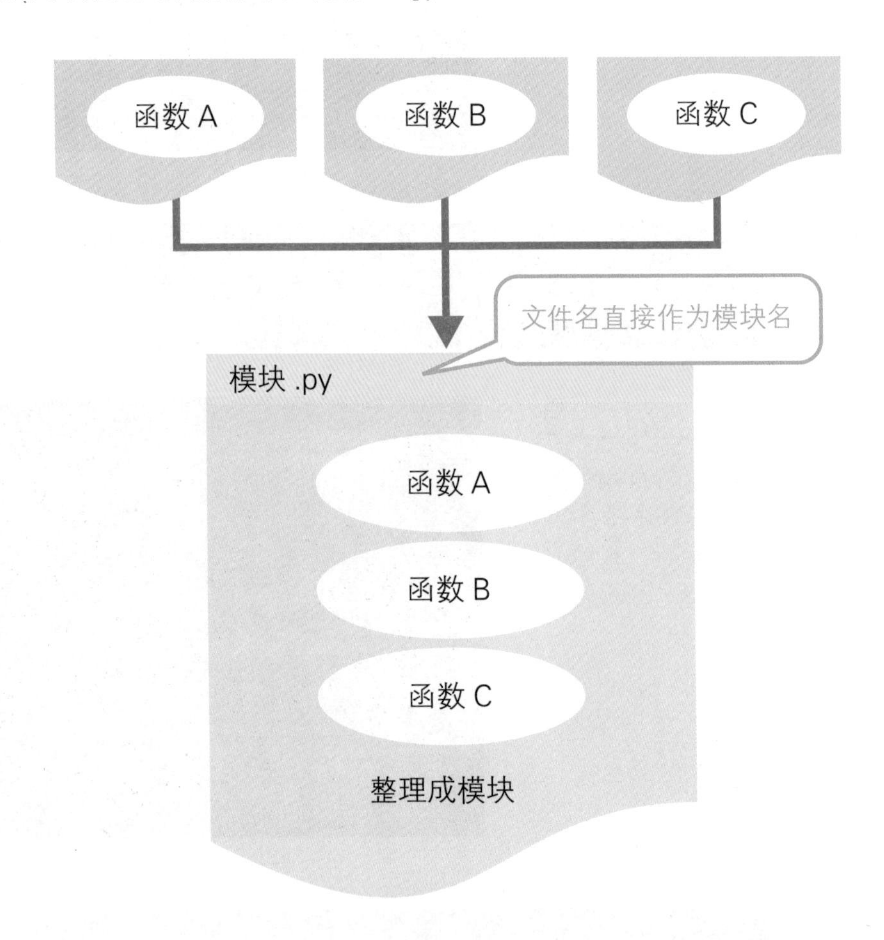

模块名就是文件名中不包括扩展名 .py 的部分，因此 area.py 中定义的是 area 模块。

在本节的例子中，我们只在 area 模块中定义了一个函数 get_circle，但其实也可以在模块中定义多个函数。

>>> 如何找到模块

import 语句会从下面的路径中搜索模块名。

1. 调用模块的脚本所在的文件夹。
2. 环境变量 PYTHONPATH 中设置的路径。
3. 由安装 Python 的环境指定的默认文件夹。

本节的例子属于第 1 种情况，即在 area_client.py 所在的文件夹中查找 area.py。

第 2 种情况中的环境变量是计算机中可以设定的变量。

以 Windows 10 为例，我们可以在“开始”按钮旁边的搜索框中输入“编辑系统环境变量”，单击后打开“系统属性”。

单击“环境变量 (N)...”，打开环境变量的编辑界面，在界面下方的“系统变量 (S)”栏中单击“新建 (W)...”按钮。在“新建系统变量”界面打开后，就可以设定环境变量 PYTHONPATH 了。如果要设定多个文件夹，需要使用分号（;）分隔文件夹的路径。

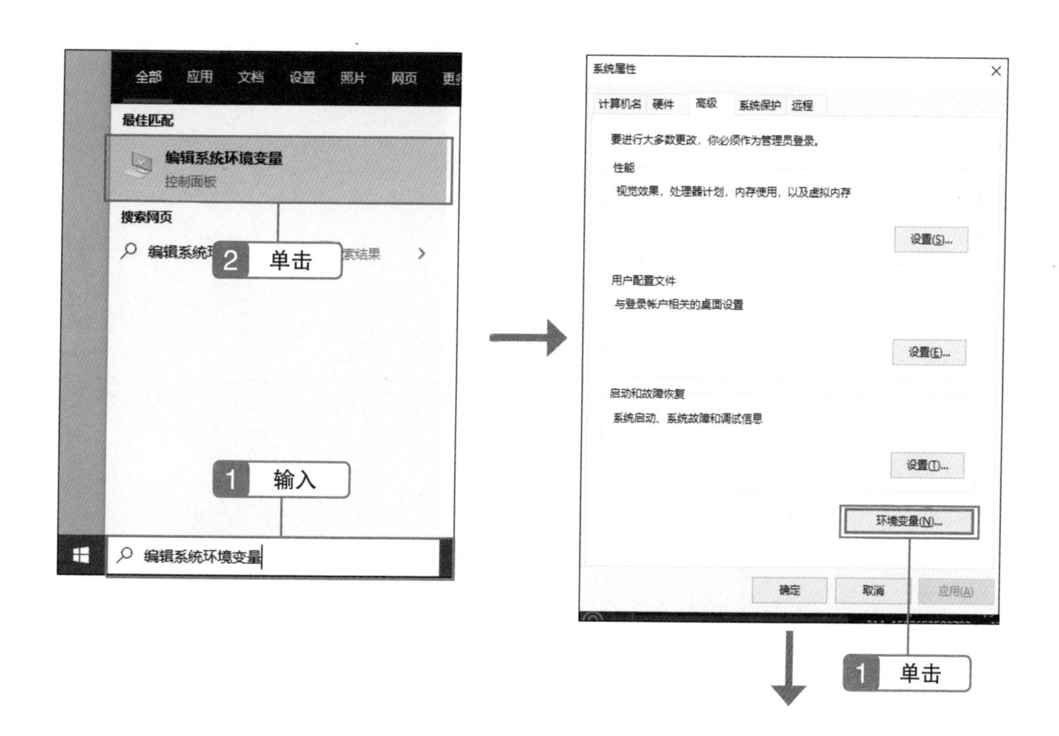

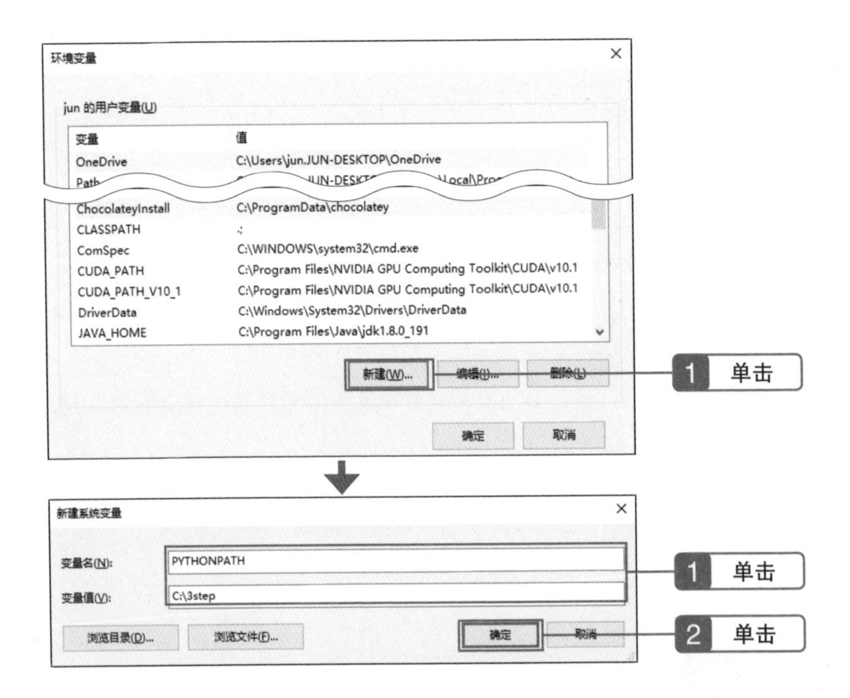

在设置环境变量后，我们需要重新启动 VSCode，以应用新的设置。

为模块添加测试代码

我们观察一下本节体验❹中的代码。

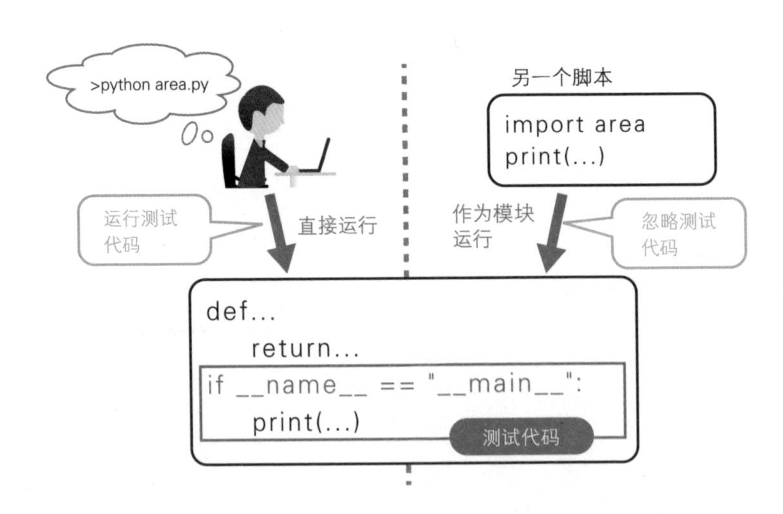

变量 `__name__`（前后分别有两个下划线）是 Python 提供的特殊变量。如果使用导入模块的方法调用脚本，这个变量的值就是模块名；如果直接运行脚本，这个变量的值就是 `__main__`。

这里定义了仅当变量 `__name__` 等于 `__main__` 时（即直接调用时）才运行的代码。因此，我们可以在这个代码块中写入测试代码，以测试模块的行为。

正如我们在本节体验❺中看到的那样，在作为模块导入时，测试代码并不会运行。

小 结

- ◎ 可以将函数和类整合到文件中，以定义成模块。
- ◎ “文件名 .py”的模块名就是“文件名”。
- ◎ `import` 语句会在“当前文件夹”“PYTHONPATH 中的文件夹”“环境的默认文件夹”中搜索相应的模块。

第 9 章 练习题

■练习题 1

下面是求梯形面积的 get_trapezoid 函数，以及用来调用这个函数的代码。代码需要满足以下条件。

1. 参数为 upper（上底）、lower（下底）和 height（高）。
2. 所有参数的默认值均为 10。
3. 在调用时，求上底边长为 2、下底边长为 10、高为 3 的梯形面积。

请在空格处填入适当的内容，完成代码。

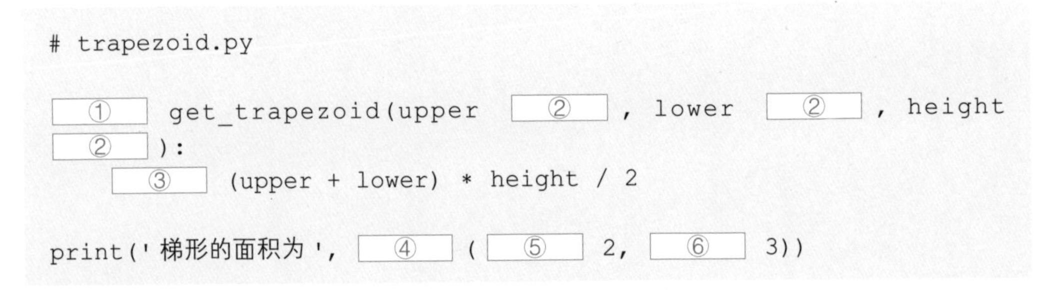

```
# trapezoid.py

[ ① ] get_trapezoid(upper [ ② ] , lower [ ② ] , height
[ ② ] ):
    [ ③ ] (upper + lower) * height / 2

print('梯形的面积为', [ ④ ] ( [ ⑤ ] 2, [ ⑥ ] 3))
```

■练习题 2

在执行下面的代码时，①和②分别会得到什么样的结果呢？此外，在删除红色部分的代码后，结果又会如何呢？请回答。

```
# scope.py

def test_scope():
    data = 'hoge'
    print(data)

data = 'foo'
test_scope() ①
print(data)  ②
```

类

第10章 类

10.1 类的基本概念

示例程序 | [1001] → [myclass.py]、[class_client.py]

预习 什么是类

到目前为止，从 int（整数）、str（字符串）到 date（日期）、time（时间）、file（文件）等，我们已经接触了 Python 中内置的许多数据类型（类）。但实际上，除了使用这些内置的数据类型（类）之外，我们还可以自己定义类型（类）。

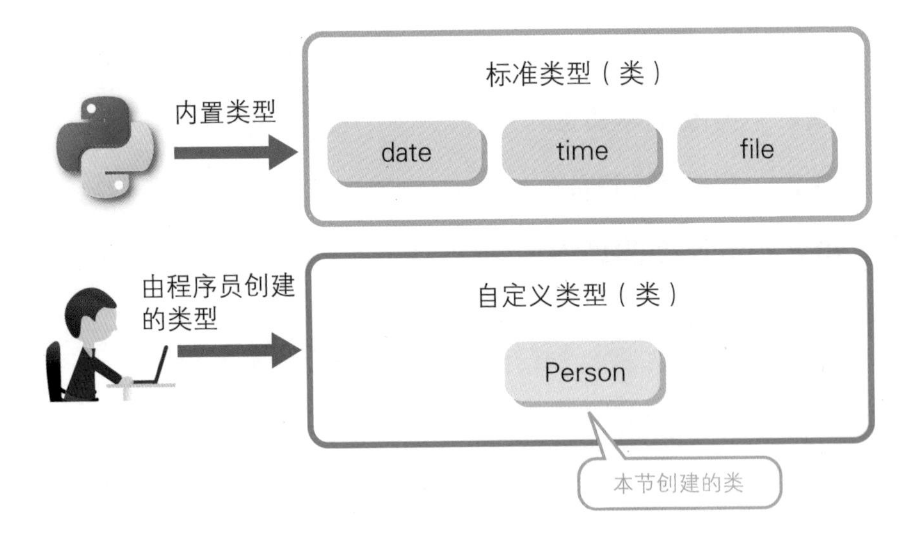

本节我们将定义一个简单的类，即拥有姓名（name）、身高（height）和体重（weight）这 3 个实例变量的 Person 类。

体验 尝试定义类

1 向列表添加数据

参考 3.2 节体验❶～❷的操作，在 1001 文件夹中新建一个名为 myclass.py 的文件。打开编辑器，输入如右图所示的代码，创建一个空类 Person❶。

在输入完毕后，单击（全部保存）按钮保存文件。

```
01: class Person:
02:     pass
```

2 将 Person 类实例化

参考本节体验❶，在 1001 文件夹中新建一个名为 class_client.py 的文件。打开编辑器，输入如右图所示的代码，将 Person 类实例化❶，并将其直接输出❷。

在输入完毕后，单击（全部保存）按钮保存文件。

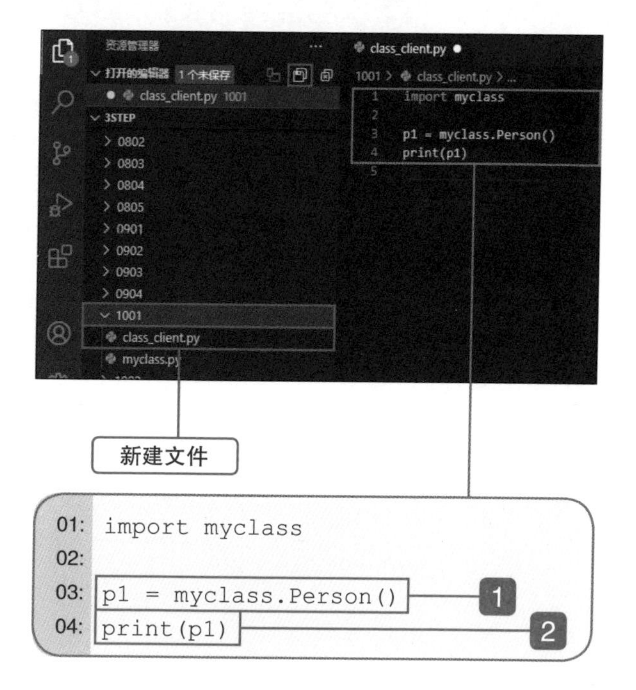


```
01: import myclass
02:
03: p1 = myclass.Person()
04: print(p1)
```

3 运行代码

在“资源管理器”面板中，右键单击 class_client.py 文件1，从弹出的菜单中选择“在终端中运行 Python 文件”2。在运行文件后，可以看到显示了如下信息：`<myclass.Person object at 0x000001D0CCC13A90>`。

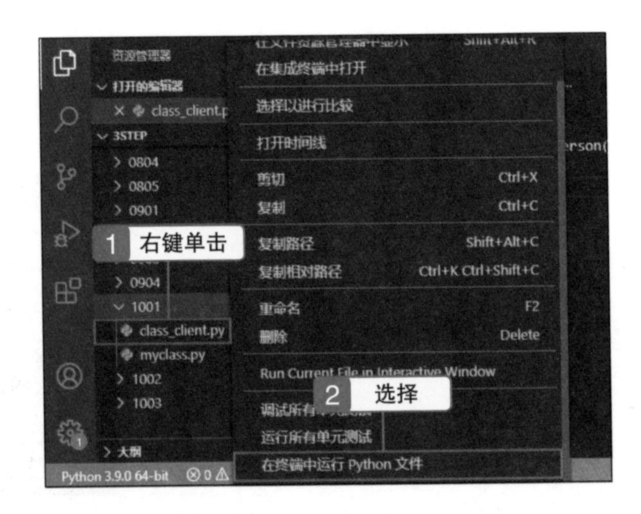

>>> **Tips**

在运行 area_client.py 后，程序会自动在 1001 文件夹中新建一个名为 __pycache__ 的文件夹。这个文件夹中保存有对模块进行编译后得到的文件，可以使下次的代码运行得更加迅速。

```
PS C:\3step > & C:/Users/jun.JUN-DESKTOP/AppData/Local/Programs/
Python/Python39/python.exe  c:/3step/1002/class_client.py
<myclass.Person object at 0x000001D0CCC13A90>
```

运行结果

4 在 Person 类中添加实例变量

如右图所示编辑本节体验1的代码，为 Person 类新增构造函数1，并添加姓名（name）、身高（height）和体重（weight）这 3 个实例变量2。

在编辑完毕后，单击（全部保存）按钮保存文件。

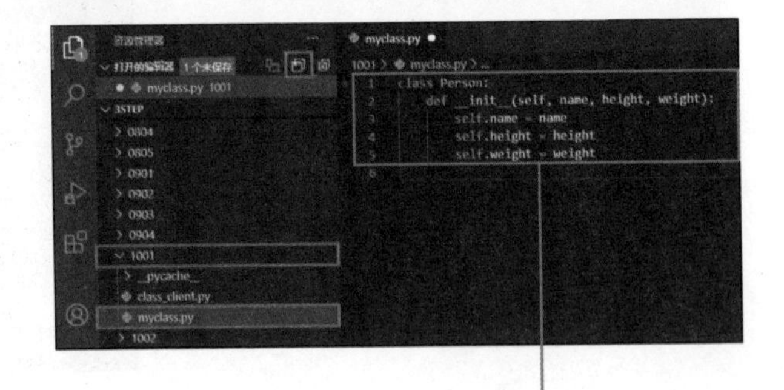

```
01: class Person:
02:     def __init__(self, name, height, weight):
03:         self.name = name
04:         self.height = height
05:         self.weight = weight
```

5 引用实例变量

如右图所示编辑本节体验❷的代码，将 Person 类实例化❶，然后根据实例变量 height 和 weight 求 BMI 的值❷。

在编辑完毕后，单击■（全部保存）按钮保存文件。

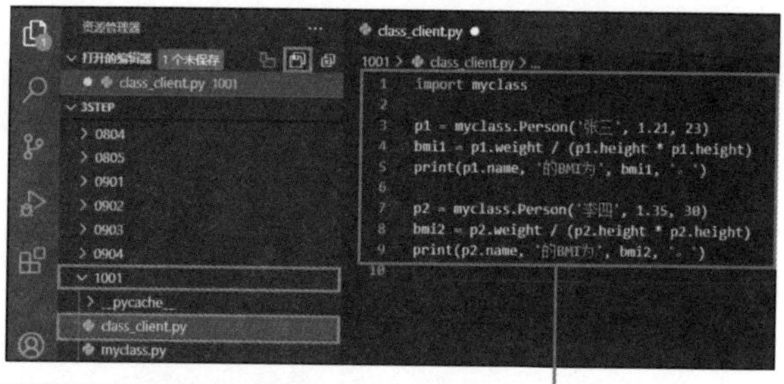

```
01: import myclass
02:
03: p1 = myclass.Person('张三', 1.21, 23)                        ❶
04: bmi1 = p1.weight / (p1.height * p1.height)                   ❷
05: print(p1.name, '的BMI为', bmi1, '。')
06:
07: p2 = myclass.Person('李四', 1.35, 30)                        ❶
08: bmi2 = p2.weight / (p2.height * p2.height)                   ❷
09: print(p2.name, '的BMI为', bmi2, '。')
```

6 运行代码

参考本节体验❸运行文件。可以看到终端中显示了张三和李四的 BMI 信息。

```
1001 > class_client.py > ...
 1  import myclass
 2
 3  p1 = myclass.Person('张三', 1.21, 23)
 4  bmi1 = p1.weight / (p1.height * p1.height)
 5  print(p1.name, '的BMI为', bmi1, '。')
 6
 7  p2 = myclass.Person('李四', 1.35, 30)
 8  bmi2 = p2.weight / (p2.height * p2.height)
 9  print(p2.name, '的BMI为', bmi2, '。')
10

问题  终端  ···   1: Python
Windows PowerShell
版权所有 (C) Microsoft Corporation。保留所有权利。

尝试新的跨平台 PowerShell https://aka.ms/pscore6

PS C:\3step> & C:/Users/jun.JUN-DESKTOP/AppData/Local/Programs/Python/Python39/python.exe c:/3step/1001/class_client.py
张三 的BMI为 15.709309473396626 。
李四 的BMI为 16.46090534979424 。
PS C:\3step>
```

运行结果

```
PS C:\3step > & C:/Users/jun.JUN-DESKTOP/AppData/Local/Programs/Python/Python39/python.exe  c:/3step/1002/class_client.py
张三 的BMI为 15.709309473396626 。
李四 的BMI为 16.46090534979424 。
```

类的基础知识

定义类的基本语法如下图所示。

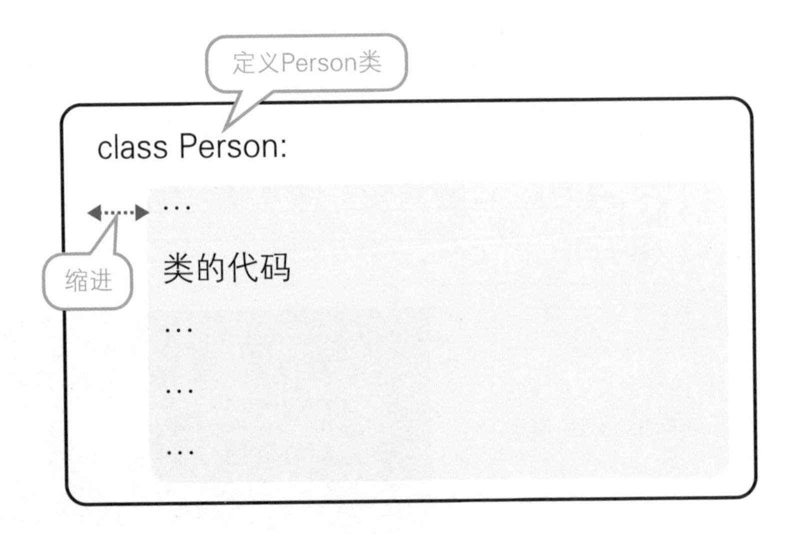

首先，我们使用 `class` 语句定义类。`class` 语句由类名和冒号（:）组成，冒号表示代码块开始。

类的命名规则与变量或函数相似，不同之处在于，类名的首字母和后续单词的首字母习惯使用大写。例如，`MyPerson`、`SampleClass` 等都是合适的类名。

本节体验❶中的类使用 `Person` 作为类名，并且在代码块中调用了 `pass` 语句。`pass` 在 Python 中代表什么也不做，它本身没有任何含义，经常用来表示空代码块。之所以使用 `pass` 语句，是因为如果什么都不写，会让人分不清是漏掉了还是故意不写的。

一般来说，我们会在写 `pass` 的地方添加方法等，来丰富类的功能。

将类模块化

正如 9.4 节所述，我们不仅可以在模块中定义函数，还可以在模块中定义类。

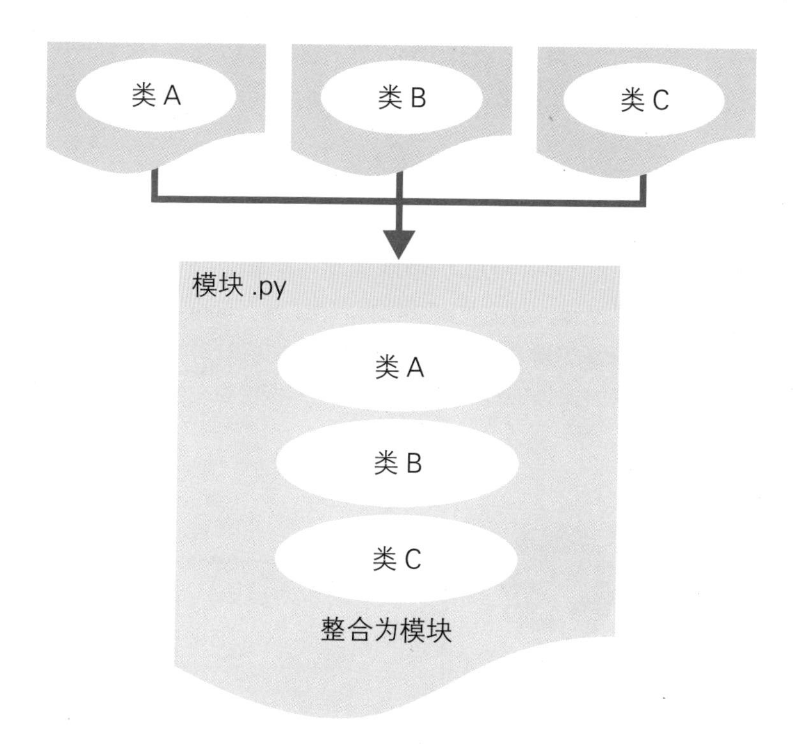

以本节体验❶为例，在 myclass 模块中定义了 Person 类。我们只需通过下面的语句，在类名前加上模块名，就可以将相应的类实例化（我们在 8.3 节将 date 类实例化时也进行了相同的操作）。

```
模块名 . 类名 ( 参数 , ...)
```

在本节体验❷中，Person 类中还没有添加内容，参数也是空的。但是，从本节体验❸的结果中不难发现，Person 类的实例（对象）已经被创建（myclass.Person 就是指 myclass 模块的 Person 对象）。

什么是实例变量

但是，如果类中没有任何内容，那么就算创建了它的实例，也没有什么意义。因此，在本节体验❹中，我们将一个实例变量添加到了 Person 类中。

所谓实例变量，顾名思义，就是实例中的变量。通过实例变量，实例才拥有实际的值，从而变得有意义。

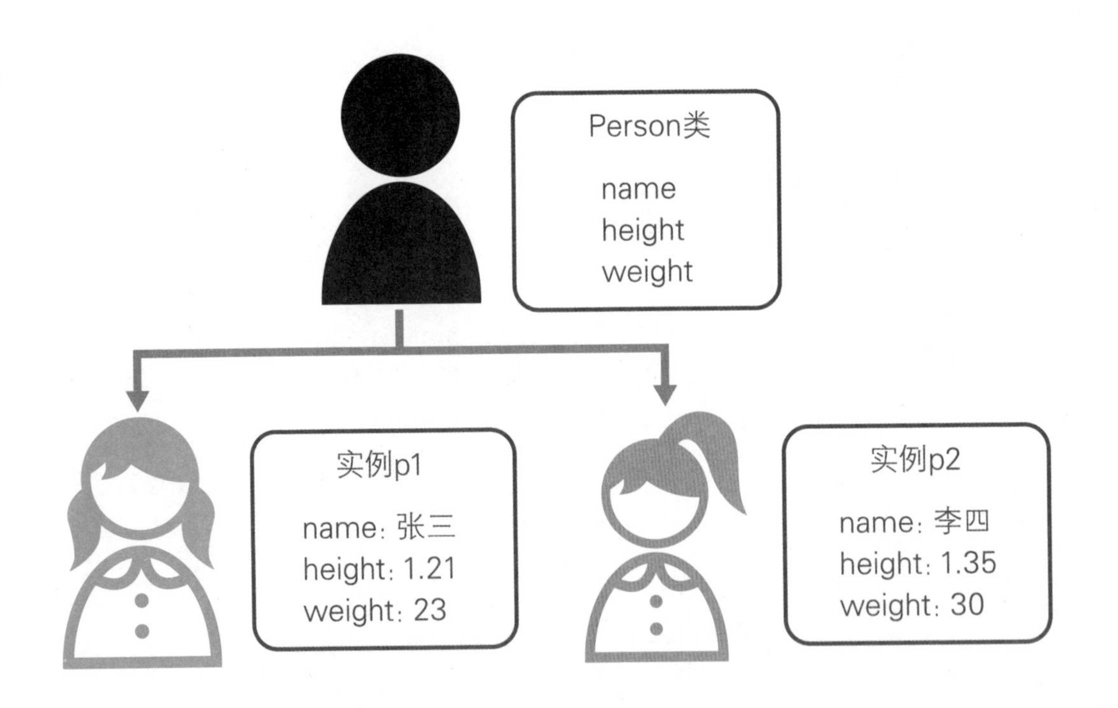

在本节体验❺和体验❻中，我们创建了 Person 类的实例 p1 与 p2，可以看到两个实例的实例变量也有所不同，且 BMI 值也是根据相应的数据计算得出的。

>>> 实例变量和构造函数

在定义实例变量时需要用到构造函数。构造函数是在将类实例化时调用的一种特殊方法。

比如，可以通过 `birth = datetime.date(2018, 6, 25)` 将 `date` 类实例化（8.3 节）。实例化的过程，其实就是调用 `date` 类中提供的构造函数的过程。

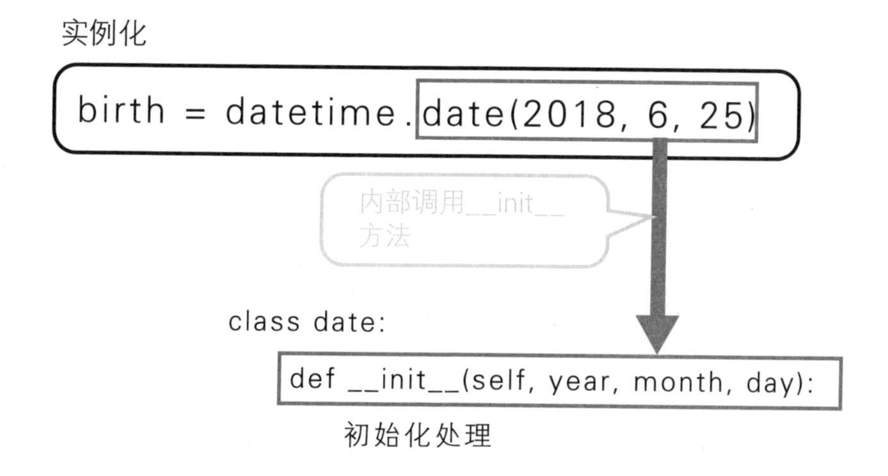

在 Python 中，构造函数的名称统一是 `__init__`（前后分别有两个下划线）。此外需要注意的是，传递的第一个参数必须满足下面这一点。

必须传递 `self`（即要创建的对象本身）。

从第二个参数开始，才是调用时原本就需要传递给函数的参数。然后，通过变量 `self`，按照下面的语法创建实例变量。在本节体验❹中，我们创建了名为 `name`（姓名）、`height`（身高）和 `weight`（体重）的实例变量，并将同名的形参赋值给了相应的实例变量（比如，将形参 `height` 赋值给实例变量 `height`）。实际上我们也可以将任意对象赋值给它。

[语法] 实例变量

```
self. 实例变量名 = 值
```

COLUMN 类变量

所谓实例变量，顾名思义，是各个实例独立的变量（正如我们在本节体验部分看到的那样，实例 p1 的 name 和实例 p2 的 name 并不相同）。与之相对，我们将属于类的变量（所有实例共享的变量）称为类变量。

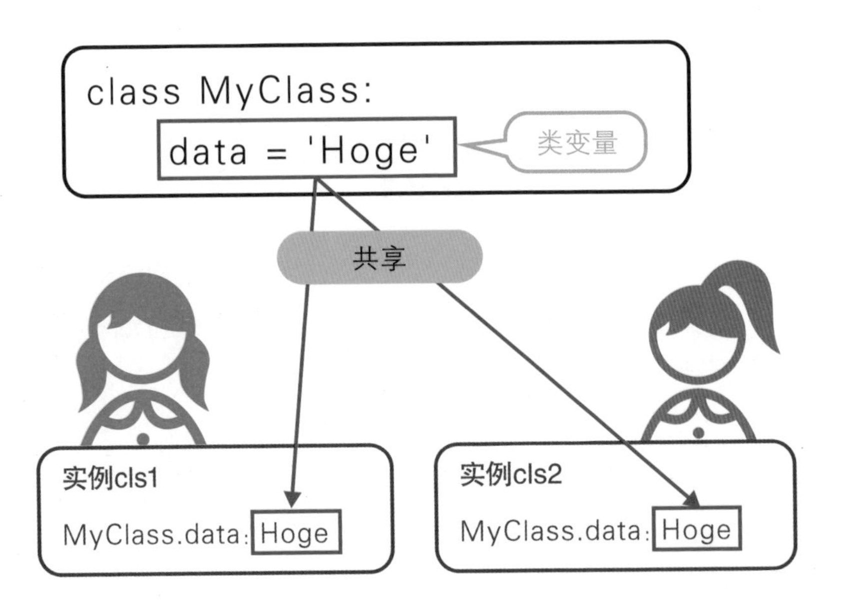

要定义类变量，只需在 class 的代码块中定义变量即可❶。

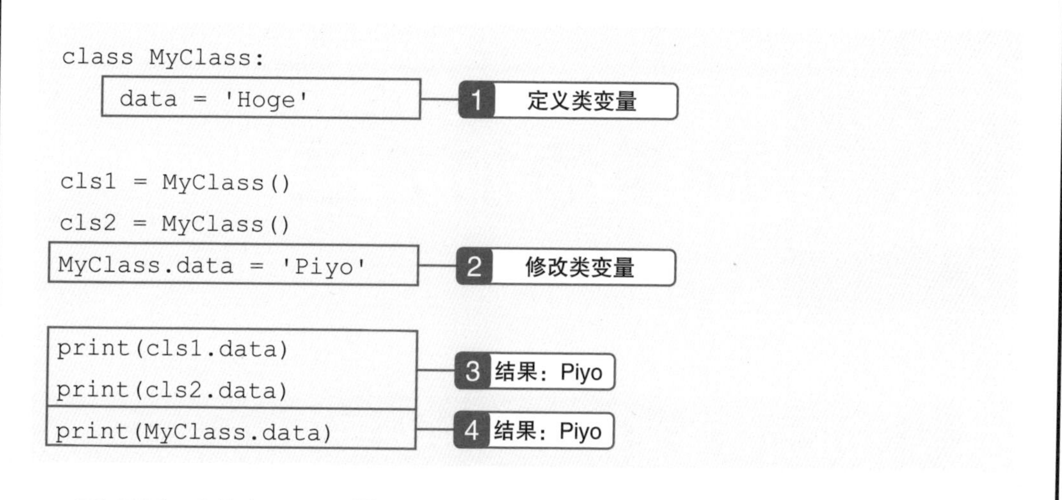

可以看到，在修改 data 后❷，修改内容会同时反映在实例 cls1 和实例 cls2 上❸。

虽然类变量一般通过“类名 . 变量名”进行访问❹，但是这里方便起见，我们是通过“实例名 . 变量名”来访问相应的类变量的。

小 结

◎ 通过 class 语句定义类。

◎ 可以调用表示“什么都不做”的 pass 语句来表示空代码块。

◎ 通过调用构造函数进行实例化。

◎ 构造函数的名称统一为 __init__。

◎ 构造函数的第一个参数接收 self（对象）。

◎ 定义在模块中的类通过“模块名 . 类名 (...)”实例化。

第10章 类

10.2 向类添加方法

示例程序 | [1002] → [myclass.py]、[class_client.py]

预习 使用方法整理实例变量的处理

在10.1节，我们创建了Person类以及它的实例变量name（姓名）、height（身高）和weight（体重）。在创建实例后，使用实例变量计算得到结果，并将结果转换成指定格式，从而得到最终结果“张三 的BMI为 15.709309473396626 。”。但是，把类似的代码重复写好几次，显然不是明智之举。

与类有关的相似的处理，可以以方法的形式整理在类中。定义类的其中一个目的，就是统一管理相互关联的数据和功能。

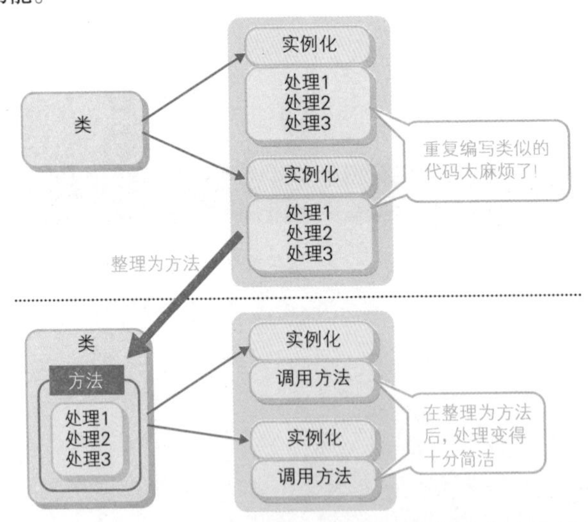

下面，我们将改进10.1节定义的Person类，添加一个根据实例变量计算BMI值的bmi方法。

向类添加方法

1 复制文件

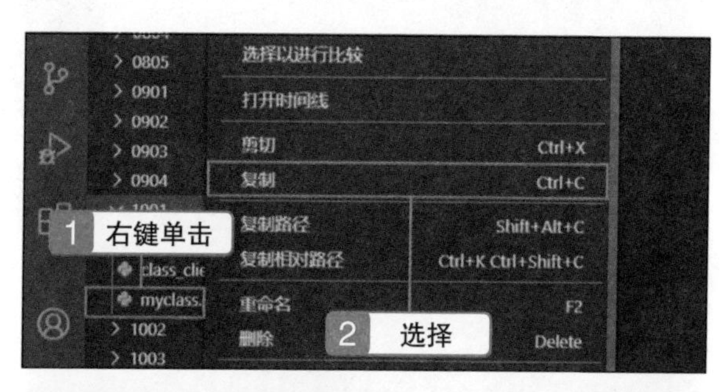

在 VSCode 的“资源管理器”面板中，右键单击 1001 文件夹中的 myclass.py 文件1，从弹出的菜单中选择“复制”2。

2 粘贴

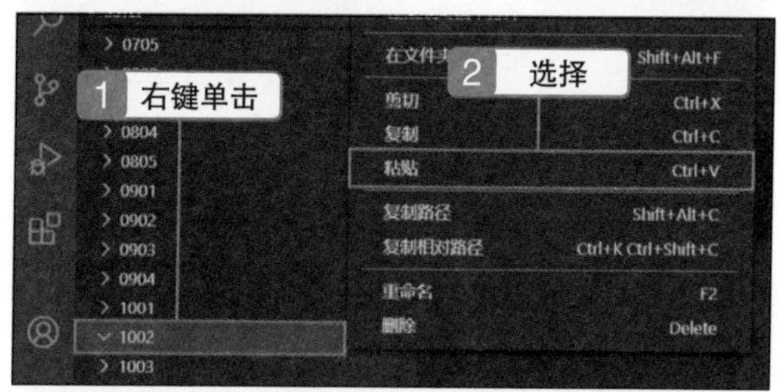

右键单击 1002 文件夹1，从弹出的菜单中选择“粘贴”2。

3 添加 bmi 方法

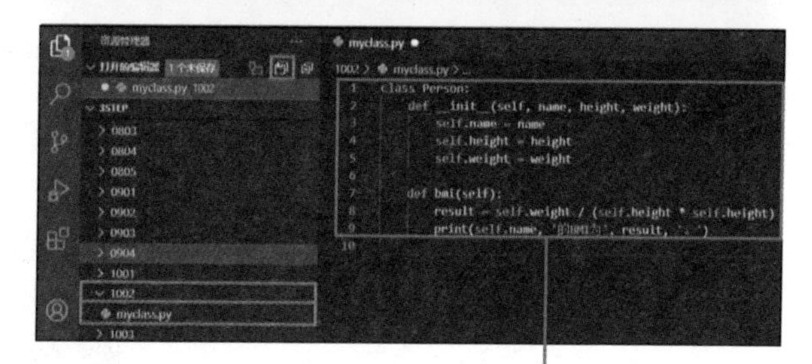

打开通过本节体验1 ~ 2得到的文件，如右图所示编辑代码，在 Person 类中添加 bmi 方法1。

在编辑完毕后，单击（全部保存）按钮保存文件。

```
01: class Person:
02:     def __init__(self, name, height, weight):
03:         self.name = name
04:         self.height = height
05:         self.weight = weight
06:
07:     def bmi(self):
08:         result = self.weight / (self.height * self.height)
09:         print(self.name, '的BMI为', result, '。')
```

1

4 调用 bmi 方法

参考 3.2 节体验❶ ~ ❷的操作，在 1002 文件夹中新建一个名为 class_client.py 的文件。打开编辑器，输入如右图所示的代码。在将 `Person` 类实例化后❶，调用 `bmi` 方法❷。

在输入完毕后，单击（全部保存）按钮保存文件。

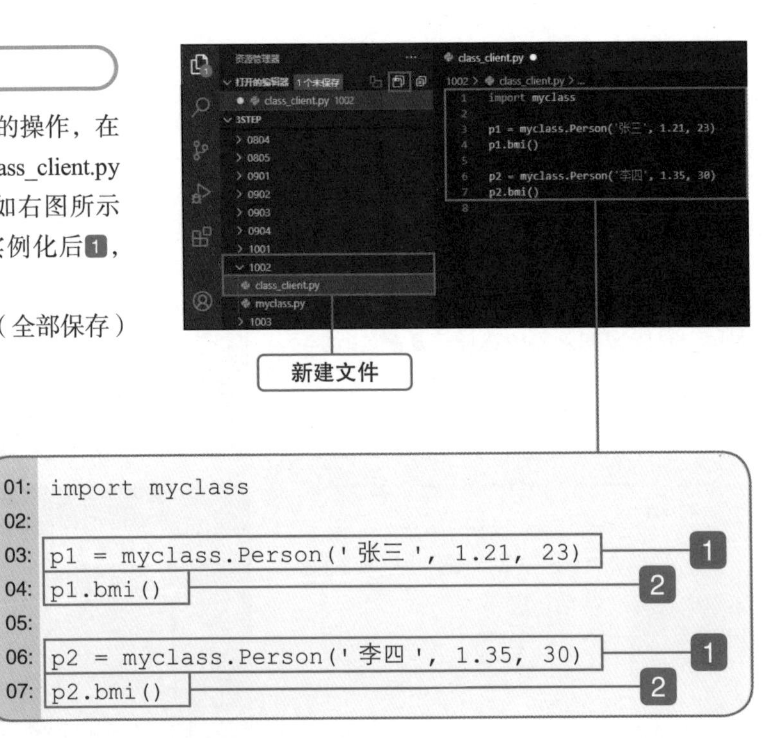

5 运行代码

在“资源管理器”面板中，右键单击 class_client.py 文件❶，从弹出的菜单中选择“在终端中运行 Python 文件”❷。在运行文件后，可以看到终端中分别显示了张三和李四的 BMI 信息。

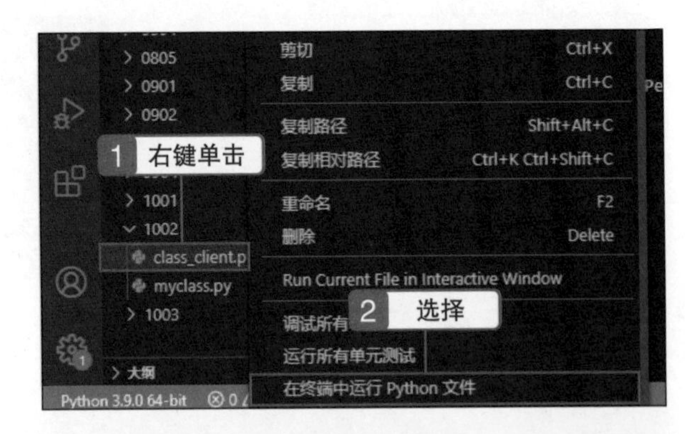

运行结果

```
PS C:\3step > & C:/Users/jun.JUN-DESKTOP/AppData/Local/Programs/
Python/Python39/python.exe  c:/3step/1002/class_client.py
张三 的BMI为 15.709309473396626 。
李四 的BMI为 16.46090534979424 。
```

向类添加方法

与构造函数 `__init__` 的结构相同，在向类添加新的方法时，需要将表示实例的 `self` 作为第一个参数，方法中需要的其他参数则从第二个参数开始依次设定（由于 `bmi` 方法没有自己的参数，所以就没有第二个参数和后续参数）。

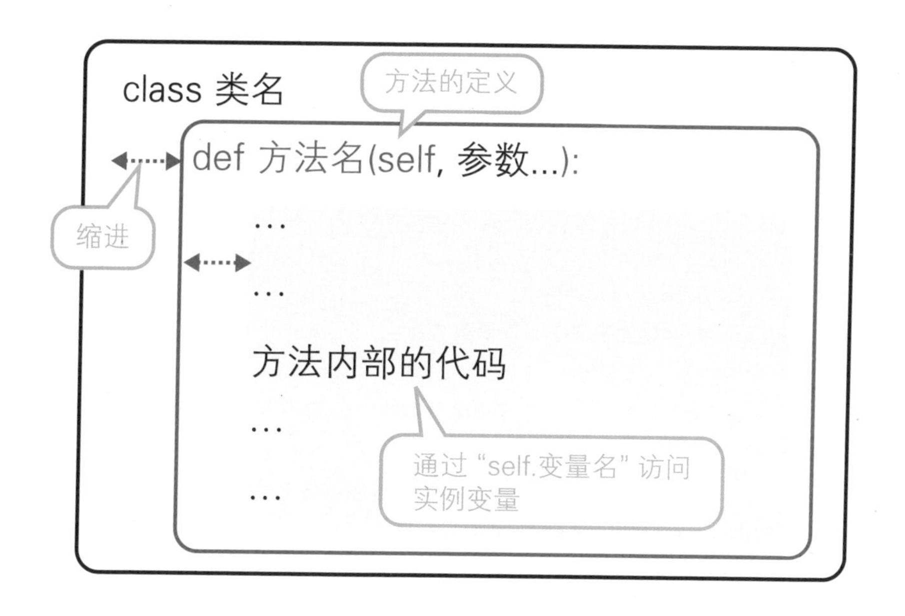

与 `__init__` 相同，我们可以以"`self.` 变量名"的形式在方法中访问实例变量。

COLUMN 类方法

本节体验部分介绍的方法需要通过实例来调用，因此更准确的称呼应该是实例方法。与之相对，不需要创建实例，通过“类 . 方法名 (...)”即可调用的方法称为类方法。

下面是一个属于 MyClass 类的类方法 hoge 的例子。

```
class MyClass:
    data = 'hoge'

    @classmethod
    def hoge(cls):
        print('类方法被调用: ', cls.data)

MyClass.hoge() # 运行结果：类方法 hoge 被调用
```

类方法有以下要点。

- 在定义方法前添加 @classmethod。
- 将 cls 作为第一个参数传递（cls 就是类本身）。

“@...”是被称为装饰器的语法，通常用来表示类或方法的作用。虽然有各种装饰器可以使用，但我们暂且记住 @classmethod 即可。

第一个参数 cls 是用于接收类本身的参数，用来访问相应的类变量（10.1 节），这里是通过 cls.data 访问类变量 data 的。

小 结

◎ 将方法的第一个参数设置为 self，用来接收实例。

◎ 通过实例调用的方法称为实例方法，通过类调用的方法称为类方法。

COLUMN 扩展 Python 的功能

正如我们在第 8 章看到的那样，Python 具有丰富的标准库，足以开发基本的应用程序。虽然如此，但仅使用标准库还不能满足应用程序的所有需求。

那么，在遇到这种情况时，是否必须自己准备相应的函数或类呢？当然不是。

因为 Python 还提供了许多由世界各地的开发人员创建的库（程序包）。PyPI（the Python Package Index）中汇总了这样的库。在撰写本书时，已经有超过 13 万个库在该网站中公开。

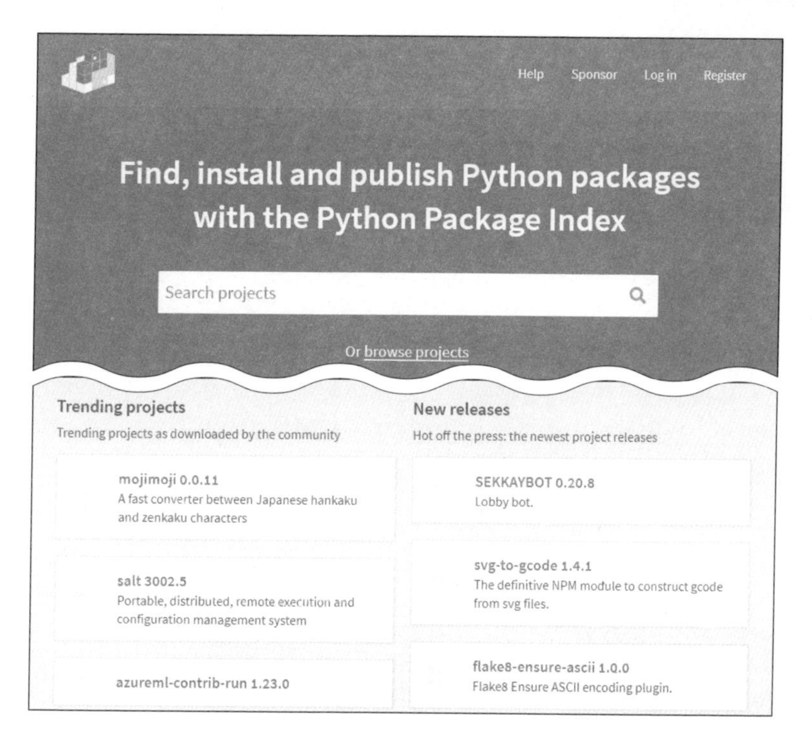

想要使用这些库也十分容易。如果使用的是 Python 3.4 或更高版本，则在安装时会自动安装一个名为 pip 的包管理软件，我们只需要在命令行中输入一个命令，就可以安装相应的包。比如，要安装一个用来进行服务器通信的 requests 包，只需要在命令行中输入下面的代码。

```
> pip install requests
```

第10章 类

10.3 继承类的功能

示例程序 | [1003] → [myclass.py]、[class_client.py]

预习 什么是继承

继承是一种特殊的模式，可以让用户在持有原有类的功能（方法）的同时，添加新的功能，或修改一部分原有功能。

比如，我们在10.1节定义了Person类。如果现在要定义一个功能几乎相同的BusinessPerson类，该怎么做呢？从头编写所有代码会很麻烦，而且如果之后需要修改代码，就需要修改好几处。

而如果使用继承，就不需要从头开始编写代码了。我们只要在继承Person类的同时添加新的功能就可以了。即使需要修改代码，也可以将修改范围控制在继承的部分上。

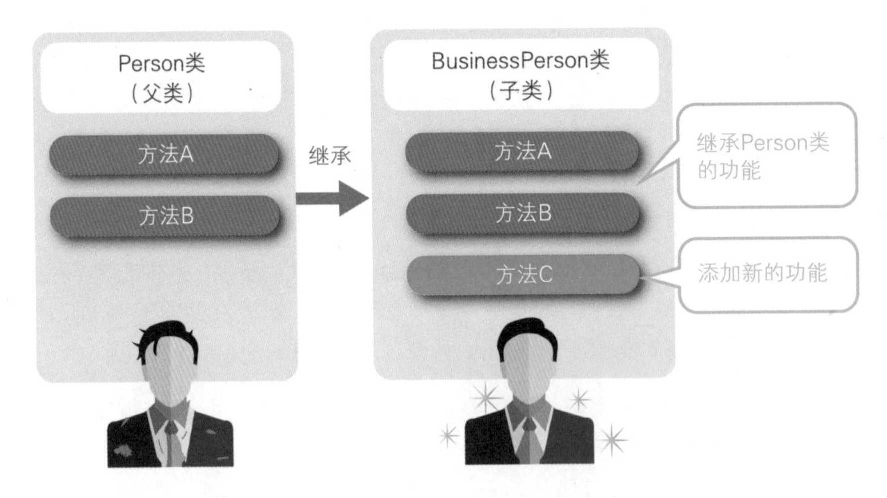

在继承类时，我们将被继承的类称为父类（或超类），将通过继承创建的类称为子类。

体验 使用继承来定义类

1 复制 Person 类

在 VSCode 的“资源管理器”面板中，右键单击 1002 文件夹中的 myclass.py 文件❶，从弹出的菜单中选择“复制”❷。

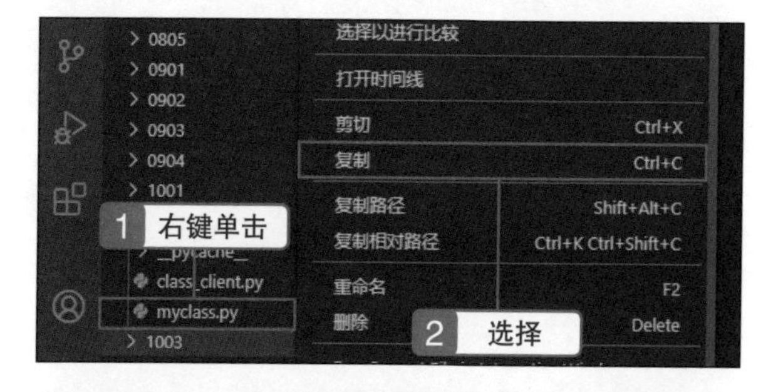

2 粘贴

右键单击“1003”文件夹❶，从弹出的菜单中选择“粘贴”❷。

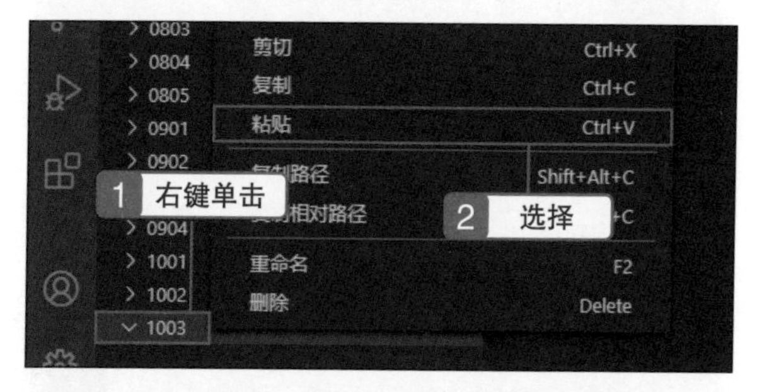

3 定义 BusinessPerson 类

打开通过本节体验❶ ~ ❷得到的文件，如右图所示编辑代码，定义一个继承了 Person 类的 BusinessPerson 类❶，并添加构造函数❷和 work 方法❸。

在编辑完毕后，单击 (全部保存) 按钮保存文件。

```
11: class BusinessPerson(Person):
12:     def __init__(self, name, height, weight, title):
13:         super().__init__(name, height, weight)
14:         self.title = title
15:
16:     def work(self):
17:         print(self.title, self.name, '正在工作。')
```

❶ class 定义整体　❷ 构造函数　❸ work 方法

4 调用 BusinessPerson 类

参考 3.2 节体验❶ ~ ❷的操作，在 1003 文件夹中新建一个名为 class_client.py 的文件。打开编辑器，输入如右图所示的代码，将 BusinessPerson 类实例化1，并分别调用 bmi 方法2和 work 方法3。

在输入完毕后，单击 （全部保存）按钮保存文件。

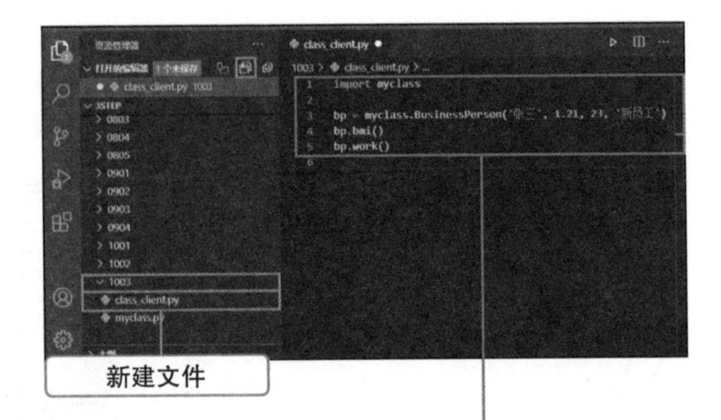


```
01: import myclass
02:
03: bp = myclass.BusinessPerson('张三', 1.21, 23, '新员工')
04: bp.bmi()
05: bp.work()
```

5 运行代码

在“资源管理器”面板中，右键单击 class_client.py 文件1，从弹出的菜单中选择“在终端中运行 Python 文件”2。在运行文件后，可以看到终端中显示了张三的信息。

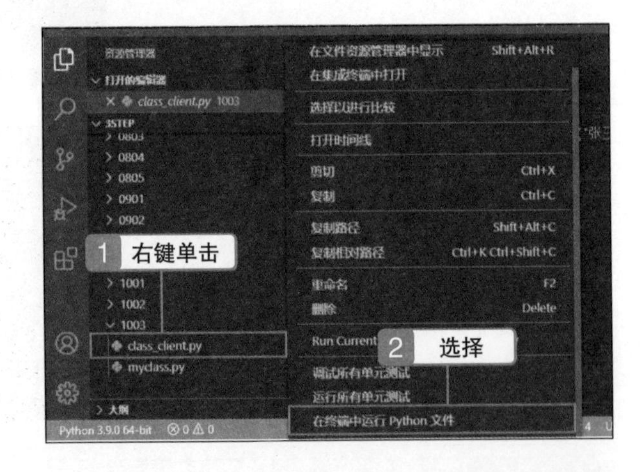


```
PS C:\3step> & C:/Users/jun.JUN-DESKTOP/AppData/Local/Programs/Python/Python39/python.exe  c:/3step/1003/class_client.py
张三 的BMI为 15.709309473396626 。
新员工 张三 正在工作。
```

运行结果

理解 通过继承定义类

继承类

继承类的基本语法如下图所示。

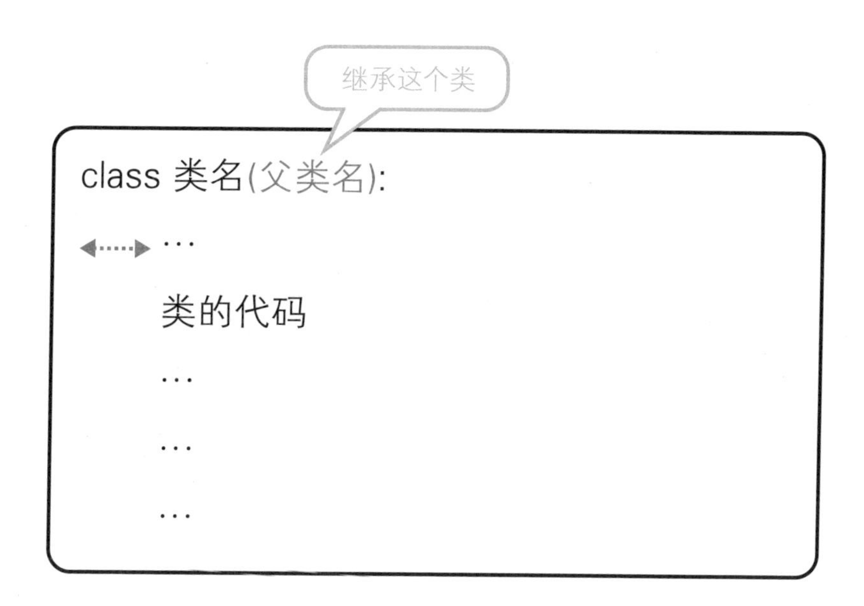

在使用 class 语句指明需要创建的类之后，在圆括号中指定想要继承的类。

本节体验④就是一个子类继承父类功能的例子。在 BusinessPerson 中新定义了构造函数 __init__ 和 work 方法，同时我们也可以将 Person 类中定义的 bmi 方法看作 BusinessPerson 类的一部分，从而自由地调用它。

调用父类的方法

通过继承，我们还可以在子类中覆盖父类的方法，这种操作称为重写（override）。

在本节体验❷中，除了Person类中定义的实例变量name、height和weight，BusinessPerson中还新增了一个实例变量title（职位），并且重写了构造函数，使其可以设定"职位"的值。

首先，如果不加思考就编写构造函数，很可能会写成下面这样。

```
class BusinessPerson(Person)
    def __init__(self, name, height, weight, title)
        self.name   = name
        self.height = height
        self.weight = weight
        self.title = title
```

但是，这种方法并不理想。因为红色字体的代码在Person类中已经编写过一次了（10.1节）。既然使用了继承，如果依然存在重复代码，那么继承的作用也就打了折扣（如果只是赋值的代码，那还可以接受，但如果代码变得更复杂，那就得不偿失了）。

因此，我们只要将红色字体的代码修改为调用父类的构造函数就可以了。这就是super函数的用处。

[语法] super函数

```
super().方法名(参数, ...)
```

通过super函数在子类中调用父类的方法，就既可以使用父类的功能，又可以在子类中定义独有的方法。这样一来，就算对父类进行修改，也不会影响子类。

此外，本节体验部分中调用了__init__方法，我们也可以使用与本节体验部分相同的方式调用父类的其他方法。

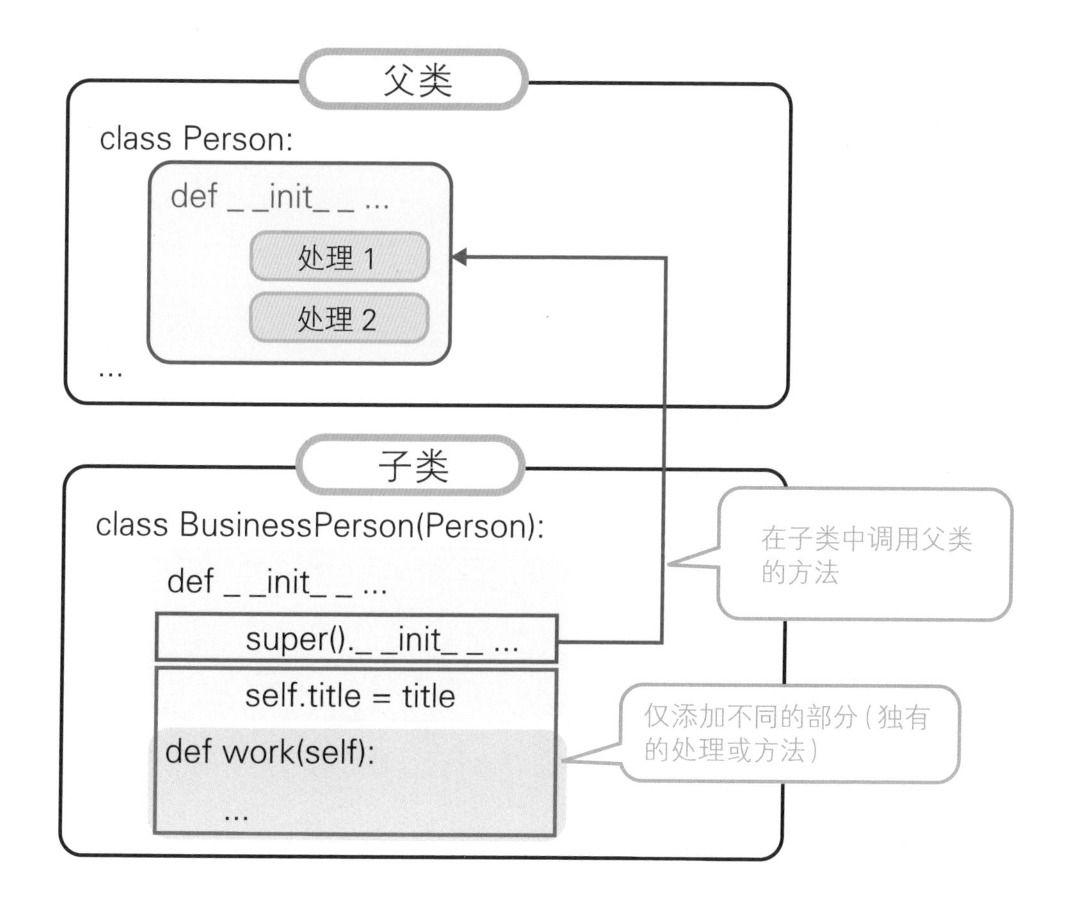

小 结

◎ 通过继承，可以在持有特定类的功能的同时定义新的类。

◎ 通过“`class 类名(父类名)`”来继承类。

◎ 通过“`super().方法名(...)`”在子类中调用父类的方法。

第10章 练习题

练习题1

右侧的代码定义了Animal类，并对其进行了调用。以下是Animal类需要满足的条件。

- 拥有实例变量name（名称）和age（年龄）。
- 拥有打印实例变量的方法show。

请在空格处填入适当的内容，完成代码。

```
# animal.py

[ ① ] Animal:
    def [ ② ] ( [ ③ ] , name, age):
        [ ③ ] .name = name
        [ ③ ] .age = age

    def [ ④ ] (self):
        print(self.name, ':', self.age, '岁')
```

```
# animal_client.py

[ ⑤ ]
ani = animal.Animal('旺财', 2)
ani. [ ④ ] ()
```

练习题2

这里尝试通过继承练习题1中的Animal类，来创建一个Hamster类。Hamster类在Animal类的基础上，新增了实例变量type（品种）。请在空格处填入适当的内容，完成代码。

```
# animal.py 的继续


class Hamster [ ① ] :
    def __init__(self, name, age, [ ② ] ):
        [ ③ ] .__init__(name, age)
        self.type = type

# 测试模块的代码
if [ ④ ] :
    h = Hamster('小樱', 1, '雪白')
    print(h.type)
```

练习题答案

第1章 练习题答案

练习题1

①脚本　②解释型　③多范式　④对象
⑤数据　⑥功能（⑤和⑥顺序也可以颠倒）

这里总结了多个有助于理解 Python 语言的关键词，有助于我们从多角度理解 Python 的特征。

练习题2

（×）人类很难使用机器语言来编写指令，所以现在一般使用高级语言。Python 是一种高级语言。
（√）正确。
（×）Python 不仅支持面向对象编程，也可以通过组合过程式编程、函数式编程等编程范式来编写程序。
（√）正确。
（×）对象由“数据”和用来处理数据的“功能”构成。

第2章 练习题答案

练习题1

（×）除了使用官方提供的标准安装包，还可以使用第三方提供的适用于特定领域的安装包。
（×）只要有最基本的代码编辑器，就足以编写 Python 程序。
（×）Visual Studio Code 是一款适用于多种操作系统（如 Windows、Linux 和 macOS）的代码编辑器。
（√）正确。

练习题 2

请在命令行中执行 python 命令（Mac 用户执行 python3 命令）。终端中会显示如下所示的信息。

```
PS C:\Users\jun.JUN-DESKTOP> python
Python 3.9.0 (tags/v3.9.0:9cf6752, Oct  5 2020, 15:34:40) [MSC v.1927 64 bit
(AMD64)] on win32
Type "help", "copyright", "credits" or "license" for more information.
```

第 3 章 练习题答案

练习题 1

请执行 python 命令（Mac 用户执行 python3 命令），启动 Python 交互模式，然后如下图所示输入运算式。要注意，Python 中的乘号（×）和除号（÷）分别是 * 和 /。

```
PS C:\Users\jun.JUN-DESKTOP> python
Python 3.9.0 (tags/v3.9.0:9cf6752, Oct  5 2020, 15:34:40) [MSC v.1927 64 bit
(AMD64)] on win32
Type "help", "copyright", "credits" or "license" for more information.
>>> 5 * 3 + 2
17
>>> 4 - 6 / 3
2.0
```

练习题 2

（×）也可以使用 GBK 等字符编码。在这种情况下，必须显式声明要使用的字符编码，但如果没有特殊原因，请使用 Python 默认的 UTF-8。

（√）正确。

（×）反引号（`）应该更正为双引号（"）。

（×）+ 应该更正为 ,（逗号）。

（√）正确。

练习题 3

1. `print("I'm from China.")`

   因为字符串中包含单引号，所以我们必须使用双引号将句子引起来。当然，像下面这行代码一样使用转义字符也是正确的。

   `print('I\'m from China.')`

2. `python data/sample.py`

   可以使用 `python` 命令（Mac 用户使用 `python3` 命令）运行文件中的代码。又因为代码在 data 文件夹中，所以我们需要像 `data/~` 这样指定文件路径。

3. `print('10 + 5是', 10 + 5, '。')`

   如果要连续输出多个值，可以将它们用逗号隔开，然后传递给 `print` 函数。

第 4 章 练习题答案

练习题 1

（×）也可以对字符串使用。+ 可以拼接字符串，* 可以使字符串重复指定次数。

（√）正确。

（×）原题中看似使用了数值，但实际上被引号引起来的部分是字符串，所以应该是字符串拼接，结果为 1020。

（×）错误提示应为“`NameError: name '变量名' is not defined`”。

（×）在这种情况下可以进行赋值。Python 对数据类型要求宽松，因此可以使用不同类型的数据替换变量中已有的值。

练习题 2

1. 变量名的首字母不能使用数字。
2. 正确（字母可以与下划线组合使用）。
3. 变量名中不能使用 -。
4. 关键字（Python 中有特殊意义的单词）不能作为变量名使用。
5. 正确。

需要注意的是，5 并不是我们希望看到的变量名，因为使用大写英文字母命名的变量会被认为有特殊含义。

练习题 3

代码中存在如下 4 处错误。

- 因为 `input` 函数的返回值是字符串，所以在计算前必须先使用 `float` 函数将其转换成数值（2 处）。
- 第 3 行代码末尾的分号（;）是多余的。
- 第 4 行代码错误地使用了加号来连接字符串和数值，这会导致报错。此处应该使用逗号将它们依次输出。

4.3 节有正确代码可供参考。

第 5 章 练习题答案

练习题 1

① 列表　② 元素　③ 下标（索引）　④ 元组
⑤ 字典　⑥ 集合

列表、字典、集合和元组是希望大家能够牢记的基本数据类型。我们不仅要记住它们的语法，还要理解它们各自的特征。

练习题 2

```
1. list = ['A', 'B', 'C', 'D', 'E']
2. list.append('APPLE')
3. dic = { 'flower': '花', 'animal': '动物', 'bird': '鸟' }
4. dic.clear()
5. set = {'A', 'B', 'C', 'D', 'E'}
```

列表、字典和集合在写法上有许多相似之处。为了避免混淆，请再次确认它们之间的差别。

练习题 3

```
['佐藤次郎', '小川裕子', '井上健太']
```

请跟着代码再次确认在每一行代码运行后，列表所发生的变化。

第 6 章 练习题答案

练习题 1

```
① int    ② input    ③ if    ④ elif    ⑤ point >= 70
⑥ point >= 50    ⑦ else
```

虽然⑤使用 `point >= 70 and point < 90` 也不算错，但是在上一个条件表达式中，大于等于 90 的值已经被去除了，所以不需要再多此一举。

练习题 2

出错的地方有以下几处。

- 通过 input 函数得到的输入值是字符串，因此在相互比较前，需要使用 int 函数将它们转换成整数（2 处）。
- 因为第一个条件表达式需要判断两者是否都正确，所以正确的条件表达式应该是 answer == 1 and answer2 == 5。
- 嵌套的 elif 块和 else 块的缩进错位。

将上述错误修正以后的代码如下所示。

```
01: answer1 = int(input('练习题 1 的答案是? '))
02: answer2 = int(input('练习题 2 的答案是? '))
03:
04: if answer1 == 1 and answer2 == 5:
05:     print('两个答案都对')
06: else:
07:     if answer1 == 1:
08:         print('只有答案 1 是对的')
09:     elif answer2 == 5:
10:         print('只有答案 2 是对的')
11:     else:
12:         print('两个答案都不对')
```

第 7 章 练习题答案

练习题 1

① 0　　② num <= 100　　③ +=　　④ result

运算符 += 可以使变量的值在原有基础上增加。此外，②使用 num < 101 也是正确的。

练习题 2

只要写出下面这样的代码，均可认为是正确答案。因为 Python 中并没有提供专门用来在指定数值范围内执行循环的语法，所以是否使用 range 函数创建了 1 ~ 100 的数值列表尤为关键。

```
01: # range.py
02:
03: result = 0
04:
05: for i in range(1, 101):
06:     result += i
07:
08: print('从1加到100的总和是', result)
```

练习题 3

出错的地方有以下几处。

- 列表应该使用方括号（[...]）表示。
- 循环语句不是 for...to，而应该是 for...in。
- 应该使用 continue 代替 break。

修改后的代码如下。

```
01: # repeat.py
02:
03: list = ['A', 'B', '×', 'C', 'D']
04:
05: for str in list:
06:     if str == '×':
07:         continue
08:     print(str)
```

第 8 章 练习题答案

练习题 1

正确答案如下面的代码所示。

```
1. print(str[2:5])
2. print(str.split(','))
3. str = '{0} 是 {1}。'
   print(str.format(' 小樱 ',' 仓鼠 '))
4. from math import floor
```

练习题 2

① import　② today()　③ today.year
④ datetime.timedelta　⑤ +

datetime 模块中的 date、time、datetime 和 timedelta 等都是常用的类型。让我们借此机会再次巩固一下值的表示方法和加减运算。

练习题 3

出错的地方有以下几处。

- 在使用 open 函数读取文件时，必须使用 "r" 模式。
- 应该通过关键字参数 encoding= 指定文件的字符编码。
- 在以行为单位读取文件时，行尾会留有换行符，因此在使用 print 函数时，应通过 end='' 防止输出换行符。

8.5 节有正确代码可供参考。

第 9 章 练习题答案

练习题 1

① def　② = 10　③ return　④ get_trapezoid
⑤ upper =　⑥ height =

使用 def 语句定义函数。在设定参数的默认值时，使用“参数名 = 值”。⑤和⑥是关键字参数。使用关键词参数，可以在调用时无视定义的顺序传递值。

练习题 2

在不删除红色部分代码的情况下：① hoge　② foo
在删除红色部分代码的情况下：① foo　② foo

当全局变量和局部变量同名时，程序可以区分两个变量。但是，在函数中访问并不存在的局部变量时，程序会自动查找是否有同名的全局变量。

第 10 章 练习题答案

练习题 1

① class　② __init__　③ self
④ show　⑤ import animal

使用 class 语句创建新的类，使用构造函数 __init__ 初始化实例变量。同时，必须使用 self 作为第一个参数。

练习题 2

① `(Animal)` ② `type` ③ `super()`
④ `__name__ == '__main__'`

通过“`class` 子类名（父类）”定义子类。另外，让我们再次确认一下在使用 `super` 函数时，在子类中调用父类的方法。

版权声明

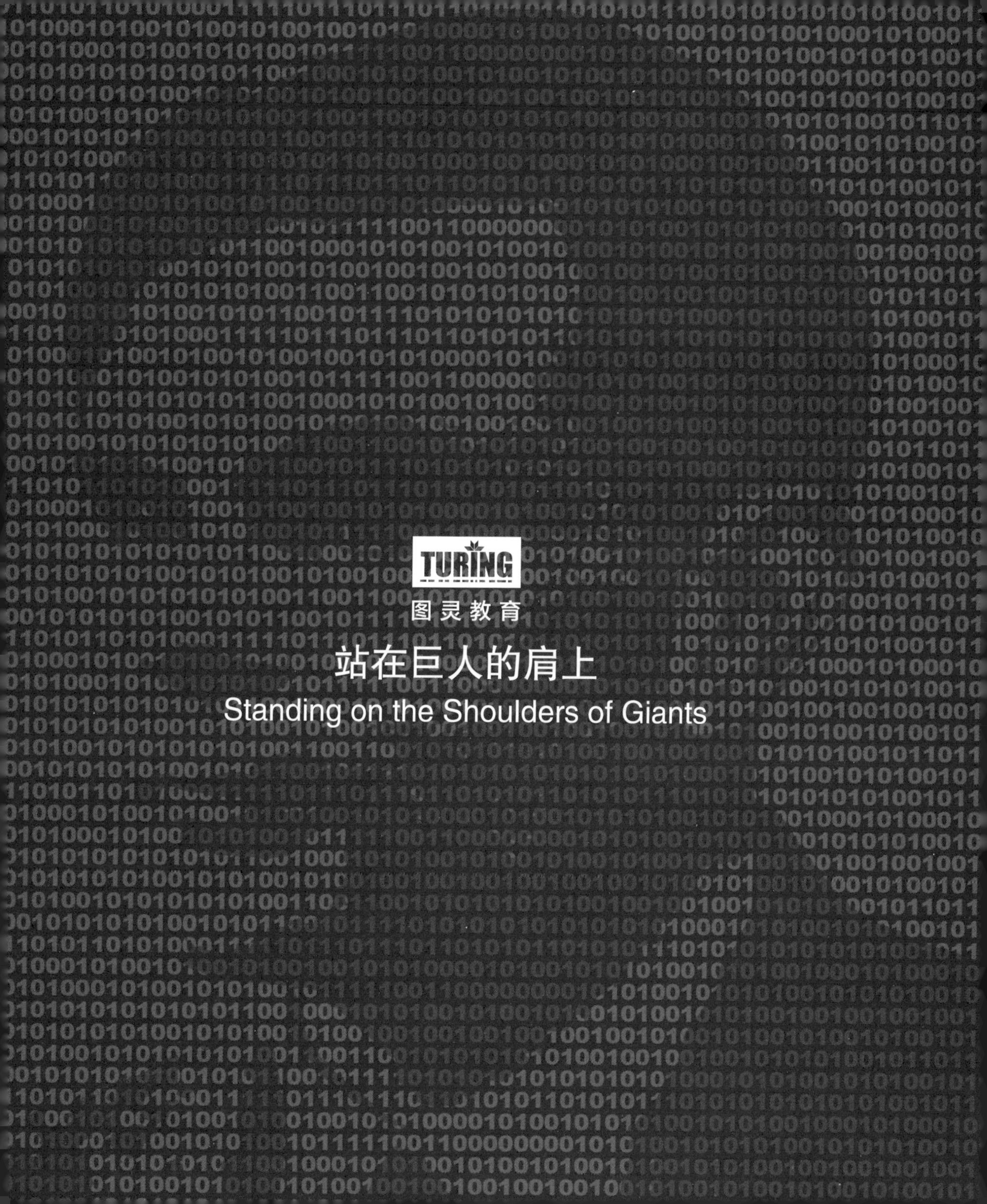

TURING
图灵教育
站在巨人的肩上
Standing on the Shoulders of Giants

TURING

图灵教育

站在巨人的肩上

Standing on the Shoulders of Giants